쉽게 풀이한

전력공학

김희대 · 이동규 · 황영한 공저

도서출판 태영문화사

머리말

전력공학은 전기를 공부하는 학생들에게 전기자기학과 더불어 가장 필수적인 학문으로서 전기공학에서 중추적인 교과목이다.

그러나 최근 컴퓨터 분야나 정보통신분야로 전공의 범위가 확대되면서 일부대학에서는 다소 소외 되는 경우가 있었다. 전력공학은 전기의 발생과 송전, 배전으로 구성되나 현실적으로 발전분야는 한국전력에 국한되어 있으므로 본 교재에서는 제외하였고 송전과 변전 및 배전을 중심으로 교재를 개발하였다. 수년간 전력공학을 강의하면서 학생들의 수준이 전기의 전송에 관련한 각종 현상들을 이해하는데 어려움이 많아 학생들이 이해하기 쉽게 가장 기본적인 부분만을 발췌하고 필수적인 부분을 중심으로 학생들의 수준에 맞게 편집하는데 초점을 맞추었다. 2010년 8월 현재 전기소비량 7000만[kW], 765,000[V]의 송전시대를 맞이하여 전력공학은 컴퓨터와 통신을 융합하여 최적 에너지 공급시스템을 채택하여 무정전 전력공급에 도전하고 있는 상황이다.

이러한 전력산업의 비약적인 발전을 감안하여 본 교재에서는 다음의 사항을 중심으로 개발하였다.

1. 송전과 배전 및 변전의 기초적인 현상의 이해하는데 중심을 두었다.
2. 기본개념을 이해한 후 연습문제를 통하여 평가할 수 있도록 하였다.
3. 어려운 수식적인 부분은 가급적 배제하고 필수적으로 숙지할 부분만을 엄선하였다.

이 교재는 전력공학을 배우는 초심자를 위하여 만들었으며 전문대학이나 대학의 전공교과로서 뿐만 아니라 현장에서 관심을 갖는 모든 분들에게 전력분야의 지식을 높이고자 하는 사람들을 대상으로 기술하였다. 이 책의 미비한 점에 대해서는 독자 여러분의 기탄없는 편달을 바라는 바입니다.

끝으로 이 책을 출판함에 있어서 함께한 이동규 교수와 원고를 편집하고 정정하며 여러 가지로 애써 주신 도서출판 태영문화사 사장님께 깊은 감사의 뜻을 표하는 바입니다.

저자 씀

차 례

제1장 전력계통의 구성

1.1 전력계통 …… 15

1.2 송배전 선로의 전기방식 …… 18

- 1.2.1 교류 송전방식의 특징 …… 19
- 1.2.2 직류 송전방식의 특징 …… 19
- 1.2.3 교류 전선로의 전기방식 …… 20
- 1.2.4 직류 전선로의 전기방식 …… 21
- 1.2.5 각종 전송방식의 비교 …… 22

1.3 송배전 전압 …… 23

- 1.3.1 전압의 종별 …… 23
- 1.3.2 교류 표준 전압 …… 24
- 1.3.3 경제적 송전 전압 …… 25
- 1.3.4 배전 전압 …… 26
- 1.3.5 송전 전력과 송전 전압과의 관계 …… 26
- ◐ 연습문제 …… 28

제2장 가공 전선로

2.1 가공 전선 …… 31

- 2.1.1 가공 전선의 종류 …… 31
- 2.1.2 전선 굵기의 선정 …… 36

2.2 전선의 이도 …… 38

- 2.2.1 이도 계산 …… 39

2.2.2 전선에 가하여지는 하중 ···· 43
2.2.3 전선의 배열 ···· 45
2.3 전선의 진동과 도약 ···· 46
2.3.1 전선의 진동 ···· 46
2.3.2 전선의 도약 ···· 48
2.4 애 자 ···· 49
2.4.1 애자의 종류 ···· 50
2.4.2 애자의 전기적 및 기계적 특성 ···· 55
2.4.3 애자의 열화 ···· 59
2.4.4 애자의 보호 ···· 61
2.5 지지물 ···· 62
◐ 연습문제 ···· 66

제3장 지중 전선로

3.1 지중 전선로 ···· 71
3.1.1 지중 전선로의 송전 방식 ···· 71
3.1.2 지중 전선로의 배전 방식 ···· 73
3.1.3 전력 케이블의 구조 ···· 73
3.1.4 전력 케이블의 종류 ···· 74
3.2 케이블의 전기적 특성 ···· 78
3.2.1 선로정수 ···· 78
3.3 케이블의 손실 ···· 80
3.3.1 도체의 저항손 ···· 80
3.3.2 유전체손 ···· 81
3.3.3 연피손(차폐손) ···· 82
3.4 전력 케이블의 허용전류 ···· 82
3.5 전력 케이블의 포설방식 ···· 83
3.6 전력 케이블 선로의 고장개소 탐색 ···· 85
3.6.1 고장의 원인 ···· 85

3.6.2 고장 탐색법 ···· 86
3.7 케이블의 전식 ···· 88
◐ 연습문제 ···· 90

제4장 선로 정수

4.1 저 항 ···· 94
4.1.1 표피효과 ···· 95
4.1.2 근접효과 ···· 96
4.2 인덕턴스 ···· 96
4.2.1 단상 및 3상 송전의 작용 인덕턴스 ···· 97
4.2.2 대지 귀로 인덕턴스 ···· 100
4.3 정전용량 ···· 101
4.3.1 왕복 2선간의 정전용량 ···· 103
4.3.2 대지 정전용량 ···· 105
4.4 누설 컨덕턴스 ···· 106
4.5 디도체 가공 송전 선로의 선로 정수 ···· 106
◐ 연습문제 ···· 110

제5장 송전선의 전기적 특성

5.1 전압 강하와 전압 변동률 ···· 114
5.1.1 전압 강하 ···· 114
5.1.2 전압 변동률 ···· 114
5.2 단거리 송전 선로 ···· 115
5.3 중거리 송전 선로 ···· 118
5.3.1 T회로 ···· 118
5.3.2 π회로 ···· 120
5.4 장거리 송전 선로 ···· 121
5.5 4단자 정수(전송 파라미터) ···· 125
5.6 송전 용량 ···· 132

5.6.1 Still의 식 ··· 132
5.6.2 고유 부하법 ··· 133
5.6.3 송전 용량 계수법 ··· 133
5.6.4 송전 전력 ··· 134
5.7 대지 정전 용량의 영향 ··· 135
5.7.1 페란티 현상(Ferranti phenomena) ··· 135
5.7.2 발전기의 자기여자 ··· 136
◐ 연습문제 ··· 138

제6장 전력 원선도

6.1 전력 원선도 ··· 141
6.1.1 교류 전력의 표시법 ··· 141
6.1.2 전력 방정식 ··· 143
6.1.3 전력 원선도 ··· 144
6.2 전압의 유지와 조상 용량 ··· 148
◐ 연습문제 ··· 152

제7장 중성점 접지 방식

7.1 중성점 접지 방식 ··· 155
7.1.1 비접지 방식 ··· 156
7.1.2 직접 접지 방식 ··· 156
7.1.3 저항 접지 방식 ··· 158
7.1.4 한류 리액터 접지 방식 ··· 159
7.1.5 소호 리액터 접지 방식 ··· 159
7.1.6 저항 · 리액터 병렬 접지 방식 ··· 162
7.2 접지 변압기 ··· 163
7.3 중성점 잔류 전압 ··· 163
◐ 연습문제 ··· 165

제8장 코로나

8.1 코로나 임계전압 ······ 170
8.2 코로나 장해 ······ 173
8.2.1 전력 손실 ······ 173
8.2.2 전파 방해 ······ 174
8.2.3 소호 불능 ······ 175
8.2.4 기기 및 전선의 부식 ······ 176
8.3 코로나의 방지책 ······ 176
◐ 연습문제 ······ 178

제9장 유도장해

9.1 개 요 ······ 181
9.2 전자 유도 ······ 181
9.2.1 전자 유도 전압 ······ 182
9.2.2 전자 유도 전류 ······ 183
9.3 정전 유도 전압 ······ 183
9.4 고조파 유도 ······ 185
9.5 유도 장해의 방지 ······ 185
9.5.1 전력선측의 대책 ······ 186
9.5.2 통신선측의 대책 ······ 186
9.5.3 차폐선 ······ 186
◐ 연습문제 ······ 188

제10장 고장 계산법

10.1 3상 단락 전류의 계산 ······ 193
10.1.1 오옴법 ······ 194
10.1.2 백분율법 ······ 194
10.1.3 단위법(Per Unit Method) ······ 195

10.2 대칭 좌표법에 의한 발전기의 기본식 ··· 196
10.3 무부하 발전기의 간단한 고장 계산 ··· 200
10.3.1 1선 지락 ··· 200
10.3.2 2선 지락 ··· 202
10.3.3 선간 단락 ··· 203
10.4 3상 송전 계통의 고장 계산 ··· 205
10.4.1 대칭분 회로 ··· 207
10.4.2 단선 고장 ··· 208
◐ 연습문제 ··· 210

제11장 안정도

11.1 안정도 ··· 213
11.2 정태 안정도 ··· 214
11.3 동태 안정도 ··· 216
11.4 과도 안정도 ··· 217
11.5 안정도의 향상 대책 ··· 218
◐ 연습문제 ··· 222

제12장 이상 전압과 그 보호

12.1 이상 전압의 종류 ··· 225
12.2 내부 원인에 의한 이상 전압 ··· 226
12.2.1 개폐 이상 전압(switching surge) ··· 226
12.2.2 고장 이상 전압 ··· 228
12.2.3 소호 리액터계의 직렬 공진에 의한 이상 전압 ··· 228
12.3 외부 원인에 의한 이상 전압 ··· 229
12.3.1 전자 유도에 의한 뢰전압 ··· 229
12.3.2 정전 유도 작용에 의한 뢰전압 ··· 229
12.3.3 직격뢰 전압 ··· 230
12.4 이상 전압으로 부터의 보호 ··· 232

12.4.1 가공 지선의 설치 ······ 232
12.4.2 피뢰기(lightning arrester) ······ 233
12.4.3 탑각의 접지 ······ 238
12.5 절연 협조 ······ 239
◐ 연습문제 ······ 242

제13장 보호 계전기 및 개폐장치

13.1 보호 계전기 ······ 245
13.1.1 보호 계전기의 원리와 구조 ······ 245
13.1.2 송배전 계통의 보호 계전 방식 ······ 251
13.2 개폐장치 ······ 256
13.2.1 차단기 ······ 256
13.2.2 소호이론 ······ 257
13.2.3 차단 용량 및 동작 책무 ······ 258
13.2.4 차단기의 종류 ······ 259
13.2.5 단로기 ······ 263
◐ 연습문제 ······ 266

제14장 배전계통

14.1 배전 방식 ······ 269
14.2 전기 방식 ······ 270
14.2.1 부하의 접속 방법에 의한 분류 ······ 271
14.2.2 직류식 ······ 271
14.2.3 교류식 ······ 271
14.2.4 저압선의 각종 전기 방식과 전선량 ······ 274
14.2.5 고압 배전 선로의 전기 방식 ······ 278
14.2.6 저압 배전 선로의 전기 방식 ······ 278
14.3 배전계통의 구성 ······ 279
14.4 배전선의 형태 ······ 280

14.4.1 수지상 배전선 ··· 280
14.4.2 환상 배전선 ··· 281
14.4.3 망상 배전선 ··· 282
14.4.4 뱅킹 방식 ··· 284
◐ 연습문제 ··· 286

제15장 배전선의 전기적 특성

15.1 배전선의 선로 정수 ··· 289
15.1.1 저 항 ··· 289
15.1.2 인덕턴스 ··· 290
15.2 전압 강하 ··· 290
15.2.1 전압 강하률과 전압 변동률 ··· 291
15.2.2 직류 배전 선로의 전압 강하 ··· 292
15.2.3 교류 배전 선로의 전압 강하 ··· 296
15.3 전력 손실 ··· 299
15.3.1 오옴손 ··· 299
◐ 연습문제 ··· 304

제16장 부하와 배전 계획

16.1 수용과 부하 ··· 307
16.1.1 부하 곡선 ··· 307
16.1.2 최대 수용 전력 ··· 308
16.1.3 부하율 ··· 308
16.1.4 수용률 ··· 308
16.1.5 부등률 ··· 309
16.1.6 수용률과 부등률과의 관계 ··· 310
16.2 배전 계획 ··· 311
16.2.1 부하 밀도의 조사 ··· 311
16.2.2 부하 증가의 상정 ··· 312

16.2.3 배전 계획의 개요 ··· 312
◐ 연습문제 ··· 315

제17장 배전계통의 운용

17.1 전압 조정의 필요성 ··· 319
17.2 전압 조정 방법 ··· 320
17.2.1 변전소에서의 전압 조정 ··· 320
17.2.2 배전 변압기의 탭 조정 ··· 321
17.2.3 선로 전압 조정기 ··· 321
17.3 전력 손실의 경감 ··· 327
17.3.1 기기의 효율 상승 ··· 327
17.3.2 전류밀도의 감소와 평형 ··· 327
17.3.3 승 압 ··· 327
17.4 역률 개선 ··· 328
17.4.1 역률 개선의 효과 ··· 328
17.4.2 부하의 역률 ··· 328
17.4.3 역률 개선용 콘덴서의 용량 계산 ··· 329
◐ 연습문제 ··· 334

제18장 배전 선로의 보호

18.1 가공 배전 선로의 사고 ··· 337
18.1.1 사고의 종류 ··· 337
18.1.2 통신선 유도 장해 ··· 339
18.2 배전 선로의 보호 장치 ··· 339
18.2.1 고압 배전 선로의 구분 개폐기 ··· 340
18.2.2 라인 퓨즈(line fuse) ··· 341
18.2.3 리클로우저 및 섹쇼너라이저(recloser & sectionalizer) ··· 341
18.3 고압 배전선의 보호 방식 ··· 342
18.3.1 3상 3선식 배전선의 보호 방식 ··· 342

18.3.2 3상 4선식 배전선의 보호 방식 ······ 345
18.4 배전 변압기의 보호 ······ 349
18.4.1 1차측의 보호 ······ 349
18.4.2 2차측의 보호 ······ 349
18.4.3 CSP 변압기(completely self protecting transformer) ······ 350
18.5 저압 배전 선로의 보호 ······ 351
18.6 접지공사 ······ 352
18.6.1 접지공사의 종류 ······ 352
18.6.2 주상 변압기의 2차측 접지 ······ 352
◐ 연습문제 ······ 353
◐ 찾아보기 ······ 356

전력계통의 구성

제 1 장

1.1 전력계통

전력계통은 수력 발전소, 화력 발전소, 원자력 발전소 등 전력을 생산하는 **발전설비**, 이것에 의해서 발생한 전력을 수송하고 분배하기 위한 송배전선, 변전소 등의 **수송설비**와 수송 공급된 전력을 수용가에서 소비하기 위한 **수용설비**로써 구성되어 있다. 또 이들 설비들이 복합적으로 결합해서 운용하기 위한 급전설비, 통신설비 등의 **운용설비**가 있다.

그림 1-1은 전력계통의 개요를 나타낸 것이다.

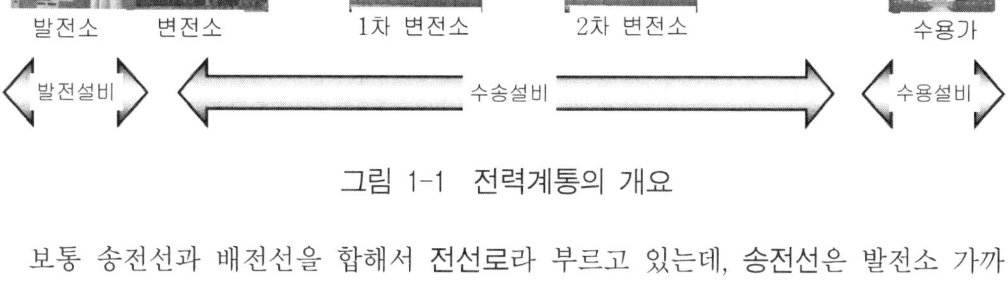

그림 1-1 전력계통의 개요

보통 송전선과 배전선을 합해서 **전선로**라 부르고 있는데, **송전선**은 발전소 가까이 있는 승압 변전소에서 수용가 근방에 있는 강압 변전소까지를, **배전선**은 이후 강압 변전소에서 수용가까지를 일반적으로 말하는데 명확한 구별은 어렵다. 전선로는 또 그 시설 형태에 따라 전선과 지지물 등으로 된 **가공 전선로**와 지하 케이블을 매설하여 시설하는 **지중 전선로**로 구분된다.

송전선에서의 전력 손실이 전압의 제곱에 반비례하므로 송전 전압을 가능하면 높은 전압(154~345[kV])을 사용하게 되지만, 발전소에서의 발전 전압(11~22[kV])은 발전기가 회전체이기 때문에 절연상 한계가 있어 그 전압이 제한되고 있다. 그러므로 해서 전력 수요가 많은 공장지대나 도심에서 멀리 떨어져 있는 발전소 가까이에는 발전 전압에서 송전 전압으로 승압시키기 위한 승압 변전소가 필요하며, 수용가가 밀집한 지역에서는 송전 전압에서 해당 수용가에 적절한 수용 전압으로 강압하기 위한 강압 변전소가 존재하고 있다.

변전소란 이러한 전압이 승압과 강압에 필요한 변압기, 발전기와 송전 선로를 연결하기 위한 제반 개폐기 등 각종 전기기계기구를 장치한 장소를 일컬어 말한다.

수용설비란 전력을 소비하는 설비의 총칭인데. 일반 가정용 전등 및 가전기구, 공공시설이나 공장 등의 전동기 및 전열기 등 기기 종별로 분류하기도 하고 저압 수용가, 고압 수용가, 특별고압 수용가 등 수전 전압별로 분류하기도 한다.

또한 전력계통을 원활히 운용하기 위하여 급전설비와 통신설비를 마련해야 한다. 급전설비는 발전소 및 변전소에 설치되는 것과 급전소에 설치되는 것으로 분류할 수 있는데, 전자에는 발전기, 변압기 등의 운전상황을 파악하기 위한 각종의 측정장치, 기록계 이들을 설치한 배전반, 전기사고가 발생하면 고장구간을 정확하고도 신속하게 선택 차단하여 송전의 안정과 설비손상의 경감을 도모하는 보호계전장치 등이 있다. 급전소에는 전력계통의 구성요소로부터 정보를 수집하여 종합 판단해서 지령을 하는데 필요한 텔레미터에 의한 표시장치 및 기록장치, 이들을 설치한 콘트롤 판넬 및 콘솔 등이 있고, 전력계통의 신뢰성 및 경제성을 확보하기 위한 자동 주파수 제어장치, 자동 전압 조정장치, 원방 감시 제어장치, 경제 부하 배분장치 등이 있다. 그리고 통신설비는 급전설비의 운용 및 정보전달 장치로서 주요한 구실을 맡고 있는데 과거에는 독립 전화선로 및 전력선 반송 전화장치에 의존했지만, 현재는 이동통신의 발달로 과거의 유선방식에 나타났던 문제점들이 많이 개선되고 있다.

그림 1-2와 그림 1-3은 우리나라의 송배전 계통과 송변전 계통을 나타내고 있다.

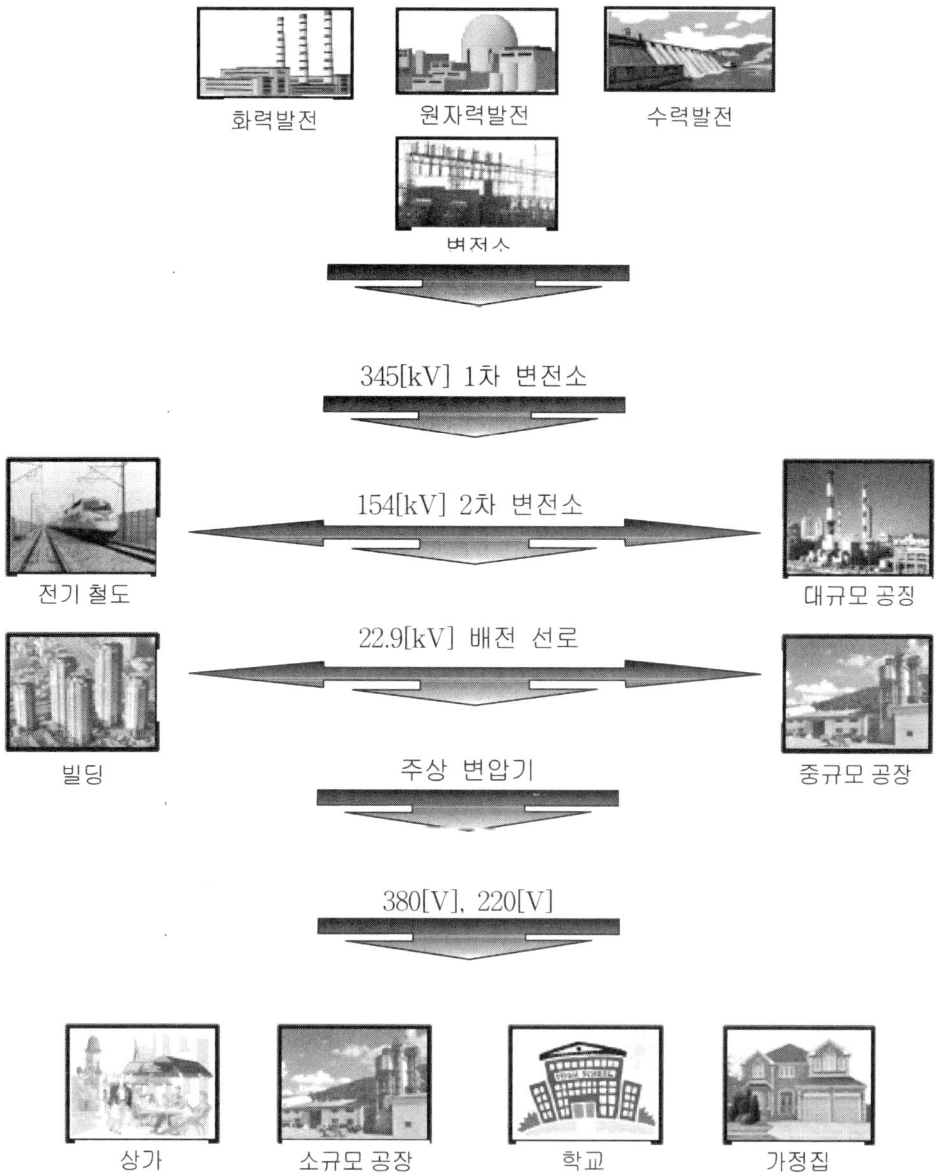

화력발전
원자력발전
수력발전
변전소
345[kV] 1차 변전소
154[kV] 2차 변전소
전기 철도
대규모 공장
22.9[kV] 배전 선로
빌딩
중규모 공장
주상 변압기
380[V], 220[V]
상가
소규모 공장
학교
가정집

그림 1-2 송·배전 계통도

그림 1-3 송·변전 설비 계통도(2009년 9월 기준)

1.2 송배전 선로의 전기방식

송배전의 전기방식은 전송 전류의 종류에 따라서 직류방식과 교류방식으로 나눌 수 있는데, 직류 송전은 송전 전력이 대단히 크고 또 고전압의 경우에는 유리한 점이 많지만 아직은 특수성이 많아서 대부분 교류방식에 의하고 있다. 한편 직류 송전에 있어서도 왕복 모두 해저 케이블로 하는가, 그렇지 않으면 귀로를 해수에 맡기는가의 경우 외에 가공 선로에 의한 직류 송전도 많으므로, 직류 송전에서도 귀로의 유무가 전기방식으로서 중요한 문제가 된다. 또한 교류방식에서도 상수(相數)의 문제가 있다.

1.2.1 교류 송전방식의 특징

현재의 전력 전송은 발전에서 배전의 말단까지 거의 교류방식을 이용하고 있는데, 교류방식이 직류방식에 비해서 유리한 점은 다음과 같다.

① 3상 교류 발전기는 그 구조가 비교적 간단하고 효율이 높기 때문에 거의 모든 발전소는 동기 발전기로써 3상 교류전력을 발생시키고 있다.
② 전력 전송을 합리적이고도 경제적으로 하려면 발전소에서 소비 설비에 이르기까지 가장 적당한 전압으로 할 필요가 있는데, 교류방식에서는 진압 변환을 변압기를 이용하여 수월하고도 효율 좋게 할 수 있다.
③ 유도 전동기를 비롯하여 많은 전동력 · 가전 기기 · 전등 등 전력을 사용하는 부하의 대부분이 교류용으로 만들어지기 때문에, 교류방식으로 하는 것이 합리적이고도 경제적이다.

1.2.2 직류 송전방식의 특징

대전력의 장거리 송전이나 케이블에 의한 해저 송전 등의 경우에는 직류 송전방식이 유리해서 직류 송전 기술의 발달에 따라 세계의 여러 나라에서 실시하고 있는데, 그 특징은 다음과 같다.

① 선로 전압이 같은 실효치의 교류 전압 최대치의 $1/\sqrt{2}$ 이므로 선로 절연이 그만큼 수월하게 된다. 따라서 가공선의 경우는 애자수나 전선량을 절감할 수 있고 지지물도 경제적으로 되며, 케이블의 경우는 표피 효과나 유전체 손실이 없기 때문에 더욱 유리하다.
② 교류에서는 무효 전력이나 표피 효과 때문에 송전 손실이 크게 되지만, 직류에서는 이들이 없고 역률이 언제나 1이므로 송전 효율이 높게 된다.
③ 직류방식에서는 리액턴스나 송수 양단 전압의 상차각을 고려할 필요가 없기 때문에 안정도의 문제가 없으므로 본질적으로 송전 용량이 제한되지 않는다.

1.2.3 교류 전선로의 전기방식

교류인 경우는 먼저 주파수가 결정되어야 하고, 다음은 단상식으로 하느냐 3상식으로 하느냐가 문제가 된다.

교류 송전 선로에는 특수한 경우를 제외하고는 3상 3선식이 채용되고 있으며, 배전 선로에는 단상 2선식 · 단상 3선식 및 3상 3선식 · 3상 4선식 등이 채용되고 있다.

그림 1-4에서 교류 송전 선로 방식을 소개하고 그 중 단상 2선식과 비교하여 3상 3선식의 특징에 대하여 설명하면 다음과 같다.

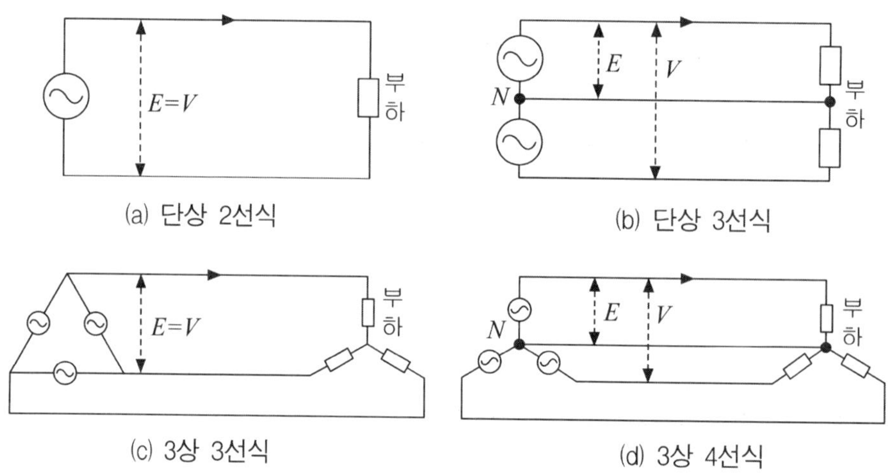

(E: 상전압, V: 선간전압, N: 중성점)

그림 1-4 교류 송전 선로 전송방식

(1) 단상 2선식

발전소에서 발생된 전력은 모두 전선을 통하여 수용가까지 보내진다. 전선을 사용하는 가장 기초적인 전송 방식은 그림 1-4 (a)의 단상 2선식이다.

이것은 전선수가 적고, 가선 공사가 간단하고, 공사비가 적게 들지만 대전력 전송에는 그림 1-4 (c)의 3상 3선식이 채용되고 있다.

(2) 3상 3선식

3상 3선식은 단상 2선식에 비하여 다음과 같은 장점이 있다.

① 교류 전력의 순시치가 시간적으로 변동하지 않고 항상 일정하게 유지된다.

② 동일 전력을 동일 선간 전압으로 전송할 경우 전선 소요량이 25[%] 적게 든다.

③ 동일 출력의 발전기로서는 단상보다 3상의 경우가 소형으로 설계할 수 있고 특성도 좋다.

④ 동일 출력의 전동기로서는 단상보다 3상의 경우가 소형으로 설계할 수 있고 완전한 회전 자계가 간단히 얻어지므로 제작이 용이하고 효율도 좋다.

⑤ 정류할 때 맥동이 적은 직류를 얻기 쉽다.

⑥ 단상 교류가 필요할 때 3상 회로에서 쉽게 얻을 수 있다.

1.2.4 직류 전선로의 전기방식

직류 송전계통은 직류 전압의 극수와 귀로방식에 따라 그림 1-5와 같이 4가지 방식으로 분류한다.

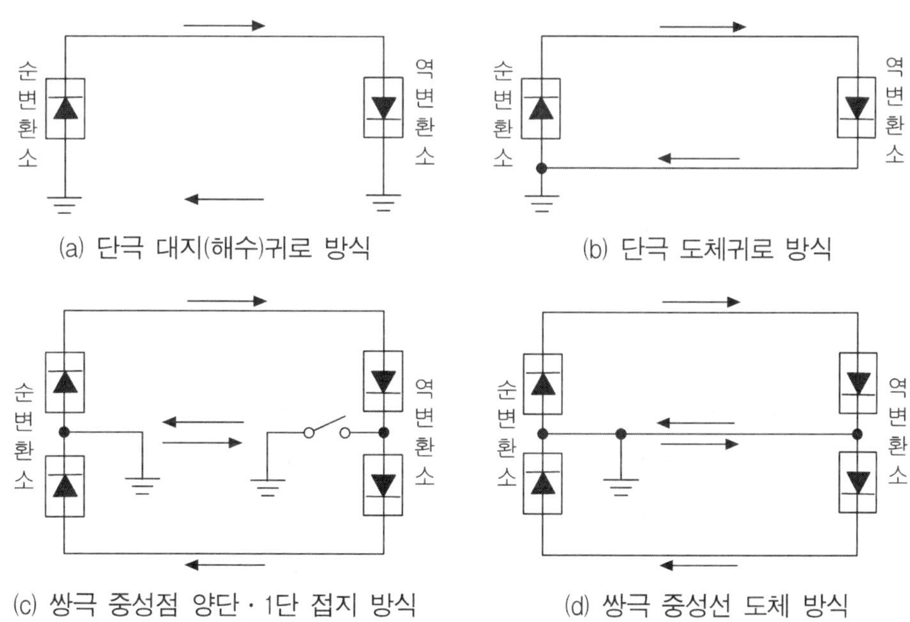

그림 1-5 직류 송전 선로 전송방식

(1) 단극 대지(해수)귀로 방식

가공선 또는 케이블을 왕로(往路)로 하고 대지 또는 해수를 귀로(歸路)로 하는 방법으로 건설비가 저렴하기 때문에 경제적이지만 대지에 매설된 시설물에 대해서는 전식(전기적인 부식)의 문제가 있다.

(2) 단극 도체귀로 방식

귀로로 사용할 도체를 별도로 가설하는 방식으로 건설비는 증가되지만 전식의 영향을 배재할 수 있으므로 도심지역에 적합한 방식이다.

(3) 쌍극 중성점 양단 · 1단 접지 방식

귀로로 대지를 이용하는 방식으로 한쪽 전선에는 정(+)전압을, 다른 쪽에는 부(−)전압을 인가하고 중성점을 접지하는 방식이다. 사고시에도 1/2의 전압으로 운전하여 1/2의 용량으로 송전할 수 있는 특징이 있다. 직류송전에서 가장 일반적인 방식으로 우리나라 해남과 제주간의 해저 케이블에 사용되고 있다.

(4) 쌍극 중성선 도체 방식

중성점을 도체로 접속한 방식으로 한쪽 전선에는 정(+)전압을, 다른 쪽에는 부(−)전압을 인가하고 중성선 도체에 한점을 접지하는 방식이다. 한쪽극 사고시에도 대지를 귀로로 하지 않고 1/2의 전력을 송전할 수 있으며 도심지역에 적합한 방식이다.

1.2.5 각종 전송방식의 비교

여러 가지 전송방식에서 단상 2선식을 기준으로 1선당 전송 전력과 비율을 비교하면 표 1-1과 같다. 여기서 단상 3선식과 3상 4선식의 중성선은 전압선의 굵기와 같고, 상간 부하는 평형하며 중성선에 전류는 흐르지 않는다. 그리고 부하의 역률($\cos\alpha$); 전송거리, 전선은 모두 같다고 가정 하였다.

송전 선로의 비교에는 선로 부하가 주로 3상 이므로 선간전압(V)을 사용하였고, 배전 선로에는 선로 부하가 주로 단상이므로 상전압(E)을 사용하였다.

표 1-1과 같이 송전 선로에서는 3상 3선식이, 배전 선로에는 3상 4선식이 1선

당 전송전력이 가장 크다. 그러므로 송전계통에는 3상 3선식을, 배전계통에는 3상 4선식을 가장 많이 채용하고 있다.

표 1-1 전송방식에 따른 1선당의 전송 전력

전송 방식		전송 전력	1선당 전송 전력	비율[%]
	직류 2선식	VI	$VI/2$	100
교류 송전 선로	단상 2선식	$VI\cos\theta$	$VI\cos\theta/2$	100
	단상 3선식	$VI\cos\theta$	$VI\cos\theta/3$	67
	3상 3선식	$\sqrt{3}\,VI\cos\theta$	$\sqrt{3}\,VI\cos\theta/3$	115
	3상 4선식	$\sqrt{3}\,VI\cos\theta$	$\sqrt{3}\,VI\cos\theta/4$	87
교류 배전 선로	단상 2선식	$EI\cos\theta$	$EI\cos\theta/2$	100
	단상 3선식	$2EI\cos\theta$	$2EI\cos\theta/3$	133
	3상 3선식	$\sqrt{3}EI\cos\theta$	$\sqrt{3}EI\cos\theta/3$	115
	3상 4선식	$3EI\cos\theta$	$3EI\cos\theta/4$	150

1.3 송배전 전압

우리나라는 1960년대 154[kV]의 기간송전 전압에서 전력계통의 발전과 전력 수요의 급증으로 송전 전압은 상승을 계속하여 1977년도에 345[kV] 송전이 시작되었고, 2000년대에 들어서 765[kV] 송전이 시작 되었다.

1.3.1 전압의 종별

전기 공작물의 위험의 정도는 전원 용량의 대소에도 관계되지만 대체로 전압의 고저에 의한 것이다. 그래서 전기설비기술기준에서는 전압을 위험의 정도에 따라 저압, 고압, 특별 고압의 3종으로 분류하여 전기 공작물의 시설에 대해 그 공사 방법을 구별하고 있다.

저압 : 직류(DC) 750[V] 이하, 교류(AC) 600[V] 이하.

고압 : 저압의 한도를 넘고 7000[V] 이하.

특별고압 : 고압의 한도를 넘는 것.

1.3.2 교류 표준 전압

일정한 거리에 일정한 전력을 전송하는데는 가장 경제적인 송전 전압이 있다. 그러나 송전 전압을 대개의 경우에 가장 알맞은 값을 임의로 선택하는 것이 더욱 경제적으로 되는 것은 아니다. 즉, 송전 전압을 몇 가지의 표준 전압으로 통일하여 기계 기구 · 애자 · 지지물 등을 규격화함과 동시에, 다른 송전 선로와의 연결을 용이하게 하여 전력계통의 단순화를 도모하는 것이 좋다. 이 **표준 전압**(standard voltage)은 송전 선로를 대표하는 선간 전압으로서, 이른바 **공칭 전압**(nominal vo-ltage)이라 한다.

이것은 장거리 송전선일 때는 송수 양단 전압이나 선로 도중의 전압은 서로 다르기 때문에 전선로를 대표하는 송전 전압을 말한다. 우리나라의 표준 전압은 표 1-2와 같다.

이들은 전선로의 수전단 전압에 대하여 각각 10[%]만큼 높은 전압으로 된다는 것을 나타내고 있다. 전선로에 따라서는 수전단 전압보다도 15[%] 높은 전압으로 하는 것이 선로 사정상 좋을 때가 있는데, 이 경우를 선로의 **최고 전압**이라 한다.

표 1-2 우리 나라의 표준 전압

공칭 전압[kV]	최고 전압[kV]
3.3/5.7Y	3.4/5.9
6.6/11.4Y	6.9/11.9
13.2/22.9Y	13.7/23.8
22/38 Y	23/40
66	69
154	161
220	230
345	360

$$* \text{ 최고 전압} = \text{공칭 전압} \times \frac{1.15}{1.1}$$

1.3.3 경제적 송전 전압

송전 손실 등을 고려하여 송전 전압을 높이면 전송 전력은 증대하지만, 그 반면 전기절연에 또 다른 문제점이 더해진다. 즉 가공선로에서는 애자, 모선지지애자 등의 소요량이 증대되어 철탑의 규모가 커지고, 전력기기 절연의 강화, 붓싱(bushing)의 대형화 등이 요구된다.

또 초고압이 되면 코로나 대책이라는 큰 문제가 생긴다. 이들 이해득실을 생각하면 종합적으로 송전계통의 경제성을 충분히 고려한 후 송전 전압을 결정해야 한다.

그림 1-6은 이상의 관계를 설명한 것인데, 총비용이 최저가 되는 송전 전압을 구할 수 있다.

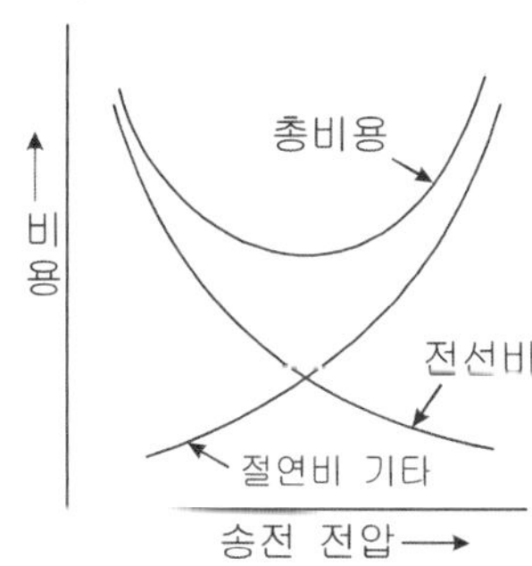

그림 1-6 경제적 송전 전압의 선정

표준 전압 중에서 어느 것으로 할 것인가를 검토하는 경우에는 상세한 경제 비교가 행하여지지만, 대략의 값을 구하는 데는 Still의 식이나 고유 부하법, 송전 용량 계수법 등이 일반적으로 쓰이고 있다.

Alfred Still의 식은 송전 전압을 V[kV], 송전 거리를 l[km], 송전 전력을 P[kW]라 하면 다음과 같다.

$$V = 5.5\sqrt{0.6l + 0.01P} \tag{1-1}$$

이 식은 많은 실예를 종합해서 구한 송전 전압의 경제적 개산치를 나타내는 것으로서, 대략의 겨냥을 하는데는 편리하나, 장거리 송전 선로에서는 적합하지 못하다.

1.3.4 배전 전압

배전 전압은 경제성을 주로 하고, 보수의 어려움이나, 공급 신뢰도 등에 따라 결정되지만, 역사적인 관습이 크게 영향해서 각 국이 각양각색인 것을 채용하고 있다.

우리나라의 고압 배전 전압으로서는 오랫동안 △결선 3상 3선식의 3.3[kV] 배전이였으나, 급격한 수요 증가에 대응하여 공급력을 증강하기 위해 3상 3선식 6.6[kV], 3상 4선식 5.7($3.3\times\sqrt{3}$), 11.4($6.6\times\sqrt{3}$), 22.9($6.6\times2\times\sqrt{3}$)[kV] 등으로 승압하여 쓰고 있다. 이 중에서 22.9[kV]가 가장 많다. 그리고 근래 서울을 위시하여 대도시의 비대화로 수요 밀도가 급격히 증대함에 따라, 기설 설비로는 전력 유통 능력의 한계를 넘어 나날이 늘어나는 수요를 감당할 수 없게 되자, 특히 도심지의 대량 수용가에 대해서는 154[kV]급 변전소에서 직접 22[kV]로 배전하는 방식을 채택하고 있다. 또한 부하 밀도가 높은 지역에서는 지중화의 경제성도 찾을 수 있다는 점에서 22[kV] 지중 배전을 실시하여 오고 있는데, 그 회선수가 늘어나고 있다.

저압 배전 전압도 종래 100[V], 200[V]가 쓰여져서, 전등 부하 등에서는 100[V] 단상 2선식, 동력 부하에는 200[V] 3상 3선식 및 100[V], 200[V]의 양쪽을 공급할 수 있는 단상 3선식과 3상 4선식이 주였지만, 전력 수요의 급증 때문에 2차 배전 전압의 승압이 불가피하게 되자, 외국의 선례에 따라 220/380[V]의 3상 4선식이 신설 지역은 물론, 기설 지역에서도 이 방식으로 바꿀 계획으로 되어 있다. 또한 빌딩, 공장 등의 구내 배선으로 240/415[V], 265/460[V] 등의 3상 4선식도 보급되어 있다.

1.3.5 송전 전력과 송전 전압과의 관계

송전 전압이 송전 전력에 어떻게 영향을 주며, 왜 점차로 고전압을 쓰게 되는가의 이유를 알아보기로 한다. 지금, 3상 3선식의 송전 선로에 있어서 수전단의 선간 전압을 V[V], 선전류를 I[A], 상전압과 상전류 사이의 위상각 θ로 정하여지는 부하의 역률을 $\cos\theta$, 수전 전력을 P[W], 송전 손실률을 p, 송전 거리를 l[km], 1선당의 저항을 R[Ω]이라 하면, $P=\sqrt{3}\,VI\cos\theta$[W]이므로

$$p = \frac{3I^2R}{P} = \frac{\sqrt{3}IR}{V\cos\Theta} \tag{1-2}$$

$$\therefore R = \frac{pV\cos\Theta}{\sqrt{3}I} = \frac{pV^2\cos^2\Theta}{P}\,[\Omega] \tag{1-3}$$

여기서, 전류 I가 전선 단면을 균일하게 흐른다 하고, 그 단면적을 A[cm^2], 저항률을 ρ[Ω·mm^2/m]라 하면,

$$R = \rho\frac{l}{A} = \frac{pV^2\cos^2\Theta}{P}\,[\Omega] \tag{1-4}$$

$$\therefore A = \frac{\rho lP}{pV^2\cos^2\Theta}\,[\mathrm{cm}^2] \tag{1-5}$$

그래서 전선 재료의 밀도를 σ[kg/cm^3]라 하면, 전선의 전중량 W[kg]는

$$W = 3\sigma lA = \frac{3\rho\sigma l^2P}{pV^2\cos^2\Theta}\,[\mathrm{kg}] \tag{1-6}$$

로 되어서, 일정의 P, l, p 및 ρ, σ인 전선 재료에 대해서는 소요의 전선 중량은 전압과 역률의 곱의 제곱에 반비례한다는 것을 알 수 있다.

따라서, W를 일정, 즉 같은 전선을 사용했다고 하면 식 (1-6)에서 다음과 같이 된다.

$$P = \frac{WpV^2\cos^2\Theta}{3\rho\sigma l^2} = 3lA\delta\cdot\frac{pV^2\cos^2\Theta}{3\rho\sigma l^2} = \frac{pAV^2\cos^2\Theta}{\rho l}\,[\mathrm{W}] \tag{1-7}$$

그러므로 ρ, l, $\cos\Theta$를 일정하게 하면 수전 전력은 선간 전압의 제곱에 비례한다. 수전 전력에 어떤 비율의 선로 손실을 가한 송전 전력도 또한 이와 같으므로, 대전력을 전송하는데는 높은 전압으로 하지 않으면 안 되는 이유를 알 수 있다.

연 습 문 제

1. 발전소에서 다른 발전소로, 변전소에서 다른 변전소로 또는 발전소에서 변전소로 접속된 선로에 전력을 수송하는 것은?

① 가공선로 ② 배전

③ 지중선로 ④ 송전

해설 발전소에서 발전된 전력을 수송하는 것을 송전(power tansmission)이라 하고, 수용지구에서 각 수용가에 전력을 분배하는 것을 배전(power distribution)이라 한다.

【답】 ④

2. 직류 송전방식의 장점이 아닌 것은?

① 리액턴스의 강하가 생기지 않는다.

② 코로나손 및 전력 손실이 적다.

③ 회전 자계가 쉽게 얻어진다.

④ 유전체손 및 충전 전류의 영향이 없다.

해설 직류 송전방식의 장단점은 다음과 같다.

(가) 장점

㉠ 무효분($x=f$)이 없으므로 전압강하, 전력손실이 작아지므로 전압 변동이 양호하고 송전 효율이 좋다.

㉡ 통신선의 유도장해가 적다.

㉢ 절연이 용이하므로 절연비가 적다.

㉣ 유전체손 및 충전전류의 영향이 없다.

(나) 단점

㉠ 고장시 자동차단이 안된다.

㉡ 변압(승압 및 강압)이 안된다.

【답】 ③

3. 다음은 직류 송전방식을 교류방식과 비교한 특징들이다. 옳지 않은 것은?

① 전선의 송전 용량을 크게 할 수 있다.

② 전압을 간단히 높이고 낮출 수 있다.

③ 절연을 쉽게 할 수 있다.

④ 선로 건설비를 적게 들일 수 있다.

해설 송전계통과 송전방식

㉠ 발전 전압은 3.3~24[kV]이고 송전 전압은 154~345[kV]이다.
여기서 345[kV]는 초고압으로 송전선의 고속도로로 비유된다.

㉡ 송전방식 : 송전선에 쓰이는 전기방식을 대별하면 직류 송전방식과 교류 송전방식으로 나누어진다.

ⓐ 직류 송전방식 : 거의 사용하지 않으며 기술적으로 유리하나 연구할 과제가 많다. 또한 교류 송전방식에 비해 전압의 변성, 즉 승압 및 강압이 어렵다.

ⓑ 교류 송전방식 : 선로내의 전력손실이 전압의 제곱에 반비례하므로 대전력을 효율 좋게 송전하기 위해서는 전압을 높이는, 즉 변압이 쉬운 변압기를 사용한다.

【답】 ②

4. 교류 송전방식에 대한 직류 송전방식의 장점에 해당되지 않는 것은?

① 기기 및 선로의 절연에 요하는 비용이 절감된다.

② 전압 변동률이 양호하고 무효 전력에 의한 전력 손실이 생기지 않는다.

③ 안정도의 한계가 없으므로 송전 용량을 높일 수 있다.

④ 고전압, 대전류의 차단이 용이하다.

【답】 ④

5. 장거리 대전력 송전에 교류 송전방식에 비해서 직류 송전방식의 장점이 아닌 것은?

① 송전 효율이 높다.

② 안정도의 문제가 없다.

③ 선로절연이 더 수월하다.

④ 변압이 쉬워 고압 송전이 유리하다.

해설 직류방식과 교류방식의 비교

㉠ 교류방식에서와 같이 무효전력을 생각할 필요가 없으므로, 전력손실이나 전압변동이 적게 된다.

㉡ 교류에서와 같이 안전도를 생각할 필요가 없고, 전선의 허용전류 한도까지 송전용량을 크게 할 수 있다.

㉢ 교류와 직류에서 같은 전압의 실효값 V[V]를 보면 교류에서는 최대값이 $\sqrt{2}\,V$[V]가

되지만, 직류에서는 V[V]가 되므로 직류가 절연이 더 쉽다.

㉣ 직류는 특성상 상시에는 충전전류와 유전체손이 없으므로, 케이블을 사용할 때 더욱 유리하다.

㉤ 교류에서는 보통 3도체가 필요하지만(3상으로 송전), 직류에서는 ⊕, ⊖측의 2도체, 또는 대지를 이용하면 1도체만으로도 송전할 수 있으므로 선로 건설비가 싸게 된다.

㉥ 코로나손도 직류쪽이 적게 된다. **【답】** ④

6. 교류에서 저압이란?

① 750[V] 이하 ② 600[V] 이하

③ 500[V] 이하 ④ 200[V] 이하

해설 ㉠ 저압 : 직류에서 750[V] 이하, 교류에서 600[V] 이하

㉡ 고압 : 직류에서는 750[V]를, 교류에서는 600[V]를 넘고 7,000[V] 이하의 전압

㉢ 특별고압 : 7,000[V]를 넘는 전압 **【답】** ②

7. 전력계통의 운용에 필요한 지시를 하는 곳은?

① 발전소 ② 변전소

③ 개폐소 ④ 급전소

해설 전력계통의 운용에 필요한 지시를 하는 곳을 급전소라 한다. **【답】** ④

8. 송전 전압을 높일 경우에 생기는 문제점이 아닌 것은?

① 전선 주위의 전위경도가 커지므로 코로나손, 코로나 잡음이 발생한다.

② 변압기, 차단기 등의 절연 레벨이 높아지기 때문에 건설비가 많이 든다.

③ 표준상태에서 공기의 절연이 파괴되는 전위경도는 직류에서 50[kV/cm]로 높아진다.

④ 태풍, 뇌해, 염해 등에 대한 대책이 필요하다.

해설 표준상태(20[℃], 760[mmHg])에서 공기는 직류 30[kV/cm]에서 절연파괴되므로 정현파 교류의 경우는 $30/\sqrt{2} = 21.1$[kV/cm]에서 절연이 파괴된다. **【답】** ③

가공 전선로

제 2 장

발전소에서 발생된 전력을 수용가까지 안전하게 전송하기 위한 전선로는 시설방식에 의해 가공 전선로와 지중 전선로로 분류할 수 있다.

가공 전선로는 전력 전송의 매체가 되는 전선과 이들을 지지하는 지지물, 그리고 가공전선을 지지물로부터 절연하는 애자 등으로 이루어져 있다.

2.1 가공 전선

가공 선로에 사용되는 전선은 전력 전송의 높은 효율과 안전을 위해 다음과 같은 조건을 갖추어야 하지만, 모든 조건이 구비된 전선은 없으므로 전선의 성능과 사용 조건을 고려하여 선택한다.

① 전기적으로 도전율이 높을 것.
② 기계적 강도가 클 것.
③ 연성과 전성이 클 것.
④ 내구성(내식 내열성)이 클 것.
⑤ 가벼울 것.
⑥ 가선 작업이 용이 할 것.
⑦ 가격이 싸고 구하기 쉬울 것.

2.1.1 가공 전선의 종류

가공 전선에 사용되는 전선은 대부분이 나전선이며 구조에 따라 단선, 연선, 중공 연선, 재질에 따라 단금속선, 합금선, 쌍금속선, 합성 연선, 그리고 전선의 조합에 따라 단도체, 복도체로 분류할 수 있다.

(1) 단 선

한 가닥으로 이루어진 전선으로 송전선로에는 거의 사용되지 않는다.

(2) 연 선

그림 2-1과 같이 중앙의 한 소선을 중심으로 여러 층으로 꼬아 만든 것을 연동연선이라 하고, 중심에 한줄, 다음 층은 6가닥, 다음은 12가닥으로, 6가닥씩 증가하도록 되어 있다. 단선은 지름을 [mm]로 표시하나, 연선의 공칭 단면적은 소선의 단면적에 소선수를 곱한 값에서, 소숫점 이하를 정리한 단면적[mm^2]으로 나타낸다.

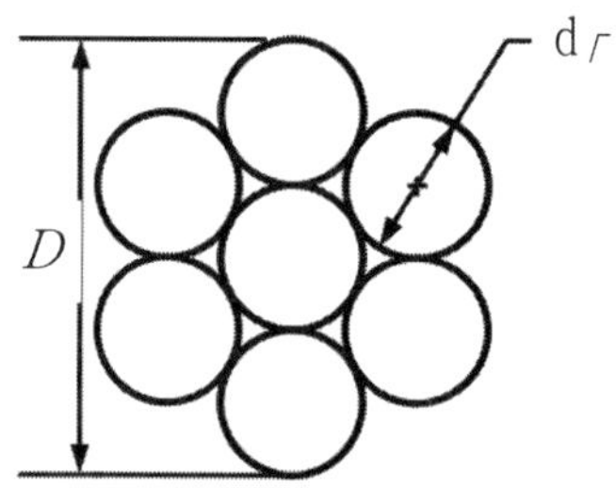

그림 2-1 연동 연선의 단면

동심 연선에는 다음과 같은 일정한 법칙이 있다.

총 층수 n, 소선의 지름 d[mm], 소선의 단면적 a[mm^2], 연선과 같은 길이의 소선 1선의 중량 w[kg], 연선과 같은 길이의 소선 1선의 저항 r[Ω], 중량 연입률 K_1, 저항 연입률 K_2라고 하면 다음과 같다.

소선 총수 : $N = 3n(1+n)+1$, 연선의 외경 : $D = (2n+1)d$[mm]

연선 단면적 : $A = Na$[mm^2], 연선 중량 : $W = (1+K_1)Nw$[kg]

연선 저항 : $R = (1+K_2)\frac{r}{N}$[Ω]

예 제 19/1.8[mm] 경동연선의 바깥지름(외경)을 구하시오.

해설 층수가 2이므로 $D = (2n+1)d = (2 \times 2+1) \times 1.8 = 9$[mm]

(3) 중공 연선

초고압 송전선에서 코로나의 발생을 방지하고 표피효과(skin effect)를 억제하기 위하여 사용하는 것이 **중공 연선**(hollow stranded wire)이다. 그러나 허용전류와 기계적 강도의 조건을 충족하지 못해 많이 사용되지 않는다.

이 전선에는 그림 2-2와 같이 I형과 H형이 있는데, I형은 중심에서 I형의 나사 모양의 지지물을 두고, 그 주위에 원형 소선을 배열한 것이고, H형은 특수 단면의 경동 소선을 서로 물려서 중공 원형으로 한 것이다.

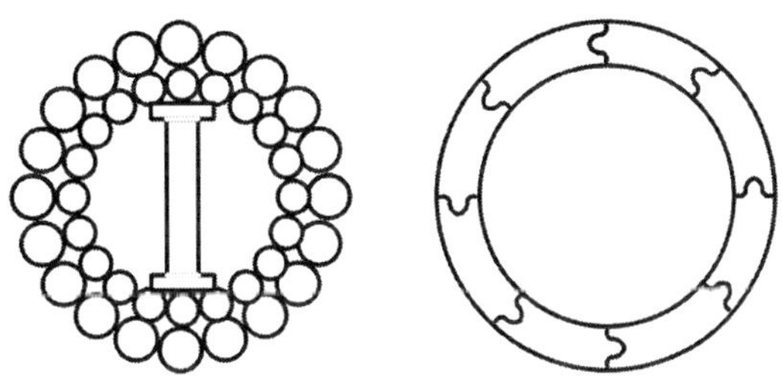

(a) I 형 (b) H 형

그림 2-2 중공 연선

(4) 단금속선(단일 연선)

한 가지 재료로 된 전선을 **단금속선**이라 하고, 종류에는 경동선(hard-drawn copper conductor, HDCC), 경알루미늄선, 철선, 강선 등이 있다.

경동선은 연동선에 비해서 도전율은 나쁘지만 인장 강도가 크기 때문에 가공선로에 사용된다. 보통 사용되는 경동선의 도전율은 20[℃]에서 96~98[%], 인장 강도는 35~48[kg/mm^2]이다.

경알루미늄선은 도전율이 60[%] 정도, 인장 강도는 16~18[kg/mm^2], 비중은 2.7이다. 이것과 같은 저항의 동선과 비교하면 무게는 동의 절반, 직경은 1.3배 정도이지만, 장력 강도는 불과 70[%] 정도밖에 안 되므로, 단독으로는 쓰이지 않고 강심 알루미늄선의 소선으로 쓰이고 있다.

철선 및 강선은 도전율이 적으므로, 그대로는 전선으로 사용할 수는 없으나, 인장 강도가 크므로 철선은 지선으로, 강선은 가공 지선 또는 강심 알루미늄의 심선으로 사용된다. 철선과 강선의 인장 강도는 각각 35~45 및 55~145[kg/mm^2]이며, 도전율은 각각 16[%] 및 12[%] 정도이다.

(5) 합금선

전선의 인장 강도를 크게 할 목적으로 동 또는 알루미늄에 한 종류 이상의 금속을 배합하여 만든 전선을 **합금선**이라 한다. 그 중에서 도전율이 비교적 좋고, 인장 강도가 큰 것으로 규동선(silicon bronze wire)은 도전율이 40~50[%], 인장 강도가 54~68[kg/mm^2], 알루미늄 합금선은 도전율 52[%] 이상, 인장 강도가 31.5[kg/mm^2] 이상이다.

(6) 쌍금속선

두 가지 종류의 금속을 융해 부착시킨 것으로, 대표적인 것이 강선을 중심으로 하고 그 주위를 동으로 피복 융착시킨 것으로, 보통 도전율은 40[%] 정도, 인장 강도는 90~120[kg/mm^2] 정도이다. 탑 사이의 거리가 긴 송전 선로나, 유도 장애 방지용 가공지선 등에 쓰인다.

(7) 합성 연선

두 가지 종류 이상의 금속선으로 연선을 만든 것으로서, 강심 알루미늄 연선(aluminium cable steel reinforced, ACSR)이 대표적이다.

즉, 도전율이 높은 알루미늄을 인장 강도가 큰 강선의 주위에 배열시켜, 전체적인 강도를 크게 한 것이다. 강심 알루미늄선은 같은 저항값을 가진 경동 연선보다 외경은 약 1.4배, 무게는 약 0.8배, 인장 강도는 약 1.7배 이므로, 가볍고 강하여 하천 횡단 등의 긴 경간에 좋으며, 외경이 큰 점은 코로나 방지에 좋으므로, 경동연선(HDCC) 다음으로 가장 많이 사용되고 154[kV] 이상의 송전선로에 많이 사용되고 규격은 330, 410, 480, 520[mm^2] 등이다.

예 제 ACSR(강심 알루미늄 연선)은 동일한 길이에서 동일한 전기저항을 갖는 경동연선과 비교하여 어떠한 특징이 있는가?

해설 ACSR은 경동선에 비해 고유저항이 크므로 동일한 저항을 얻기 위해서는 지름이 큰 전선을 사용해야 하지만 비중은 약 $\frac{1}{3}$ 정도로 가볍다.

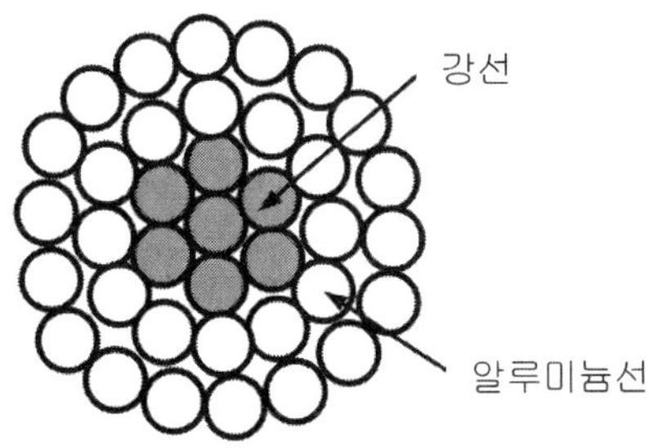

그림 2-3 강심 알루미늄 연선(ACSR) 단면

표 2-1 강심 알루미늄 연선(ACSR)의 특성

공칭 단면적 [mm²]	소선수/소선 지름[mm]		인장 하중 [kg]	무 게 [kg/km]	전기 저항 [Ω/km]
	알루미늄	강 철			
520	54/3.5	7/3.5	15600 이상	1969	0.0559
410	26/4.5	7/3.5	13890 이상	1673	0.0702
330	26/4.0	7/3.1	10930 이상	1320	0.0888
240	30/3.2	7/3.2	10210 이상	1110	0.120
200	30/2.9	7/2.9	8620 이상	911.7	0.147
160	30/2.6	7/2.9	6990 이상	732.8	0.182
120	30/2.3	7/2.3	5550 이상	573.7	0.232

(8) 다도체

송전 전압이 낮은 경우에는 각각의 상에 사용하는 전선을 한 가닥으로 하는 단도체 방식을 사용하지만, 초고압 송전선에서는 송전선을 1상에 2가닥 이상으로 하는 다도체 방식을 사용한다. 다도체에서는 이를 구성하는 전선을 소도체라고 한다. 다도체는 이와 동일 단면적을 가진 단도체(1상 1선의 도체를 가리킨다.)보다도 코로나 손실이 적고, 리액턴스가 작아지며, 정전용량이 크므로 서지 임피던스가 작게 되어 송전용량을 증가시킬 수 있는 장점이 있다. 우리나라에서는 154[kV] 송전선에는 ACSR 410[mm²] 2도체 방식, 345[kV]에는 ACSR 480[mm²] 2도체 또는 4도체 방식, 765[kV]에는 ACSR 480[mm²] 6도체 방식을 사용하고 있다.

(9) 지 선

가공 송전 선로에서는 번개에 의한 피해를 방지하기 위해서 전력을 수송하는 전선의 윗부분에 하나 또는 두 줄의 접지된 선을 가설한다. 이것을 **가공 지선**(overhead ground wire)이라 한다. 여기에는 보통 때는 전류가 흐르지 않으므로, 전기적 특성보다 인장 강도나 내구력 등의 기계적인 강도가 커야 한다. 가공 지선에는 아연 도금 강연선, 동 합금선, 강심 알루미늄 연선 등이 사용되며 연소의 소선수는 7개, 소선의 직경은 2.6, 2.9, 3.2, 3.5, 4.0, 4.5[mm] 등이다.

가공 지선의 피뢰 작용을 더욱 효과적으로 하기 위해서 철탑마다 접지하고, 철탑의 기초 부분에서 철탑에 전선을 접속하여 선로와 평행하게 땅 속에 묻어서 접지 저항을 낮게 한다. 이것을 **매설 지선**(counter poise)이라 하며, 7/3.2[mm] 정도의 아연 도금 절연선이 쓰인다.

2.1.2 전선 굵기의 선정

송전 전압과 송전 전력이 정하여지면, 이것에 대하여 어떤 굵기의 전선을 사용할 것인가가 문제로 된다. 전선의 굵기는 다음에 기술하는 사항에 대하여 충분히 검토한 뒤, 그 중에서 최대치를 취하는 것이 합리적이다.

(1) 코로나(corona)

코로나 발생을 방지하기 위해 충분한 굵기의 전선이 필요하다. 그런 측면에서 강심 알루미늄 연선(ACSR)이 경동 연선(HDCC)보다 유리하고, 다도체 방식이 많이 적용된다.

(2) 전압 강하(voltage drop)

충분한 굵기의 전선을 선정하여 저항이나 인덕턴스 등의 값이 작아지도록 하여 전압 강하를 줄여준다.

(3) 기계적 강도

전선에 장력을 가하면 늘어난다. 그러나, 전선의 탄성 한도를 지나면 끊어지고 만다. 전선이 끊어질 때의 장력을 **인장 하중**이라 하며, 단위 면적에 가해지는 하중이 **인장 강도**이다. 전선에 허용되는 최대 장력은 인장 강도를 안전율로 나눈 값을 취한다. 안전율은 경동선(HDCC)에서는 2.2 이상, 강심 알루미늄 연선(ACSR)과 그 밖의 다른 전선은 2.5 이상으로 한다. 특고압 가공선로에는 설비 보안상의 이유로 단면적 22[mm^2] 이상의 경동연선 또는 이와 동등 이상의 기계적 강도를 가진 전선을 사용하도록 한다.

전선의 굵기를 작게 하면 기계적 강도도 작아지므로 굵기에 한도가 있다. 고전압 가공 전선의 굵기에 대해서는 전기설비기술기준에 보안성의 견지에서 기계적 강도의 최저한도를 정하고 있는데, 표 2-2의 굵기의 경동선 또는 이와 동등 이상의 세기 및 굵기의 것을 쓰도록 규정하고 있다. 표 2-2에서 고압의 것이 저압의 경우보다 굵은 것을 쓰도록 하고 있는데, 이것은 고압의 것이 위험이 크기 때문이다.

표 2-2 가공전선의 굵기의 한도

전 압	시 설 장 소	전선 종류	전선의 굵기
고 압	시 가 지	나경동선	5[mm] 이상 (3.5[mm] 동복 강선)
	시가지 외	나경동선	4[mm] 이상
저 압	시 가 지 시가지 외	나경동선 절연전선 나경동선	3.2[mm] 이상 2.6[mm] 이상 2.6[mm] 이상

(4) 허용 전류(allowable current)

전선에 전류를 통하면 저항에 의한 발열 때문에 전선의 온도는 주위 온도보다 높게 된다. 전선의 온도가 어떤 한도 이상으로 올라가면 전선의 여러 가지 성능을 저하시킨다. 이 온도의 한도를 **최고 허용 온도**라 하고, 이것에 상당하는 전류를 **허용 전류** 또는 **안전 전류**라 한다.

허용 전류는 전선의 재료, 구조, 표면의 상태, 주위의 온도, 일사의 상태, 바람, 비 등에 따라서 현저하게 달라진다. 여러 가지 전선에 대한 시험 결과, 단시간의 과부하에 대해서는 100[℃]로 잡고 있으나, 연속 사용의 경우 접속 개소의 열화 등을 고려해서 허용 온도를 90[℃]로 억제하는 것이 표준으로 되어 있다. 허용 전류의 계산에는 주위 온도 40[℃], 일사량 0.1[W/cm^2], 풍속 0.5[m/s], 전선의 표면

방산 계수를 완전 흑체의 90[%]로 잡는 것이 보통인데, 표 2-3은 그 계산 결과이다.

표 2-3 가공 송전선의 안전 전류

선종	공칭 단면적[mm²]	안전 전류[A]	선종	공칭 단면적[mm²]	안전 전류[A]
경동연선 (HDCC)			강심 알루미늄 연선 (ACSR)	610	1075
	250	755		520	965
	200	660		480	925
	150	540		410	835
	100	420		330	720
	75	350		250	615
	55	290		240	595
	38	225		200	525
	22	160		170	475
				160	455

(5) 경제적 단면적

경제적인 전선 단면적을 구하는데에는 켈빈(Kelvin)의 법칙이 있는데, 그것은 전선의 단위 길이내에서의 년간 손실 전력량에 대한 요금과 단위 길이의 전선비에 대한 금리·상각비 등의 년간 경비가 같게 되는 전선 단면적이 가장 경제적으로 된다는 것이며 식 (2-1)과 같다.

$$C=\sqrt{\frac{wMP}{\rho N}} \tag{2-1}$$

여기서, C: 경제적인 전류밀도[A/mm²], w: 전선의 중량[kg/mm²·m]

M: 전선의 가격[원/kg], P: 전선비에 대한 연경비의 비율

ρ : 전선의 저항률[Ω·mm²/m], N: 전선의 가격[원/[kW]년]

2.2 전선의 이도

일반적으로 가공 전선로의 전선은 강도 계산상 어느 정도 늘어지도록 가설하는데 이것을 이도(dip)라 한다. 이도는 전선의 길이가 일정하여도 온도의 차에 의해

전선의 팽창 및 수축, 전선에 부착되는 빙설의 무게, 풍압, 하중 등에 의하여 겨울철에 전선이 수축하여 이도는 더 작게 되어 그 때문에 전선의 장력은 증가한다. 반대로 겨울철에 이도를 크게 해 놓으면 여름철에 전선이 팽창하여 이도가 과대해져서 도로, 선로, 통신선 및 그밖의 것들과 접근, 교차, 접촉 등을 하게 되어 위험이 생기며, 태풍 등에 의하여 선간 단락 등의 고장이 생기게 된다. 따라서 이도를 계산할 때에는 이러한 점들을 고려하여 가장 합리적으로 정해야 한다.

2.2.1 이도 계산

(1) 전선 지지점이 같은 높이일 때

그림 2-4는 전선 지지점 A 및 B가 같은 높이인 경우, 전선의 최저점 N에서 이도 D와 장력 T를 나타낸 것이다.(단 전선의 재질은 균일하고 유연성이 있으며 늘어나지 않는 비탄성이라고 가정한다.)

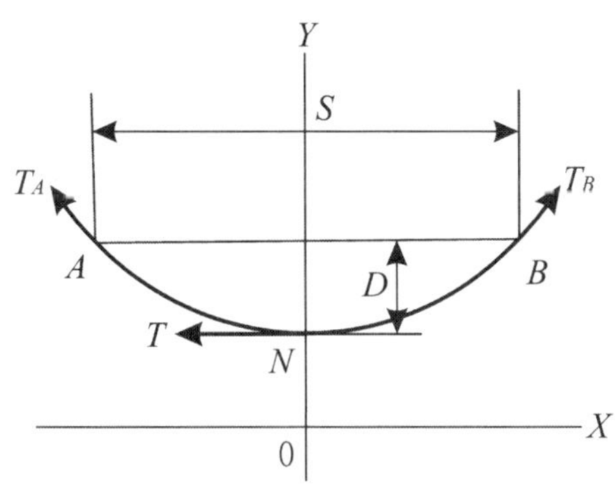

그림 2-4 전선의 이도(전선 지지점이 수평인 경우)

w는 전선 중량[kg/m], S는 경간[m], D는 이도[m], 그리고 T는 전선 최저점 N에 있어서의 수평 방향으로 전선이 받는 장력[kg]이라면 이도와 장력은 식 (2-2)와 같다.

$$D = \frac{wS^2}{8T}\ [\text{m}] \text{ 또는 } T = \frac{wS^2}{8D}\ [\text{kg}] \tag{2-2}$$

전기설비기술기준에 의하면 고압 가공 전선은 케이블을 제외하고 안전률(safety factor)이 경동선은 2.2 이상, 그 밖의 전선은 2.5 이상이라고 규정하고 있다.

전선의 실제 길이 L은 식 (2-3)과 같다.

$$L = S + \frac{8D^2}{3S} \text{[m]} \tag{2-3}$$

즉 전선의 길이 L은 경간 길이 보다 $8D^2/3S$ 만큼 더 길어지게 되는데, 이것은 S에 비해 보통 0.1[%] 정도로 미약하며 지지점의 고저차나 경간이 클 경우에도 1.0[%]를 거의 넘지 않는다. 그런데 전선 지지점 A 및 B에서의 장력 T_A와 T_B는 지지점에 근접할수록 지지해야 할 자중이 커지므로 최대로 되고, 양 지지점의 높이가 같으므로 식 (2-4)와 같다.

$$T_A = T_B = T + wD\text{[kg]} \tag{2-4}$$

(2) 전선 지지점의 고저차가 있는 경우

그림 2-5와 같이 전선 지지점 A, B에 고저차가 있는 경우, 경간 AB의 중점에 있어서의 이도를 사이도라 한다.

이 사이도는 같은 경간에서 A와 B가 같은 높이 및 수평 장력이 같은 경우의 이도와 같다. 즉, 그림 2-4의 D는 그림 2-5의 D_c와 같다는 것이다.

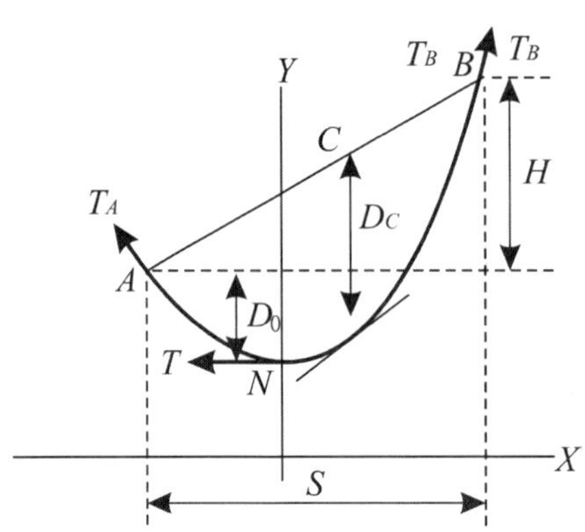

그림 2-5 사이도(斜弛度)

그런데, 실제의 가선 공사를 함에 있어서 사이도의 실측이 어려운 경우에는 그림 2-5의 수평 이도 D_0[m]를 다음의 계산식에서 구하여, 이것에 의해서 가선 공사를 할 때가 있다. 수평이도 D_0와 전선의 실제 거리 L은 다음의 식과 같다.

$$D_0 = D_c\left(1 - \frac{H}{4D_c}\right)^2 [\mathrm{m}] \tag{2-5}$$

$$L = S\left(1 + \frac{8D_0^2}{3S^2} + \frac{H^2}{2S^2}\right)[\mathrm{m}] \tag{2-6}$$

그리고, 전선 지지점 A, B에서의 장력 T_A, T_B는 다음과 같다.

$$\left.\begin{aligned} T_A &= T + wD_0[\mathrm{kg}] \\ T_B &= T + w(D_0 + H)[\mathrm{kg}] \end{aligned}\right\} \tag{2-7}$$

(3) 전선의 지표상의 평균 높이

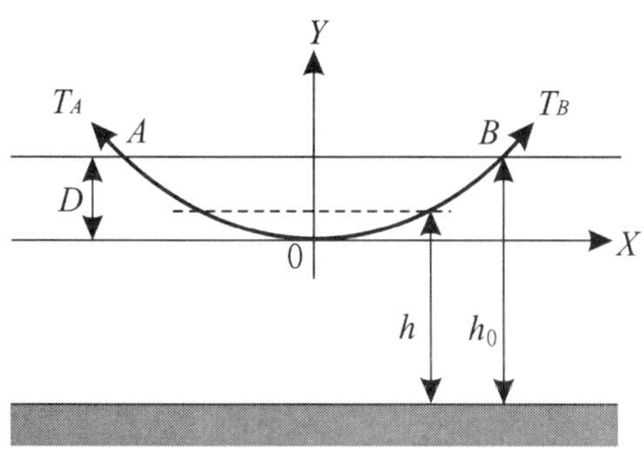

그림 2-6 전선의 지표상의 평균 높이

전선의 평균 지상 높이 h는

$$h = (h_0 - D) + \frac{D}{3} = h_0 - \frac{2}{3}D[\mathrm{m}] \tag{2-8}$$

전선 지지점에 고저차가 있는 경우의 지지점 지상 높이를 각각 h_a, h_b라 하면

$$h = \frac{h_a + h_b}{2} - \frac{2}{3}D[\mathrm{m}] \tag{2-9}$$

(4) 온도와 이도와의 관계

온도가 상승하면 전선은 팽창하므로 이도가 커지지만, 이도가 증가하면 장력이 줄어지므로, 전선은 탄성 때문에 약간 오그라들게 된다. 그래서 온도 변화가 이도

에 미치는 영향을 정확하게 구하려면, 전선의 온도에 대한 신축 및 탄성을 고려해야 하지만, 탄성에 의한 영향은 적기 때문에, 온도에 의한 전선의 신축만을 생각하기로 한다.

전선의 온도 상승을 t, 전선의 선팽창 계수를 α, 전선의 온도 상승전의 길이를 L_1, 온도 상승후의 길이를 L_2라 하면, 전선의 팽창에 의한 늘어남은 $\alpha t L_1 \doteqdot \alpha t S$ 이므로, $L_2 = L_1 + \alpha t L_1 \doteqdot L_1 + \alpha t S$로 되고, D_1는 팽창전의 이도, D_2는 팽창후의 이도라 하면,

$$L_1 = S + \frac{8D_1^2}{3S}, \quad L_2 = S + \frac{8D_2^2}{3S}$$

그러므로, 이들의 관계에서 D_2는 다음과 같이 된다.

$$S + \frac{8D_2^2}{3S} = S + \frac{8D_1^2}{3S} + \alpha t S, \quad D_2^2 = D_1^2 + \frac{3}{8}S^2\alpha t$$
$$\therefore D_2 = \sqrt{D_1^2 + \frac{3}{8}S^2\alpha t}\,[\mathrm{m}] \qquad (2\text{-}10)$$

온도 변화후의 전선의 길이와 이도를 정리하면 다음과 같다.

$$\left.\begin{aligned} L_2 &= L_1 \pm \alpha t S[\mathrm{m}] \\ D_2 &= \sqrt{D_1^2 \pm \frac{3}{8}\alpha t S^2}\,[\mathrm{m}] \end{aligned}\right\} \qquad (2\text{-}11)$$

예 제 경간 30[mm], 전선 자체의 무게 W=1.11[kg/m], 인장하중 10210[kg], 안전율 2.2인 선로의 이도를 구하시오.

해설 $D = \frac{wS^2}{8T} = \frac{1.11 \times 300^2}{8 \times \frac{10210}{2.2}} \simeq 2.7[\mathrm{m}]$

예 제 전선의 지지점 높이가 31[m]이고 전선의 이도가 9[m]일 때, 전선의 평균 높이를 구하시오.

해설 $h = h_0 - \frac{2}{3}D = 31 - \frac{2}{3} \times 9 = 25[\mathrm{m}]$

예 제 단면적 330[mm²]의 강심 알루미늄선을 경간이 300[m]이고 지지점의 높이가 같은 철탑 사이에 가설하였다. 전선의 이도가 7.4[m]일 때 전선의 실제 길이를 구하시오.(단 풍압, 온도 등의 영향은 무시)

해설 $L = S + \frac{8D^2}{3S} = 300 + \frac{8 \times 7.4^2}{3 \times 300} = 300.487[\text{m}]$

2.2.2 전선에 가하여지는 하중

(1) 빙설이 적은 지방

빙설이 적은 지방에서는 고온계에 있어서는 갑종 풍압 하중을, 저온계에서는 병종 풍압 하중을 적용하도록 되어 있다. 즉, 전선의 자중과 전선의 수직 투영 면적 1[m²]당 갑종 풍압 하중으로서 76[kg](다도체의 경우는 68[kg])의 수평 풍압 하중과의 합성 하중을 취한다. 그래서 전선에 가하여지는 풍압을 w_w[kg/m]라 하면, 전선의 자중과의 합성 하중 W_a[kg/m]는 그림 2-7에서 식 (2-12)와 같이 된다.

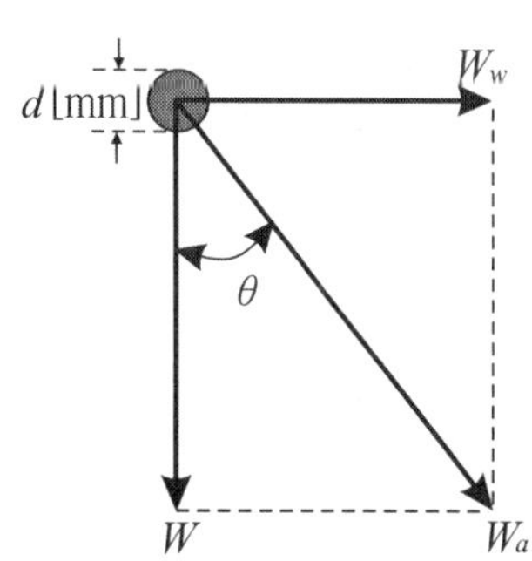

그림 2-7 고온계 합성 하중

$$\left.\begin{aligned} W_a &= \sqrt{w^2 + w_w^2}\,[\text{kg/m}] \\ \theta &= \tan^{-1}\frac{W_W}{W}\,[\text{도}] \end{aligned}\right\} \qquad (2\text{-}12)$$

여기서, θ는 W_a의 작용하는 방향과 연직선에 대한 각이며, W_a를 고온계 하중 (summer loading condition)이라고도 한다.

(2) 빙설이 많은 지방

고온계에서는 물론 갑종 풍압 하중을 적용하지만, 저온계에서는 위의 합성 하중을 생각하는 외에 전선 주위에 6[mm] 두께로 비중 0.9의 빙설이 부착했을 때, 이 부착한 상태에서 수직 투명 면적 $1[m^2]$당 38[kg](다도체인 경우 34[kg])의 풍압을 생각한 경우의 하중인 을종 풍압 하중을 취한다. 따라서, 빙설에 의한 하중 w_i는 전선의 외경을 d[mm]라 하면,

$$w_i = \left\{\frac{\pi}{4}(d+2\times6)^2 - \frac{\pi}{4}d^2\right\}\times0.9\times10^{-3}$$
$$= 0.017d + 0.102[\text{kg/m}]$$

로 되어서 전선 무게 w에 가하여지고, 또 두께가 6[mm] 늘어난 경우의 풍압 w_{iw}는 다음과 같이 된다.

$$w_{iw} = 38(d+2\times6)\times10^{-3} = 0.038d + 0.456[\text{kg/m}]$$

따라서, 전선이 받는 전하중 W_b[kg/m]는 그림 2-8과 같다.

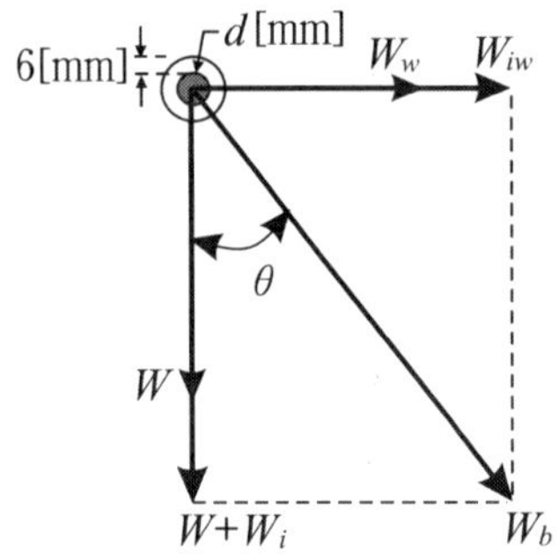

그림 2-8 빙설이 부착된 합성 하중

$$\left.\begin{aligned} W_b &= \sqrt{(w+w_i)^2+(w_{iw})^2}[\text{kg/m}] \\ \Theta &= \tan^{-1}\frac{w_{iw}}{w+w_i}[\text{도}] \end{aligned}\right\} \quad (2\text{-}13)$$

이 W_b를 **저온계 하중**(winter loading condition)이라 하고, 이 때의 풍압 w_{iw}를 앞에서 말한 **을종 풍압 하중**이라 한다. 빙설이 많은 지방에서는 고온계 하중 및

저온계 하중의 양쪽을 계산해서 조건이 나쁜 것을 택하여 설계한다.

예 제 전선의 자중과 빙설 하중을 W_1, 풍압 하중을 W_2라 할 때 합성 하중을 구하시오.

해설 합성하중 $W=\sqrt{(\text{전선 자중}+\text{빙설 하중})^2+(\text{풍압 하중})^2}=\sqrt{W_1^2+W_2^2}$

2.2.3 전선의 배열

지지물에 전선을 배열하는 경우 그 배치 방법에는 3각 배열, 수평 배열, 수직 배열 등이 있으며, 지지물의 구조, 애자의 종류, 선로의 회선수 및 지리적 조건 등을 고려하여 결정 선정한다.

(1) 3각 배열

삼각형으로 배치하는 것이며 비교적 낮은 전압의 송전 선로에 사용하며 1회선용 철탑, 목주, 철주, 철근 콘크리트주나 핀애자를 사용하는 경우에 많이 사용된다.

(2) 수평 배열

수평으로 어떤 간격을 두어서 비치하고 이것은 고압 배전 선로에서 가장 일반적으로 사용하는 방식이다. 1회선용 철탑 및 목조 등에 사용한다. 또 빙피(氷被) sleet의 탈락에 의하여 전선이 도약될 우려가 있는 곳, 장경간의 장소, 바람이 강하여 전선이 접근할 우려가 있는 곳 등에도 많이 사용된다.

(3) 수직 배열

수직 방향으로 배열하는 방식으로 2회선 이상의 경우에 많이 채용된다. 이것도 전선의 폭이 좁은 것이 특징이며, 전선의 처짐이 있을 경우 즉 전선에 빙설이 부착되었을 경우의 처짐의 불평등이나 어떤 충격으로 인한 반동 등에 의한 상하선의 혼선을 방지하기 위하여 전선을 동일 수직선 상에 배치하지 않고 전선의 수평 방향으로 약간 편위시키는 경우가 있다.

2.3 전선의 진동과 도약

2.3.1 전선의 진동

송전 선로는 평야 지대, 산악 지대, 해안선, 계곡 및 하천의 횡단 등 여러 가지 자연, 기상 조건의 장소를 통과하기 때문에 전선은 이들의 영향을 받아서 여러 가지 원인에 의하여 진동하게 된다.

전선에 생기는 진동 중에서 가장 무서운 것은 미풍으로 생기는 진동이다. 가공 전선에 미풍(약 5[m/s] 이하)이 측면에서 불어오는 전선 배후에 와류가 생겨서 전선에 연직 방향으로 기계적인 교번력(交番力)을 준다. 이것이 전선의 고유 진동수와 일치되면, 공명 진동을 일으켜 진폭이 직경의 0.5~2배 이상에 달하는 종파 진동이 생긴다.

다음 식은 전선의 고유 진동수를 나타낸 것이다.

$$f_c = \frac{1}{2l}\sqrt{\frac{Tg}{w}} \text{ [Hz]} \tag{2-14}$$

여기서, l: 루프의 길이 [m], T: 전선의 장력 [kg]

g: 중력 가속도 [m/s2], w: 전선의 단위 길이당 무게 [kg/m]

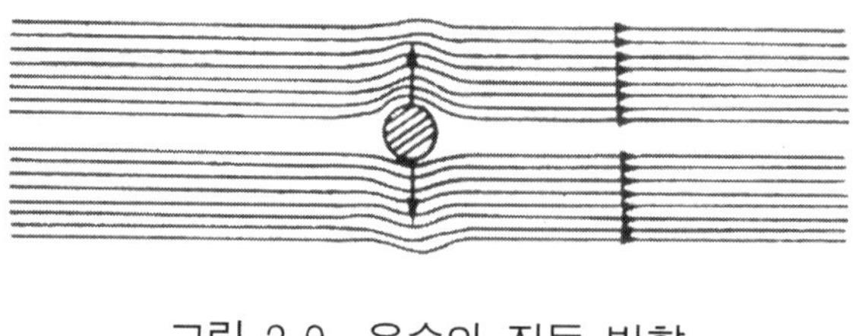

그림 2-9 유수와 진동 방향

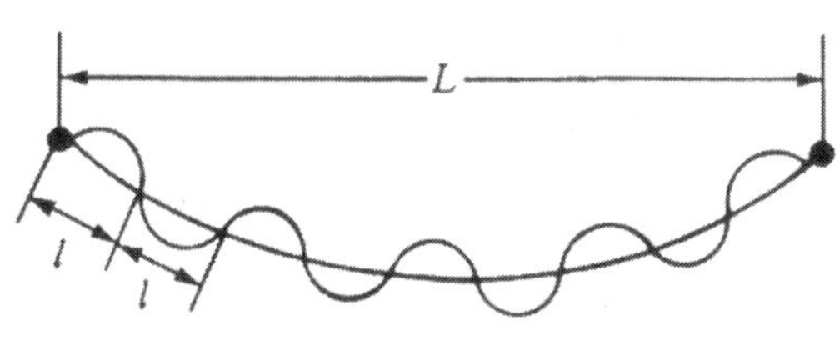

그림 2-10 경간의 진동

진동의 주파수는 5~30[Hz], 파의 루우프(loop)길이는 3~10[m] 정도이다. 이 진동은 평지에서 장경간인 장소에 직경이 큰데 비하여 중량이 가벼운 중공 동선 및 강심 알루미늄 연선에 내장 장소보다 현수가 있는 곳에 또는 낮보다 일몰 후에 일어나기 쉽다. 이 진동이 발생하면 비록 진폭은 적지만 오랜 세월 계속하면 응력을 되풀이 주어 전선을 피로 열화시키고, 클램프(clamp) 내부에서 소선이 단선되어 송전선 사고의 원인이 된다. 동선 및 강선은 내진성이 크지만 알루미늄선은 내진성이 적기 때문에 단선되기가 쉽다.

따라서, 진동의 방지책으로는 다음과 같은 것들이 있다.

(가) 아머 로드(armour rod) : 그림 2-11과 같이 전선과 같은 종류의 선으로써 적당한 테이퍼로 1~3[m] 길이의 것의 8~10가닥을 전선의 지지점 부근에서 전선 위에 꼬임 방향으로 감아 붙인 것인데, 선단으로 갈수록 가늘어진다.

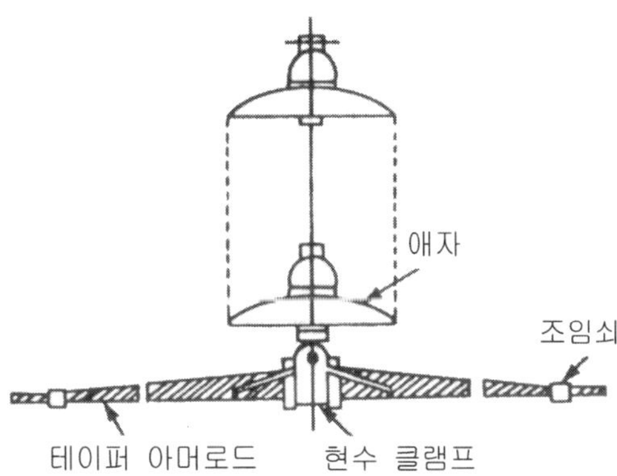

그림 2-11 아머 로드

(나) 댐퍼(damper) : 클램프 가까이에 붙여서 진동 에너지를 흡수하여 전선 진동의 발생을 막으려 하는 것이 목적인데, 그림 2-12 (a)에 나타낸 스톡브리지 댐퍼(stock bridge damper)는 아연 도금한 강연선의 양단에 추를 붙인 것으로서, 이것을 전선 지지점에 가장 가까운 진동 루프 길이의 1/2~1/3에 붙인다.

또 그림 (b)에 나타낸 토오셔널 댐퍼(torsional damper)는 역시 아연 도금한 강연선의 양단에 가지 모양의 추를 서로 반대 방향으로 붙인 것인데, 1~2개를 연직선에서 60°로 클램프의 양단에 단다.

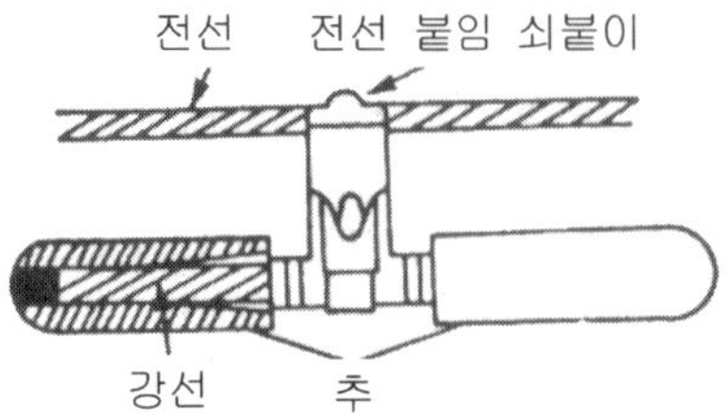

(a) 스톡브리지 댐퍼

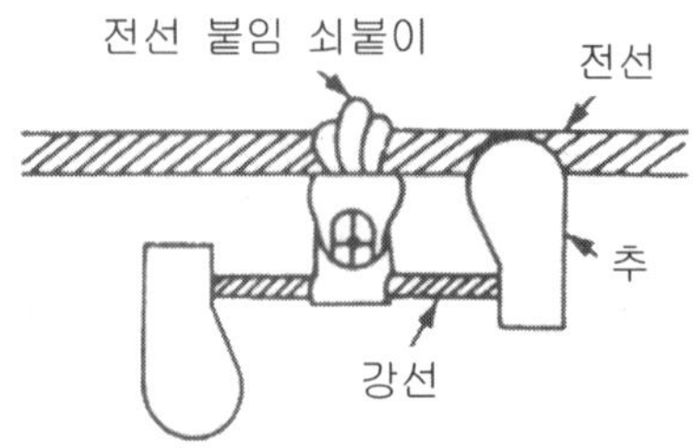

(b) 토오셔널 댐퍼

그림 2-12 댐 퍼

(다) 베이트 댐퍼(bate damper) : 가공 지선의 진동 방지에 널리 채용되고 있는 것으로, 그림 2-13과 같이 가공 지선의 지지점 부근에 가공 지선과 같은 선을 한쪽에 5.5~7.5[m] 정도로 첨선한 것이다. 가공 지선은 본선보다 오히려 심한 미풍 진동을 일으키는 경우도 있다. 그런데 베이트 댐퍼는 붙이기가 수월해서 가는 전선의 진동 방지에 효과가 있으며, 또 지선이 단선된 경우에는 보강 효과도 기대된다.

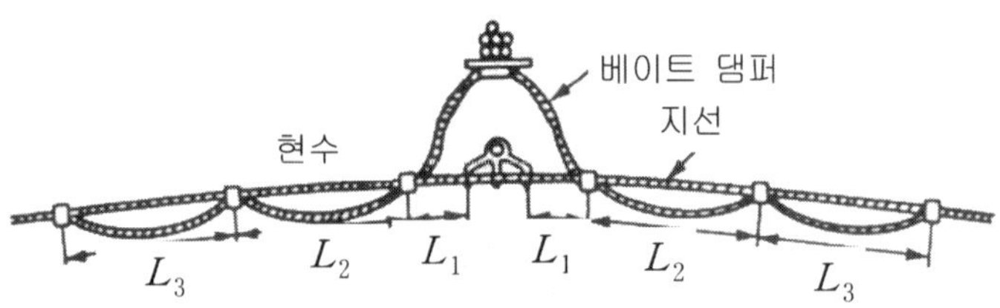

(a)

(b)

그림 2-13 베이트 댐버

2.3.2 전선의 도약

전선의 주위에 많은 빙설이 부착하면 그 중량 때문에 단선되거나 또는 부착력의 부동으로 상하 배열 전선의 간격이 적어져서 섬락을 일으키거나, 부착 빙설이 탈락하는 반동으로 전선에 튀어 올라가 상부의 전선과 혼탁되는 경우가 생긴다. 빙설 탈락으로 전선이 도약하는 것을 **슬리트 점프**(sleet jump)라고 한다.

이러한 빙설의 피해를 방지하려면 선로의 경과지를 될 수 있는대로 강설량이 적은 지역을 선택할 것은 물론이거니와 전선의 배치를 적당히 하고 또한 부착 빙설은 발전소에서 적당한 크기의 단락 전류를 흘러서 용해시키는 방법 등도 실시하고 있다.

2.4 애 자

전선을 지지물에 고정시키는 경우 전선과 지지물은 전기적으로 충분히 절연되어야 하는데 그 절연체로서 애자(insulator)가 사용된다.

따라서 애자는 전기적 절연을 유지하면서, 지지물에 진신을 고정시킬 수 있는 충분한 기계적 강도를 갖추어야 한다. 보통 애자는 다음과 같은 조건을 구비하여야 한다.

① 선로 진입과 이상 전압에 내해서 충분한 설연 내력이 있어야 한다.
② 비, 눈, 안개 등에 대해서도 충분한 절연 저항이 있으며 누설 전류는 적어야 한다.
③ 전선의 제무게와 바람, 눈 등의 하중에 대해서, 충분한 기계적 강도를 가지고 있어야 한다.
④ 온도의 갑작스러운 변동에도 견디고 습기를 흡수하지 않으며, 오랜 시일이 지나도 전기적 성능과 기계적 성능이 나쁘게 되지 않아야 한다.
⑤ 가격이 싸고, 다루기 쉬워야 한다.

이들의 조건을 만족시키기 위해서, 경질 자기로 만든 애자가 일반적으로 많이 사용되고 있으며, 이 밖에 유리 애자와 Pylex유리 애자가 있다. 유리 애자는 자기 애자에 비하여 만들기가 쉽고, 가격이 저렴하며, 절연력이 크고, 내부가 잘 보이는 장점이 있으나, 온도의 변화에 약하고 표면에 수분이 붙는 등의 결점이 있다. Pylex유리 애자는 온도의 변화에 대해서 보통의 유리보다 강하고 또 유전체 손실이 적은 장점이 있다.

2.4.1 애자의 종류

애자에는 그 형태, 재질, 사용 장소에 따라서 여러 종류의 것이 제작 사용되고 있다. 주로 가공 전선로의 절연용으로 사용되고 있는 것에 대해서만 설명한다.

표 2-4 애자의 종류

분류방법	애 자 명 칭
사 용 장 소	① 보통형 ② 특수형 · 내무 애자(fog type) · 내진 애자(dust proof type) · 내연무 애자(smog type)
형태에 의한 분류	① pin 애자(pin type insulator) ② 현수 애자(suspension type insulator) ③ 태상 애자(post insulator) ④ 분태 애자(shackle insulator) ⑤ knob 애자(knob insulator) ⑥ 장간 애자(long rod insulator)
재질에 의한 분류	① 자기 애자(porcelain insulator) ② 유리 애자(glass insulator) ③ 석영 애자(quarty insulator) ④ 합성 수지(resin insulator)

(1) 핀 애자(pin type insulator)

그림 2-14와 같이 2~4층의 갓을 시멘트로 붙여, 중심에 핀을 붙인 것이다. 갓 모양의 부분을 셸(shell)이라 하며, 사용 전압이 높아지면 셸의 층수를 증가하든지 직경을 크게 하지만, 어느 정도 이상의 전압에서는 모양과 무게가 커지고, 기계적으로도 약하게 된다. 특별 고압 핀 애자는 사용되는 전선로의 공칭 전압을 [kV]로 나타낸 숫자로 호수를 부른다. 가령, 20호의 핀 애자는 15~25[kV]에 쓰이는 애자

가 된다. 특별 고압용 핀 애자로는 10, 20, 30, 40, 50, 60호가 있다.

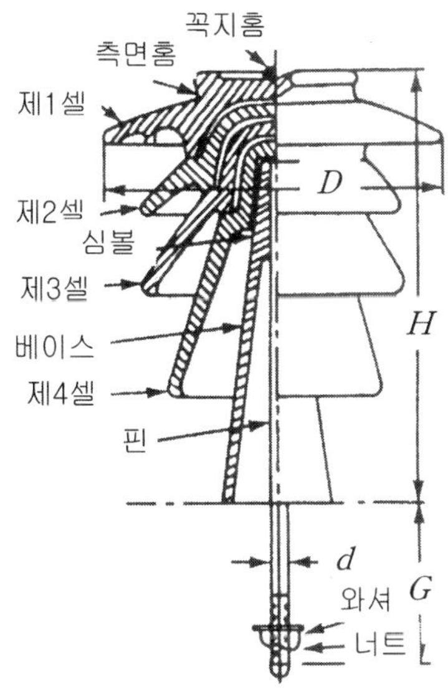

그림 2-14 핀 애자

핀 애자의 장점을 들면 다음과 같다.

① 지지물을 작게 할 수 있다.
② 저전압의 경우 현수 애자보다 애자의 비용이 저렴하다.
③ 핀 만을 교환할 수가 있다.

(2) 현수 애자

40[kV] 이상의 철탑 송전 선로나 장력이 가하여지는 곳은 전압에 관계없이 현수 애자를 쓴다. 현수 애자에는 클레비스(clevis)형과 보올 소켓(ball socket)형이 있으며, 이들은 지지물에 매달려 전선을 받치는 것으로, 사용 전압에 따라 적당한 개수를 접속하여 쓴다. 이 애자의 크기는 자기 부분의 직경으로 나타내며, 보통 표준은 직경 254[mm], 높이 146[mm]이다. 70[kV] 이하의 선로에는 직경 180[mm], 높이 108[mm]를 쓰며, 애자의 최대 사용 하중은 254[mm]는 3000[kg], 180[mm]는 1500[kg]이다. 만일 전선의 최대 사용 장력이 애자의 최대 사용 하중을 넘을 때는 애자를 2~3개 병렬로 접속한다.

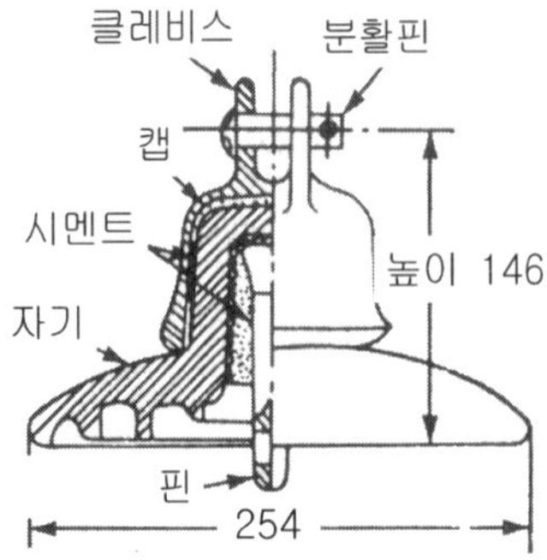

(a) 클레비스형

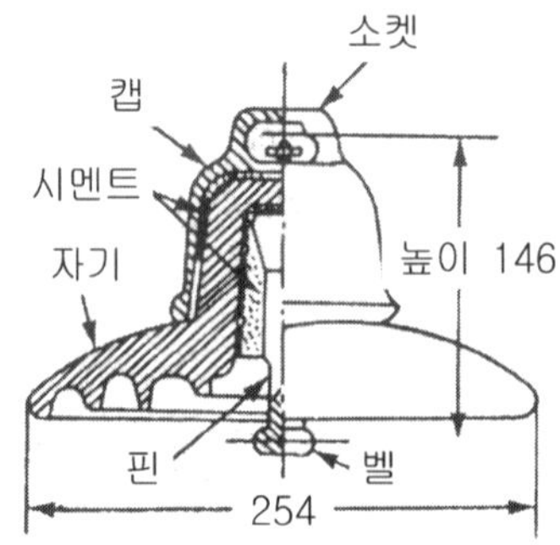

(b) 보올 소켓형

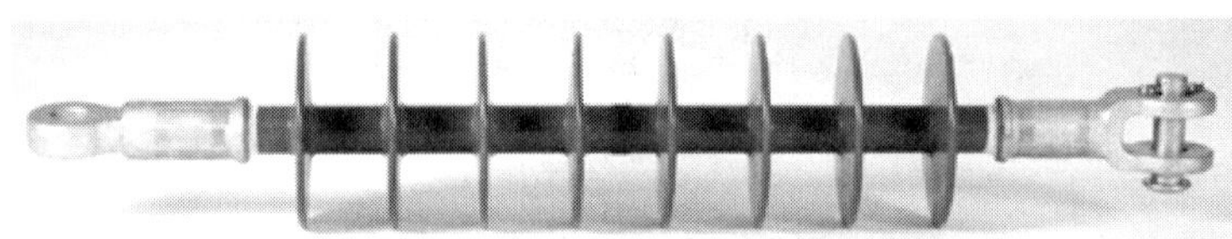

(c) 35[kV] 현수 애자

(d) 154[kV] 폴리머 현수 애자

그림 2-15 현수 애자

현수 애자의 공칭 전압에 대한 애자의 연결 갯수를 표시하면 표 2-5와 같다.

표 2-5

공칭 전압[kV]		22	33	66	77	110	154	220	275
현수애자	250[mm]	2~3	2~3	4~5	5~6	7~8	9~10	11~12	14~15
연결개수	180[mm]	2~3	3~4	5~6	6~7				

현수 애자의 장점은 다음과 같다.

① 송전 전압에 맞도록 애자의 연결 갯수를 임의로 조절할 수 있다.
② 하중이 큰 경우에는 2연 또는 3연으로 하여 사용할 수 있다.
③ 모든 애자가 동시에 불량하게 되는 일은 없으므로 불량품만 교환하면 된다.

④ 핀 애자에 비해 열화가 적다.

⑤ 예비 애자의 수를 줄일 수 있고(전압이 다른 송전 선로에 대하여 예비 애자를 공통으로 할 수 있다.) 핀 애자에 비하여 다량 생산과 운반이 용이하다.

⑥ 경간 상호간의 전선 하중에 불평형이 생겼을 때 애자연이 기울어지게 되므로 그 불평균 장력을 완화할 수 있다.

(3) 장간 애자(long rod insulator)

이것은 그림 2-16과 같이 긴 봉상 자기체의 양 끝에 클레비스(clevis)형과 핀형의 갭을 장치하고 상하에 연결용 쇠붙이를 장치한 것이며, 초고압용으로는 이것을 수개(2~3개) 연결하여 사용한다. 장간 애자는 원래 독일에서 발명되었으나 종래의 것은 섬락시에 아크 열로 중간부가 절단될 우려가 있다고 하여 많이 사용하지 않았지만 실험적으로 위험성이 극히 적다는 것이 판명되어 110[kV]용까지는 많이 사용된다.

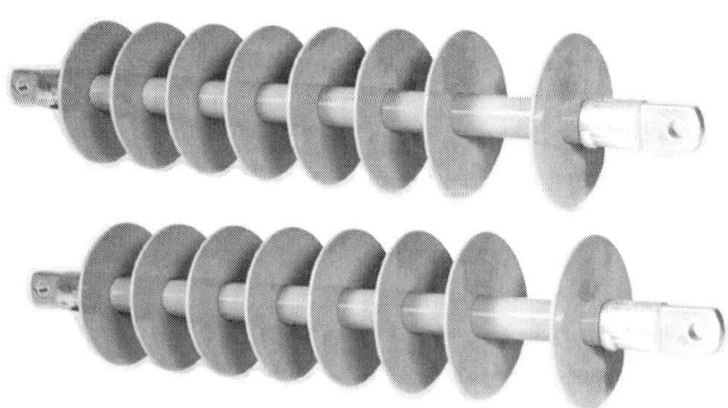

그림 2-16 장간 애자

장간 애자의 장점과 단점을 살펴보면 다음과 같다.

(가) 장간 애자의 장점

① 자연 열화가 거의 없으므로 불량 애자 검출 작업이 거의 필요치 않다.

② 자기이므로 전기 관통이 전혀 없다.

③ 자기부가 길기 때문에 날짐승 등에 의한 사고가 적어서 신뢰도가 높다.

④ 단일 사용의 경우에는 중간에 금속부가 없어서 아크가 애자연에 생기는 경향이 적으므로 위험성이 적고 초호각의 설계도 간단하다.

⑤ 2연 또는 3연으로 사용이 가능하다.

⑥ 애자의 오손이 적고 내무성이 우수하다.

(나) 장간 애자의 단점

① 설치와 운반이 곤란하다.

② 예비 애자를 공통으로 사용할 수 없으므로 예비 애자의 수가 많아진다.

위와 같이 애자의 최대의 특징은 염해 등에 대하여 우선 효과가 크고 보수 및 점검이 용이하기 때문에 염분이나 먼지가 많은 지방, 이상 전압에 의하여 애자 파손이 많은 지방의 송전 선로에 적합하다.

(4) 기 타

이 밖에도 특수형 애자로서 해안 지대나 먼지가 많은 지방에서는 내염 애자 또는 내진 애자(dust proof insulator) 등이 사용되고 있으며 염분이나 먼지 등이 애자 표면에 붙어 있을 경우, 안개가 끼거나 이슬비가 내리면 습기가 가해지므로 애자의 절연 내력이 저하되어 때로는 섬락(flashover)사고를 일으키게 되는 수가 있으므로 이런 오손을 방지하기 위하여 내무 애자(smog insulator) 등이 많이 사용되고 있는데 그림 2-17은 내무 애자를 나타낸 것이다.

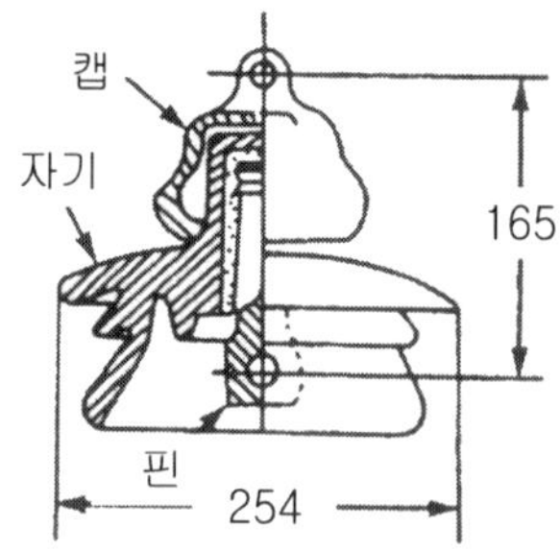

그림 2-17 내무 애자

2.4.2 애자의 전기적 및 기계적 특성

애자는 전기적으로 필요한 절연을 확보함과 동시에 전선에서 받는 하중에 대해서도 충분한 기계적 강도를 갖지 않으면 안 된다.

(1) 애자의 정전용량

핀 애자는 전선과 핀 사이에, 현수 애자는 캡과 핀 또는 보올 사이에 각각 정전용량이 존재한다. 특히 빗물 등으로 인하여 자기편의 표면이 젖게 되면, 마치 평행판 콘덴서의 극판 면적이 커진 것과 같이 되어, 정전용량이 증대하게 된다. 그 값은 건조 상태에서 20호(20[kV]급용) 핀 애자가 14~16[pF], 원판형 현수 애자의 1개는 40~44[pF]이고, 10개련에서는 8~9[pF] 정도이다.

(2) 애자의 누설거리와 섬락거리

애자의 자기편의 표면에 따라서 양 전극간을 잇는 최단 거리를 **누설거리**(leakage path)라 하고, 또 애자의 표면에 접하는 공기를 통해서 양 전극간을 잇는 최단 거리를 **섬락거리**(flashover path)라 한다.

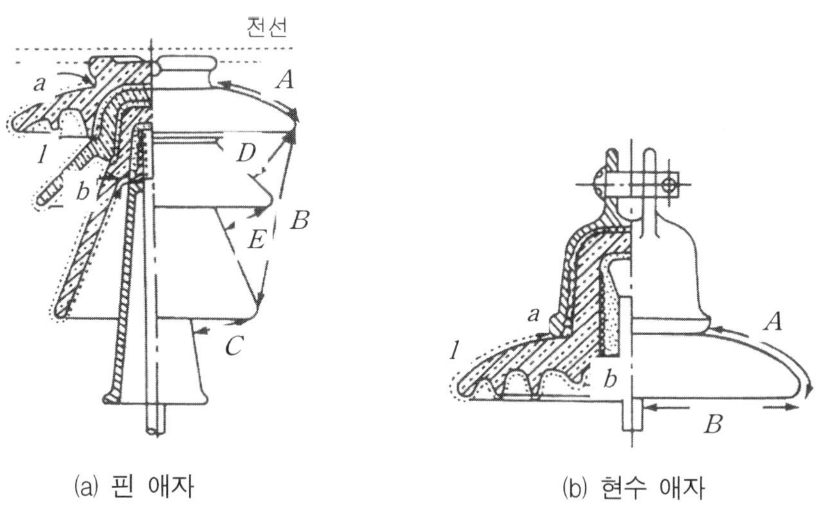

(a) 핀 애자 (b) 현수 애자

그림 2-18 애자의 누설 거리 및 섬락 거리

그림 2-18에서 점선 a, b로 나타낸 거리를 **누설거리**라 하고, $A+B+C$(핀 애자) 또는 $A+B$(현수 애자)를 **건조 섬락거리**라 한다. 비가 오거나 하여 표면이

젖어 있으면 $D+E+C$ 또는 B와 같이 섬락거리가 줄어지는데 이것을 주수 섬락 거리라 한다. 이들 거리가 증가하면 애자의 누설 저항이 크게 되어 섬락 전압이 높아진다.

(3) 애자련의 전압분포

애자에 소정의 전압이 주어지면, 핀 애자는 각 자기층의 정전용량과 누설저항에 따라서 전압이 분포되고, 현수 애자에서는 각 단위 애자 자신의 정전용량은 거의 일정하지만, 애자와 전선 사이 및 철탑의 정전용량이 다르므로 각 단위 애자의 부담 전압이 상위하게 된다.

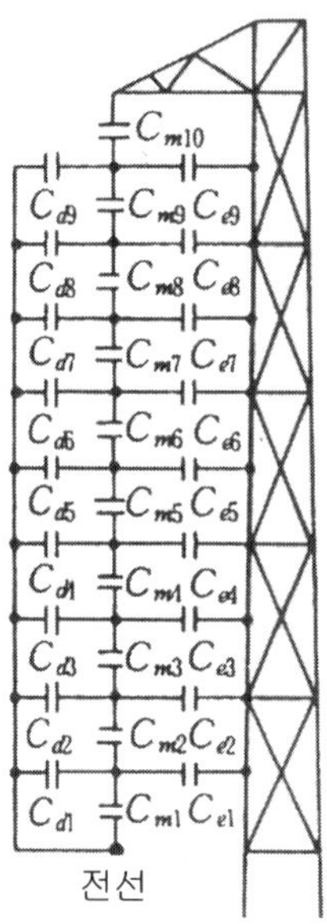

그림 2-19 애자련의 등가 회로

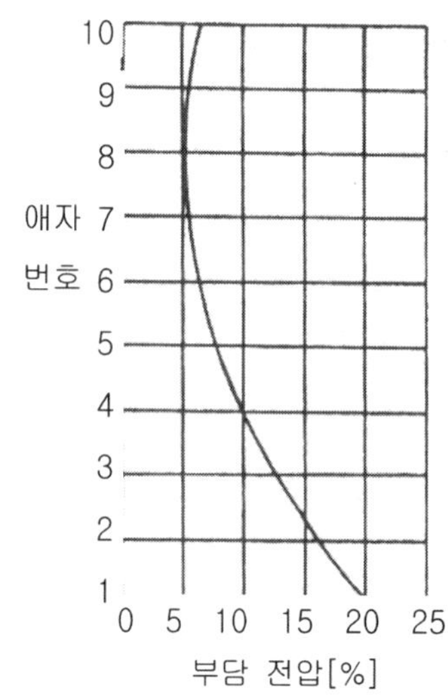

그림 2-20 애자련의 분담 전압

핀 애자의 전압 분포 상황은 자기편의 형상이 간단하지 않으므로 쉽게 구하기 어려우나, 일련의 현수 애자에서는 각 단위의 부분 전압을 측정할 수 있다. 그림 2-19는 10개를 일련으로 한 경우의 정전용량 분포를 그림 2-20은 각 애자의 분담을 나타내고 있다.

애자련의 절연 내력과 연결 개수와의 관계는 다음의 연효율(string effciency) η로 나타낸다.

$$\eta = \frac{V_n}{nV_1} \times 100[\%] \qquad (2\text{-}15)$$

단, V_1 : 애자 1개의 섬락 전압[kV]

V_n : 애자 n개련의 섬락 전압[kV]

n : 애자 연결 개수

연효율을 1.0에 가깝도록 하면, 각 단위 애자의 부담 전압이 같게 되므로 그 만큼 선로의 절연은 향상 된다. 중요한 선로에는 차폐장치(shielding device)를 애자련의 상하에 붙여서, 송전선이 섬락을 일으켰을 때 전선과 애자를 손상하지 않도록 한다. 이 차폐 장치를 함으로써 애자련 상하의 정전용량이 크게 되어, 애자련으로서의 전압 분포가 고르게 되므로 선로의 절연이 좋아진다.

(4) 애자의 섬락 전압

핀 애자의 경우는 전선과 핀 사이에, 또 현수 애자의 경우에 일련의 상하에 전압을 가하여 점차로 높여 주면, 애자에 이상이 없을 경우, 애자 주위의 공기를 통하여 양 끝간에 지속적인 아크가 발생하는데 이것을 섬락이라 하고 이 때 전압을 **섬락 전압**(flash over voltage)이라 한다.

표 2-6 섬락 전압과 유중 파괴 전압

현수 애자		섬락 전압[kV]			유중파괴 전압
		건조	주수	50[%] 충격	[kV]
종 류	250[mm]	80	50	125	140 이상
	180[mm]	60	32	100	120 이상

섬락 전압은 인가 전압의 종류, 애자의 형상, 치수, 오손 상태, 외기 밀도, 온도 및 습도에 따라서 달라진다(표 2-6 참조).

(가) **건조 섬락 전압** : 표면이 깨끗하고, 충분히 건조된 애자 또는 애자연의 양 전극간에 사용 전력 주파 전압을 가했을 때의 실효치로서, 20[℃], 760[mmHg]의 기압, 65~85[%]의 상대 습도의 공기중에 있어서의 섬락 전압을 기준으로 한다.

(나) **주수 섬락 전압** : 빗물로 애자 표면이 젖어 있을 때의 섬락 전압치인데, 비가 내리는 모양과 비슷하게 하기 위하여, 저항률 $\rho = 10 \pm 2$ [Ω · cm]의 물을 불변

수압으로 매분 3[mm]의 비율로써 애자축에 45°로 주수하면서 애자 양 전극간에 전력 주파수의 전압을 가했을 때의 섬락 전압 실효치이다.

(다) **충격 섬락 전압** : 애자의 전선측에 정극성의 표준 충격 전압을 가했을 때의 섬락 전압치로서, 섬락 회수가 전압 인가 회수의 50[%]로 되는 값을 취하여 50[%] 충격 섬락 전압(50[%] impulse flashover voltage)이라 하는데, 역시 (가)에서 기술한 바와 같은 기술 공기 상태에서의 값을 표준으로 한다. 만일, 공기 밀도 δ가 온도 t[℃] 및 기압 b[mmHg]에 의해서 달라졌다고 하면 $\delta = 0.386b/(273 + t)$에 비례하는 것으로 하여 보정하면 된다.

(라) **유중 파괴 전압** : 애자를 절연유에 담그고 양 전극간에 전력 주파 전압을 가하여, 자기를 관통하여 절연을 파괴시키는 전압을 유중 파괴 전압이라 하는데, 공기중에서는 섬락하기 전에 자기의 절연 파괴을 가져오는 일은 없다.

(5) 애자의 기계적 강도

애자의 자기, 쇠붙이 및 시멘트 등의 이질적인 집성체이다. 주체인 자기는 압축강도는 크기만 장력에는 약하므로, 자기와 쇠붙이와의 조립 구조물로서는, 압축강도를 최대한으로 활용할 것을 고려하여야 하나 선로용 현수 애자의 경우는 반드시 이렇게 만은 되지 않기 때문에 다음과 같은 최소한도의 기계적 강도가 요구된다. 또한 자기는 급변이나, 외부에서의 충격에 대해서도 충분한 저항을 가져야만 한다.

(가) **핀 애자** : 사용 상태로서의 하중은 전선 하중 및 착빙에 의한 수직 압축력, 전선 방향과 직각의 풍압, 전선간의 전자락에 의한 벤딩 모우먼트, 전선 방향으로서의 불평형 하중 등이 있으나, 자기부 보다도 핀이나 베이스가 약점이므로, 규정의 하중을 가하여 시험한 경우 생기는 편위가 5°이내로서 애자 각부에 이상이 있어서는 아니 된다.

(나) **현수애자** : 현수 모양으로 해서 사용하므로, 장력 하중(tension load)을 증가시켜 가면, 먼저 콧터가 굽거나 끊겨지며, 접착부가 빠지는 경우가 있다. 표준 현수 애자의 기계적 강도는 현행 규격(KS)에서는 애자의 과전 파괴 하중치는 250[mm] 클레비스형에서는 12[t] 이상, 250[m] 보올 소켓형에서는 12[t] 이상(1호) 및 16.5[t] 이상(2호), 또 180[mm] 클레비스형에서는 6[t] 이상(1호) 및 7.5[t] 이상(2호)으로 정해져 있다.

2.4.3 애자의 열화

(1) 애자의 열화

애자는 장기간 사용하는 동안에 다음에 설명하는 여러 가지 원인으로 절연 내력과 절연 저항의 저하로 전기적 특성이 열화되고 인장 강도가 저하하여 기계적으로도 열화된다. 또 이것은 사용 상태나 설치된 위치에 따라 다르며 현수 애자는 년평균 약 0.1~2[%], 핀 애자는 약 3~4[%] 정도 열화된다.

현수 상으로 설치된 현수 애자련에서는 제일 윗쪽이 가장 열화되기 쉽고 인장 상의 애자련에서는 전선에 가까운 애자가 열화되기 쉬운 경향이 있다.

(2) 애자의 열화 원인

(가) 온도의 영향 : 갑작스런 온도의 차이가 생겼을 경우 팽창 계수가 다른 자기, 철, 시멘트 등의 각 부에는 응력(stress)이 생기고, 이것이 애자의 열화 원인이 된다.

(나) 시멘트의 화학적인 팽창 : 장기간의 사용으로 시멘트 공기 중의 수분이나 탄산 가스 등을 흡수하여 경화 팽창을 하게 되며 이것이 자기에 응력을 주어 열화의 원인이 된다.

(다) 전기적 응력과 코로나에 의한 영향 : 선로 전압으로 생기는 전기적 응력 이외에 이상 전압으로 높은 응력을 받으면 자기가 열화한다. 핀 애자는 자기 층의 설계가 나쁘면 그 공간의 자기가 큰 응력을 받아 코로나를 발생한다. 또 가는선으로 전선을 자기부에 잡아 매기 때문에 높은 전기적 응력을 받아 코로나가 발생하기 쉽다.

(라) 애자 제작의 결함 : 자기, 시멘트 등의 불량품을 사용 했을 경우나 접결 방법의 불완전 등으로 인하여 불량 애자는 시간의 경과에 따라 급격히 열화한다.

(3) 불량 애자의 검출

열화된 애자를 검출하는 방법에는 정전 중에 하는 방법과 송전 중에 하는 방법이 있는데 표 2-7과 같다.

표 2-7 불량 애자 검출법의 종류

선로의 상태	검출기의 명칭	측정의 대상
정전중(사선)	회로 시험기(1,000[V], 2,000[MΩ]) 유도 코일	절연 저항
송전중(활선)	수화기 정류기가 있는 교류용 전류계 라디오 수신기 Buzz stick 방전 캡 에이스로미터 고주파 진동 회로와 네온관 방전음의 청음기식	누설 전류 〃 국부 방전 전압 분포 〃 〃 〃 방전음

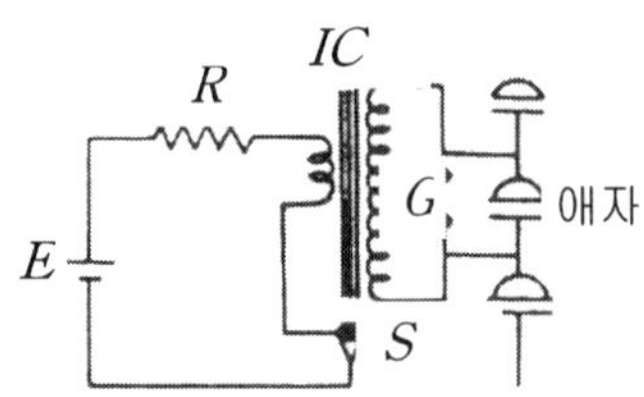

그림 2-21 유도 코일을 사용하는 불량 애자 검출기

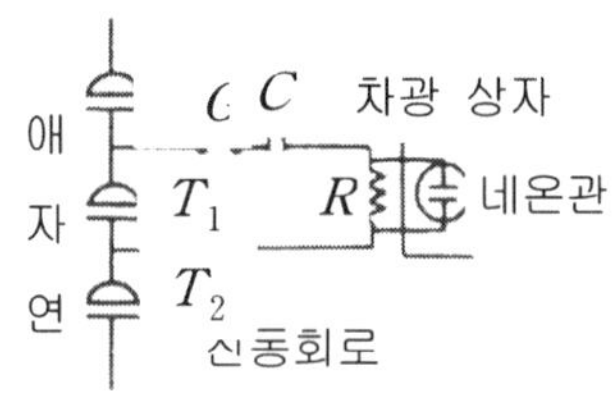

그림 2-22 고주파 진동 회로와 neon관법

정전시에 검출하려면 그림 2-21과 같이 유도 코일을 사용하여 고압 단자를 각 애자의 갭과 핀 사이에 접속시켜 절연 내력을 측정하며 G의 방전 상태로서 애자의 양부를 판정한다.

또 송전 중에 하는 검출은 그림 2-22와 같이 고주파 진동 회로와 네온관을 장치하고 2개의 단자 T_1, T_2를 애자의 갭과 핀에 접촉시켜 갭 G와 콘덴서 C에 고주파 진동 전류를 흘리면 그 대소에 따라 네온관이 발광하는데 그 발광의 정도로서 애자의 양부를 판정한다.

2.4.4 애자의 보호

낙뢰 등으로 애자연에 이상 전압이 가해져서 섬락이 생겼을 경우 아크 때문에 애자의 자기부와 전선에 손상을 주는 경우가 많게 되는데 이 손상을 방지하기 위하여 초호 장치를 하게 된다.

이것은 모양에 따라 초호각(arcing horn)과 초호환(arcing ring)이 있으며 애자연 상하에서 그림 2-23과 같이 전극을 낸 것이다.

이것을 사용함으로서 아크는 애자련 상하의 쇠붙이 사이에 생겨서 자기부에는 영향을 미치지 않게 되고 전선만을 보호하기 위해서는 전선측에만 작은 초호각을 사용하면 된다.

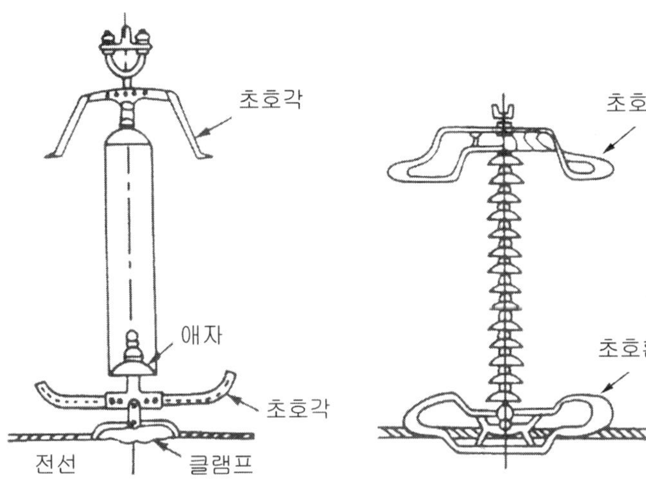

(a) 초호각 (b) 초호환

그림 2-23 초호 장치

154[kV] 이하의 송전선에서 0.1초의 고속도 차단을 시키는 곳에서는 현수 애자의 자기부에 아크가 영향을 준다 하더라도 자기부가 파괴되는 일은 없으므로 이와 같은 초호 장치는 필요하지 않게 된다. 그러나 초고압 선로에서는 애자의 수도 많아지고, 애자의 길이도 길어지며 또 선로의 중요성도 증대됨으로 고속도 차단을 하는 경우에도 보통 초호 장치를 하고 있다.

예 제 현수 애자의 연효율(string efficiency)을 구하시오.(단 V_1은 현수 애자 1개의 섬락 전압, n은 1련의 사용 애자수, V_n은 애자련의 섬락 전압)

해설 애자의 연효율 $\eta = \dfrac{V_n}{nV_1}$

예 제 250[mm] 현수 애자 10개가 직렬로 접속된 애자련의 건조 섬락 전압이 590[kV]이고 연효율이 0.74일 때, 현수 애자 한 개의 건조 섬락 전압을 구하시오.

해설 $\eta = \dfrac{V_n}{nV_1}$ 에서 $V_1 = \dfrac{V_n}{n\eta} = \dfrac{590}{10\times0.74} \simeq 80$[kV]

2.5 지지물

가공 송전 선로의 지지물에는 철탑, 철주, 철근 콘크리트주, 목주 등이 있다. 일반적으로 송전 선로는 고전압 대전력을 수송하므로, 선간 거리가 길고, 전선의 지표상 높이가 높으며, 굵은 전선을 사용하게 된다. 따라서, 지지물은 큰 것으로 기계적 강도가 충분히 커야 한다. 대전력 중요 송전 선로에는 대개 철탑을 사용하고 송전 용량이 적은 선로에는 철주, 철근 콘크리트주 또는 목주를 사용한다.

지지물의 건설에는 많은 비용이 소요되므로, 지지물의 재질에 따라서 적절한 방부 대책을 마련하여 사용 수명을 늘린다.

(1) 철 탑

아연 도금을 한 앵글, 강관 또는 강판 등을 리벳이나 볼트로 죄어 조립한다.

철탑(steel tower)은 전압, 회선수, 전선의 굵기, 가공 지선수, 경간의 길이, 경과지의 지형 등에 따라서 여러 가지 모양의 것이 쓰인다.

(가) 모양에 따른 분류

① 사각 철탑 : 수평 단면이 정사각형을 이루며, 네 면이 같은 꼴을 가진다. 이 철탑은 어느 방향에서나 같은 기계적 강도를 가지며, 주로 2회선용으로 사용

된다.

② **직사각형 철탑** : 수평 단면이 직사각형이며, 서로 마주 보는 두 면의 모양과 기계적 강도는 같으며, 주로 1회선 및 3회선용으로 쓰인다.

③ **갠트리(gantly) 철탑** : 문의 모양을 한 H형 철탑으로 전차 선로 또는 도로나 하천 등을 횡단하는 선로에 쓰인다.

④ **회전형 철탑** : 철탑의 중앙부 이상을 넓게 한 것으로, 전압이 높을 때 1회선 철탑으로 흔히 쓰인다.

그림 2-24는 각종 철탑의 모양을 나타낸 것이다.

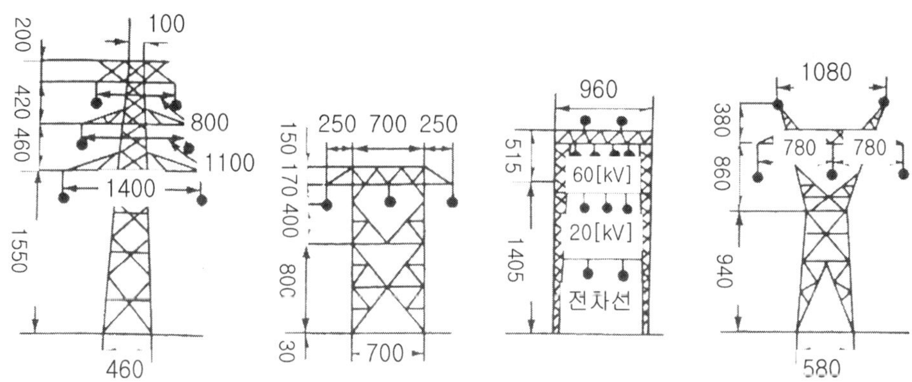

(a) 사각 철탑 (140[kV] 2회선용)　(b) 직사각형 철탑 (140[kV] 2회선용)　(c) 갠트리 철탑 (60[kV] 2회선용)　(d) 회전형 철탑 (200[kV] 1회선용)

그림 2-24 각종 철탑

(나) 용도에 따른 분류

철탑을 용도에 따라서 표준 철탑과 특수 철탑으로 나누기도 한다.

표준 철탑은 송전 선로의 표준 경간에 사용되는 철탑으로, 다음과 같이 직선형, 각도형, 인류형, 내장형 및 보강형 등이 있다.

① **직선형** : 선로의 직선 부분 또는 수평 각도가 3° 이하인 곳에 쓰이며, 현수 애자는 현수련으로 연결하여 사용하고, A철탑이라고도 한다.

② **각도형** : 전선로 중 수평각도가 3°를 넘는 장소에 쓰이는 철탑으로, 수평 각도가 20° 이하 되는 부분에 쓰이는 것은 B철탑, 30° 이하 되는 부분에 쓰이는 것은 C철탑이라 하며, 애자는 내장형으로 하여 사용된다.

③ **인류형** : 송전단 및 수전단에 쓰이는 철탑으로 D철탑이라고도 한다. 또, 수평 각도가 50°까지 되는 장소에 사용되기도 한다.

④ **내장형** : 전선로의 지지물 양쪽의 경간차가 큰 장소에 쓰이며, E철탑이라고도한다.

⑤ **보강형** : 전선로의 직선 부분을 보강하는데 쓰인다.

특수 철탑은 표준형 이외의 것으로, 표준형의 종류에 준해서 직선형, 각도형, 인류형, 내장형, 보강형으로 분류된다.

최근에는 철탑의 중량을 줄이고 제작하기 쉽게 강관에 콘크리트를 주입한 부재를 사용한 MC 철탑을 쓰기도 한다.

(2) 철 주

철탑은 각 주 주재에 기초를 시공하지만, 철주(steel pole)에서는 공통 기초 하나만을 시공한다.

철탑에서는 지면상의 폭이 높이의 약 $\frac{1}{5}$ 정도 이지만, 철주에서는 $\frac{1}{10} \sim \frac{1}{15}$ 정도이다.

철주에 쓰이는 부재의 재질, 강도, 설계 방법은 철탑의 경우와 같다. 철주는 용도에 따라서 표준 철주와 특수 철주로 나눈다. 표준 철주에는 직선주, 각도주, 내장주가 있으며, 특수 철주에는 채널 포울(channel pole)이 있다.

(3) 목 주

목주(wooden pole)는 철탑이나 철주에 비하여 기계적 강도는 떨어지지만, 운반, 건주, 가선 작업이 쉬우므로 소규모의 송전 선로, 가공 배전 선로에 주로 쓰인다.

목주의 재료로는 전나무가 많이 사용된다. 길이와 말구의 직경으로 그 크기를 나타내며, 직경의 증가율은 0.9[%]를 표준으로 하고 있다. 목주로는 보통 길이 7~18[m], 말구의 직경 12[cm] 이상 되는 것에 크레오소오트(creosote), 말레나이트(malenite), 황산동 등의 방부제를 주입하여 사용한다. 이렇게 방부 처리된 주입주는 목재의 수명이 약 2배 정도 길어져, 보통 15~18년은 쓸 수 있다.

목주는 구조상 단주와 조합 목주로 나눈다. 조합 목주는 그 모양에 따라서 그림 2-25와 같이 A주, H주 등으로 구분한다.

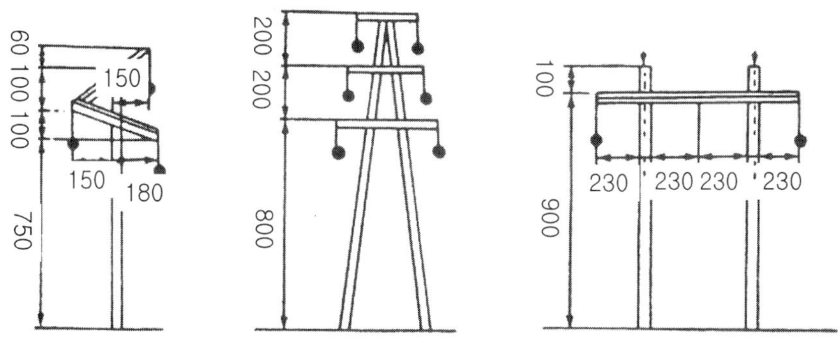

(a) 단주 (b) A주 (c) H주

그림 2-25 목주의 종류

(4) 철근 콘크리트주

철근 콘크리트주(reinforced concrete pole)는 항구적인 구조물로, 철탑에 비하여 강제가 적게 들어 값이 싸며, 기계적 강도도 목주보다 훨씬 크다. 그러나, 현지에서의 건립 작업에 어려움이 있는 결점이 있다.

목주와 마찬가지로 단주 또는 A주, H주 등의 조합 구조로 하여 사용한다. 철근 콘크리트주는 용도에 따라서 철탑에서와 같이 표준형과 특수형으로 나누며, 각각 직선형, 각도형, 인류형, 내장형, 보강형으로 분류된다.

예 제 보통 송전선용 표준 철탑 설계의 경우 가장 큰 하중은 무엇인가?

해설 풍압

예 제 전선로의 지지물에 가해지는 하중에서 상시 하중으로 가장 중요한 것은 무엇인가?

해설 수평 횡하중

수평 횡하중 : 전선로의 방향과 직각으로 작용

수직 하중 : 자중 부착된 빙설의 자중과 애자 및 애자 금구류의 자중

수평 종하중 : 지지물 자체의 풍압과 가섭선의 불평형 장력으로 인한 선로 방향의 하중

연 습 문 제

1. 가공 전선에 쓰이는 전선 중 구비 조건이 잘못 된 것은?

① 도전율이 작을 것.

② 기계적 강도가 클 것.

③ 내구성이 좋고 가벼울 것.

④ 가선 공사가 쉽고, 접속이 용이할 것.

해설 가공 송전 선로에 쓰이는 전선으로는 주로 구리나 알루미늄으로 된 나전선이 사용되며, 다음과 같은 조건을 갖추어야 한다.

㉠ 도전율이 클 것.

㉡ 기계적 강도가 클 것.

㉢ 내구성이 좋고 가벼울 것.

㉣ 가선 공사가 쉽고 접속이 쉬울 것.

㉤ 값이 싸고 구하기 쉬울 것.

【답】 ①

2. 가공 전선로의 전선 진동을 방지하기 위한 방법으로 옳지 않은 것은?

① 토셔널 댐퍼(torsional damper)의 설치

② 스프링 피스톤 댐퍼와 같은 진동 제지권을 설치

③ 경동선을 ACSR로 교환

④ 클램프나 전선 접촉기 등을 가벼운 것으로 바꾸고, 클램프 부근에 적당히 전선을 첨가

해설 경동선을 강심 알루미늄연선(ACSR)으로 바꾸면 가벼우므로 진동은 더 생긴다.

【답】 ③

3. 켈빈(Kelvin)의 법칙이 적용되는 경우는?

① 전력 손실량을 축소시키고자 하는 경우

② 전압 강하를 감소시키고자 하는 경우

③ 부하 배분의 균형을 얻고자 하는 경우

④ 경제적인 전선의 굵기를 선정하고자 하는 경우

해설 켈빈의 법칙(Kelvin's law)

전선 단위 길이당의 연간 전력손실 양이 가격과 전선 단위 길이당의 건설비의 이자와 상각비가 같게 되는 전선의 굵기가 가장 경제적인 전선이라는 법칙이다. **【답】** ④

4. 중공 전선의 사용 목적 중 가장 적합한 것은?

① 부식 방지 ② 인장 강도를 크게 한다.
③ 코로나 방지 ④ 가공이 용이하다.

해설 중공 전선은 초고압 송전 선로에서의 코로나의 발생 방지를 위해 사용한다.

【답】 ③

5. 송전 선로에 사용되는 애자의 특성이 나빠지는 원인으로 볼 수 없는 것은?

① 애자 각 부분의 열팽창도의 상이
② 전선 상호간의 유도장애
③ 누설 전류에 의한 편열
④ 시멘트의 화학 팽창 및 동결 팽창

해설 애자의 열화 원인

㉠ 시멘트의 화학 팽창 및 동결 팽창 ㉡ 애자 각 부분의 열팽창도의 상이
㉢ 누설 전류에 의한 편열 ㉣ 쇠붙이의 진식 **【답】** ②

6. 애자에서 기계적 강도가 크고 염해에 대한 절연성이 좋으며 코로나가 잘 발생되지 않아 내아크성이 좋은 것은?

① 현수 애자 ② 장간 애자
③ 내무 애자 ④ 핀 애자

해설 현수 애자

㉠ 가장 흔히 쓰이는 현수 애자(suspension insulator)로는 클레비스(clevis)형과 볼소켓(ball socket)형이 있다.
㉡ 현재 한국전력공사에서는 활선작업 때문에 볼소켓형을 사용하고 있다.
이것은 사용 전압에 따라 여러개를 연결하여 사용하며, 내용연한은 35년이다.
㉢ 현수 애자의 크기는 자기 부분의 지름과 높이로 표시되며 우리나라에서는 254[mm]이다.

내무 애자

㉠ 해안지방, 공장지대 등을 통과하는 송전 선로에는 애자의 표면이 염분, 먼지, 연기 등으로 오손되기 쉽고 여기에 안개, 비 등의 수분이 가해지면 섬락을 일으켜 지락사고나 애자파손의 원인이 된다.

㉡ 이러한 장애를 방지하기 위하여 특수한 구조를 한 내무 애자가 쓰인다.

장간 애자

㉠ 현수 애자의 자기부를 길게 하고 양 끝에 철물의 캡을 사용한 애자이다.

㉡ 이 애자는 핀을 사용하지 않으며 자기의 안쪽에 시멘트를 사용하지 않아 시멘트의 팽창에 의한 열화를 방지하고, 자기 부분의 전기적 관통 파괴를 막을 수 있는 장점이 있으며, 내무성도 우수하여 코로나의 발생도 적은 이점이 있다. **【답】** ②

7. 소호각의 사용 목적은?

① 이상전압의 발생 방지　　② 전선의 진동 방지

③ 애자련의 보호　　④ 클램프의 보호

해설 이상전압에 대한 애자의 보호장치 : 소호각(arcing horn)

소호환(arcingring) **【답】** ③

8. 경간 200[m]의 가공 전선로가 있다. 전선 1[m]당의 하중은 2.0[kg/m]이고 풍압 하중이 없는 것으로 하면, 인장 하중 4000[kg/m], 안전율 2인 전선을 사용할 때의 이도는 몇[m]인가?

① 5　　② 5.4　　③ 6.4　　④ 7

해설 $D=\dfrac{ws^2}{8T}=\dfrac{2\times200^2}{8\times\dfrac{4000}{2}}=5[\mathrm{m}]$ **【답】** ①

9. 1[m]의 하중 0.37[㎏]의 전선을 지지점에 수평인 경간 80[m]에 가설하여 딥을 0.8로 하려면 장력[㎏]은?

① 350　　② 360　　③ 370　　④ 380

해설 $T=\dfrac{wS^2}{8D}=\dfrac{0.37\times6400}{8\times0.8}=370$ **【답】** ③

10. 전선 굵기를 결정할 때 고려해야 할 주요 조건이 아닌 것은?

① 전선의 하중　　② 기계적 강도

③ 전압 강하　　④ 허용 전류

해설 전선 굵기의 결정은 기계적 강도, 전류 용량, 허용 전압 강하로 정하나 가장 중점을 두는 것이 전류 용량, 즉 허용 전류이다. 【답】 ①

지중 전선로

제3장

3.1 지중 전선로

지중 전선로는 전력 케이블을 지중에 매설해서 송배전하는 선로를 말한다.

가공 전선로에 비하여 기상 조건에 의한 영향과 사고시에 인축 및 건축물에 미치는 위험이 적고 화재에 대해서도 안전하며 송배전의 신뢰도가 높다. 또한 교통 그 밖의 보안상 위험이 없고, 도시 미관상에도 좋으며 통신선에 유도 장해를 주지 않는 등의 장점이 있다.

이에 대하여 전력 케이블의 값이 비싸고 지하에 매설하는데 따른 공사비가 많이 소요되고 사고가 발생했을 때 고장점의 검출이 어려우며, 복구에도 시간이 많이 소요되는 결점이 있다.

따라서 우리나라에서도 대도시를 중심으로 그 사용 범위가 점차 확대되어 가고 있으며 동시에 사용 전압도 급속히 높아져 22[kV]급은 물론이고, 66[kV] 및 154[kV]급까지 실제로 사용되고 있으며 전력 수요 증가에 의해 345[kV] 송전 계통이 건설되어 운용 중에 있다.

3.1.1 지중 전선로의 송전 방식

지중 송전 계통의 전기 방식에 대한 접속 방법, 즉 송전 방식을 분류하면 탠덤식, 방사상식 및 환상식으로 나눌 수 있다.

(1) 탠덤식(tandem system)

그림 3-1 (a)와 같이 1차 또는 2차 변전소에서 나온 지중 케이블이 도중의 2차

또는 배전 변전소를 차례로 통과하여 가는 방식이다. 계통이 적을 때에는 지중선의 루우트수·선수가 적어서 건설비가 다른 방식에 비하여 적게 드는 장점이 있지만, 계통이 커지면 병렬 선수의 증대에 따라 1조당의 허용 전류가 적게 되고, 선택 차단 구간 수가 증가해서 계전기의 동작이 불확실하게 되거나, 고장의 계속 시간이 길어져 서비스의 저하를 초래한다.

또한 배전 변전소의 개폐 기기가 많아져서, 설비가 복잡하게 되어, 오히려 건설비가 많이 들고 운용이 번잡하게 된다. 이 방식은 변전소의 원격 감시 제어 등, 자동화 촉진의 추세에 따라 바람직하지 못한 방식이다.

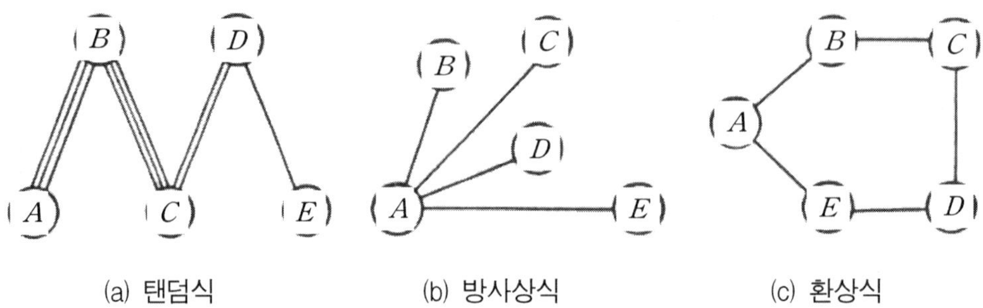

그림 3-1 지중 전선로의 송전 방식

(2) 방사상식(radial system)

그림 3-1 (b)와 같이 1차 변전소에서 몇 개의 2차 변전소 또는 배전 변전소에 방사상으로 전력을 공급하는 방식이다. 이 경우 각 변전소의 설비는 간단하게 된다. 지중 전선로의 경과지가 제각기 따로 되어 있어서, 공사비가 많이 들뿐 아니라 운용과 보수에 어려움이 많지만, 고전압 지중 송전 계통에서 하나의 중요한 기본 형식이다.

(3) 환상식(loop system)

그림 3-1 (c)와 같이 동일 모선을 기점·종점으로 하여 몇 개의 변전소 혹은 특고 수용가 등을 거쳐서 지중 송전 선로를 환상식으로 구성하는 방식이다. 표시 선식 보호 방식이나 기타 적당한 보호 방식을 적용함으로써, 정전이 없고 전압 변동이 적은 최고의 서비스를 확보하게 된다. 또, 가령 특고 수용가가 서로 가까이 많이 모여 있을 때는 설비의 합리화를 기할 수 있어서 경제적으로도 유리한 방식이다.

3.1.2 지중 전선로의 배전 방식

우리나라 배전 선로의 거의가 가공 전선로이지만, 동일 장소에 많은 회선을 시설 하거나, 협소한 곳에서 안전하게 시설하여 고장을 줄일 수 있다는 것 이외에 미관상 우수한 것 등의 이유에서 다음과 같은 곳에는 지중 전선로가 채용된다.

① 변전소에서 나오는 고압 급전선
② 고압 수용가에 공급하는 전용선 또는 준전용선
③ 빌딩가 등의 가공 전선로에서 분기하여 고압 수요가에 공급하는 인입선
④ 특히 부하 밀도가 높은 지역이나 가공 전선로의 건설이 불가능한 곳

구미의 여러 도시에서는 일정한 지역에 한해서 가공 전선로의 건설이 불허된 곳도 있어서 고·저압 모두 지중 전선로가 발달되어 있다.

3.1.3 전력 케이블의 구조

진력 케이블은 도체, 절연물, 피복 및 외장으로 구성되어 있다.

(1) 도 체

도체로는 연동의 연선이 많이 쓰이며, 같은 케이블 내의 심선수에 따라서 단심, 2심 및 3심 케이블이라 불린다. 도체는 소선을 꼬아 합쳐 용량이 작은 것은 원형, 큰 것은 반원형, 부채꼴의 단면을 한 것이 쓰인다. 또 중공 도체, 압축 도체, 분할 도체도 쓰는 경우가 있다.

(2) 절연물

절연물로는 양질의 크라프트(kraft)지, 부틸(butyl) 고무, 폴리에틸렌(polyethy-lene) 등이 쓰인다. 절연지의 다공질성을 메우기 위하여 침투성의 합침의 합침 혼합물과 절연유가 병용된다.

OF 케이블에는 경질 경우의 절연유를 사용한다. 또, 절연층의 주위에는 동 테이프, 금속 테이프, 카아본지 등의 차폐 테이프를 감을 때가 있다.

(3) 차폐층

도체의 주위에 감은 절연체의 전계의 세기를 각 방면에 균일하게 하기 위하여 정전 차폐를 한다. 이것을 차폐층이라 하며, 도전성을 띤 금속 테이프, 카아본지 또는 얇은 동 테이프 등이 쓰인다.

(4) 시이드

절연물을 보호하고 전기적 특성을 유지하기 위해서 심선의 주위에 보호 피복을 한다. 이 보호 피복을 시이드(sheath)라 하고, 재료로는 납, 납 합금, 알루미늄, 클로로프렌, 염화비닐 등이 사용된다.

(5) 외 장

도체 및 절연물을 기계적, 화학적 외상으로부터 보호하기 위하여 외장을 한다. 이것에는 바깥쪽에 하는 보강 띠와 전반에 사용되는 방식층이 있다.

보강띠에는 경동 테이프, 황동 테이프가 쓰이고 있으나, 최근에는 스테인레스강(stainless steel) 테이프가 사용되고 있다. 방식층에는 클로로프렌 고무, 폴리에틸렌, 반경질 비닐 등을 사용한다.

3.1.4 전력 케이블의 종류

(1) 벨트 케이블

그림 3-2와 같이 절연한 심선 두 묶음 또는 세 묶음을 개재물과 같이 원형으로 꼬아 그 위에 절연지를 감은 다음, 절연성 혼합물을 스며들게 하고, 연피 등 필요에 따라 외장을 한 구조이다.

절연한 심선을 합하여 그 위에 또 절연하는 것을 **벨트 절연**(belt insulation)이라 한다. 심선의 단면은 부채꼴 또는 반원형으로 하여 개재물을 줄이고 있다.

이 케이블은 절연층 사이에 공극(air gap)이 생기고, 절연 내력이 낮으나 가격이 싸고 다루기 쉽다. 사용 전압은 10~20[kV] 정도이다.

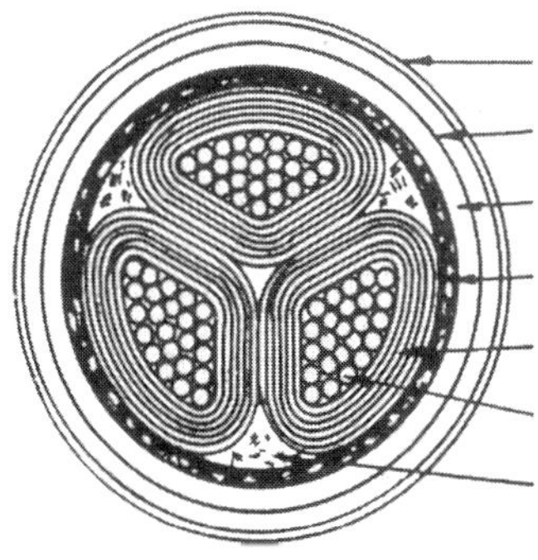

그림 3-2 벨트 케이블

(2) SL 케이블

SL 케이블(separately leaded cable)은 그림 3-3과 같이, 각 심 절연을 한 위를 납으로 피복한 다음 삼으로 짠 테이프(hessian tape)로 벨트 절연을 하고, 강철띠로 보호 피복을 한 것이다. 절연성은 좋으나 기름의 수축, 팽창으로 연피 하부에서 공극이 생겨 코로나가 발생할 때가 있다. 사용 전압은 20~30[kV] 정도이다.

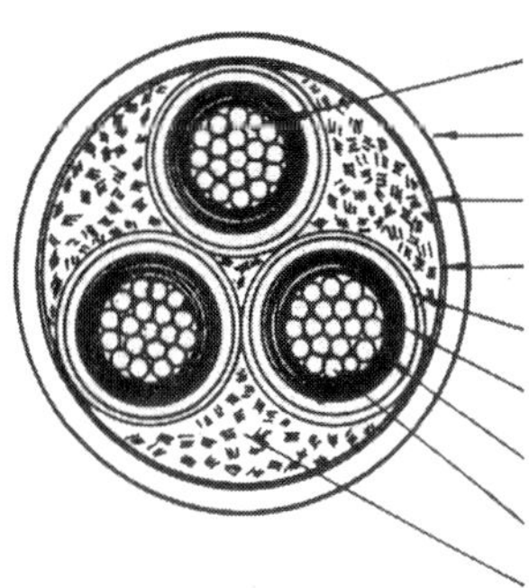

그림 3-3 SL 케이블

(3) H 케이블

그림 3-4와 같이 SL 케이블의 연피 대신에 각 심 절연의 주위에 금속 종이 또는 동 테이프로 정전 차폐를 하고 개재물로 공간을 메운 다음, 납 피복과의 전기적 접촉이 잘 되도록 가느다란 동선이 들어 있는 금속 테이프로 감아 그 위에 납 피복과 보호 피복을 한 것이다.

벨트 케이블에 비해서 두께가 얇고 열방산이 좋으므로, 도체의 굵기가 같은 경우에는 송전 용량을 벨트 케이블에 비해서 증가시킬 수 있으며, 사용 전압은 20~30[kV] 정도이다.

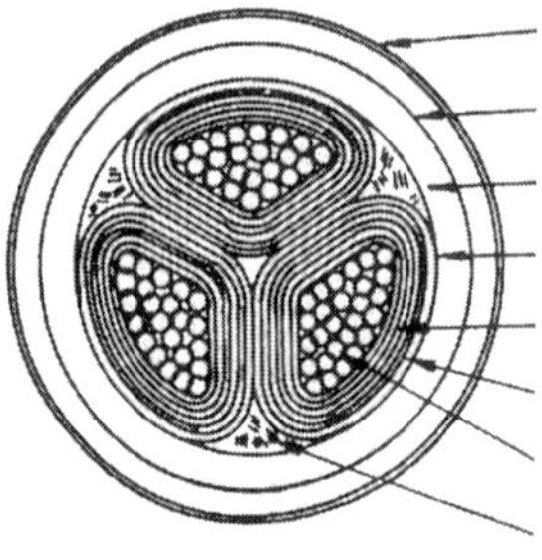

그림 3-4 H 케이블

(4) OF 케이블

케이블의 내부에 기름의 통로를 만들어 보통 1기압 정도의 압력으로 절연유를 충만시켜 절연유가 이 속을 자유롭게 이동할 수 있게 되어 있으므로, 절연 특성은 매우 우수하다. 또, 전리 열화가 없으므로 장기간에 걸쳐서 안정하며 신뢰도가 높다.

이 케이블의 절연 두께는 솔리드 케이블의 약 반으로 된다. 사용 전압은 100[kV] 이상이다. 그림 3-5는 OF 케이블(oil filled cable)의 예를 나타낸 것이다.

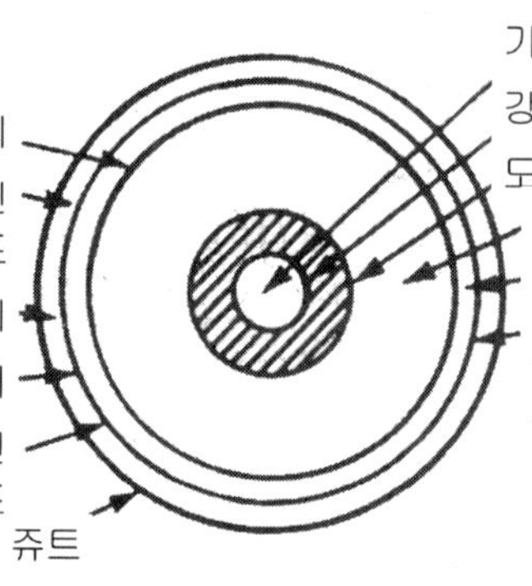

그림 3-5 OF 케이블

(5) 파이프형 가스 압력 케이블

강철의 파이프 안에 H형 또는 SL형의 케이블을 넣고, 절연물의 층 사이에 공간이 생기는 것을 방지하기 위해서 파이프 속을 진공으로 한 다음, 12~14[kg/cm^2] 정도의 압력으로 질소 가스를 넣은 것이다. 사용 전압은 100[kV] 이상이다. 그림 3-6은 파이프형 가스 압력 케이블(pipe type gas pressure cable)의 예를 나타낸 것이다.

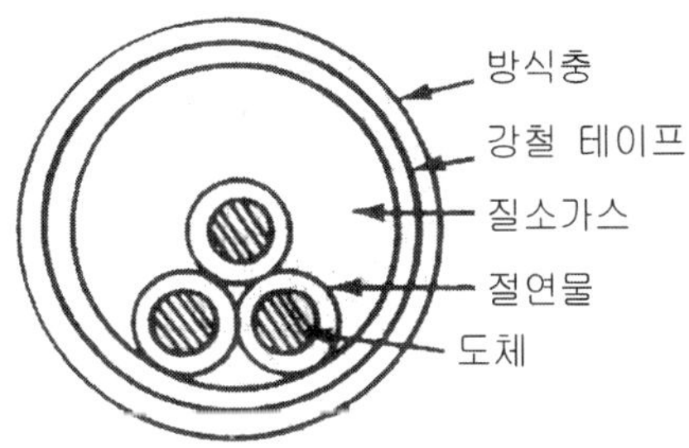

그림 3-6 파이프형 가스 압력 케이블

(6) 유압 케이블

파이프형 가스 압력 케이블의 질소 가스 대신에 절연유를 사용하는 것이며, OF 케이블과 대략 같은 성능을 가지고 있으며, 사용 전압은 60~340[kV]정도이다.

(7) CV 케이블(가교 폴리에틸렌 절연 비닐 시이드 케이블)

폴리에틸렌은 전기적, 기계적, 가요성, 내코로나성 및 내수성이 우수하나, 내열성이 약하여 105~115[℃] 정도에서 연화된다. 폴리에틸렌의 우수한 성질은 그대로 유지하고, 내열성을 높인 것이 가교 폴리에틸렌(cure polyethylene)으로, 250[℃]에서도 변형되지 않고 연속 90[℃]에서 사용할 수 있다. 외장에는 비닐, 연피, 폴리에틸렌 시이드, 강띠, 외장, 비닐 방식, 철선 외장 등이 있다. 그림 3-7은 CV 케이블의 예를 나타낸 것이다.

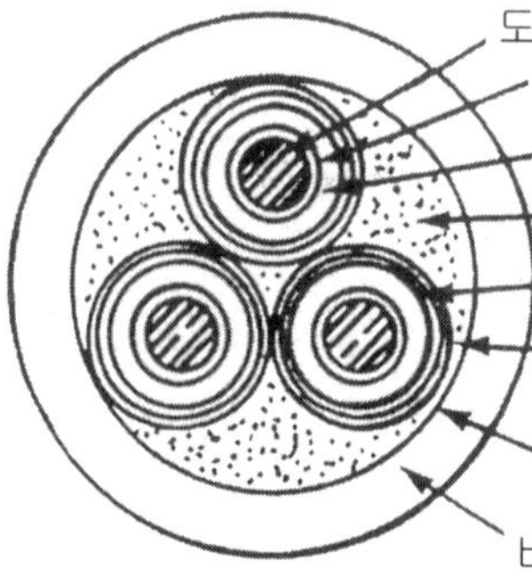

그림 3-7 CV 케이블

3.2 케이블의 전기적 특성

3.2.1 선로정수

(1) 도체 저항

케이블의 도체 저항은 직류 저항값으로 나타낸다. 교류 저항은 표피 효과, 근접 효과 등으로 인해 전류 밀도가 균일하지 않고 저항이 증가하게 된다. 그러나 상용 주파수에서는 단면적 250[mm^2] 이하의 경우 이런 현상을 무시할 수 있다.

(2) 절연 저항

단심형 전력 케이블의 절연 저항 R_i는 다음 식과 같다.

$$R_i = 0.3665\rho \times \log_{10}\frac{R}{r} \ [\mathrm{M\Omega/km}] \tag{3-1}$$

여기서, r : 도체의 반지름[m], R : 차폐층의 반지름, ρ : 절연물의 저항률 [$\Omega \cdot$cm]

(3) 인덕턴스

다심 케이블의 도체 한가닥 마다의 작용 인덕턴스 L은 외장 및 연피를 무시하면 가공 선로와 같이 다음 식과 같다.

$$L = 0.05 + 0.4605 \log_{10}\frac{D}{r}\ [\mathrm{mH/km}] \qquad (3\text{-}2)$$

여기서, r : 도체의 반지름[m], D : 도체의 중심거리[m]

케이블의 인덕턴스는 도체 간의 거리가 가공선에 비해서 극히 가까우므로 0.2~0.45[mH/km]정도이고 가공 전선로의 1/3 정도이다.

(4) 정전용량

단심형, H형, SL형 케이블의 정전용량은 다음 식과 같다.

$$C = \frac{0.02413\varepsilon_s}{\log_{10}\frac{D}{r}}\ [\mu\mathrm{F/km}] \qquad (3\text{-}3)$$

여기서, ε_s : 절연층의 비유전율, R : 연피의 내경[m], r : 심선의 반경[m]

전력 케이블은 연피의 안쪽 반경이 작고, 절연층의 비유전율이 3.4~4.9정도이므로, 그 정전용량은 가공 전선로의 경우의 20~25배로 된다. 3심 벨트 케이블의 정전용량은 계산이 복잡하므로 다음과 같이 측정하여 계산한다.

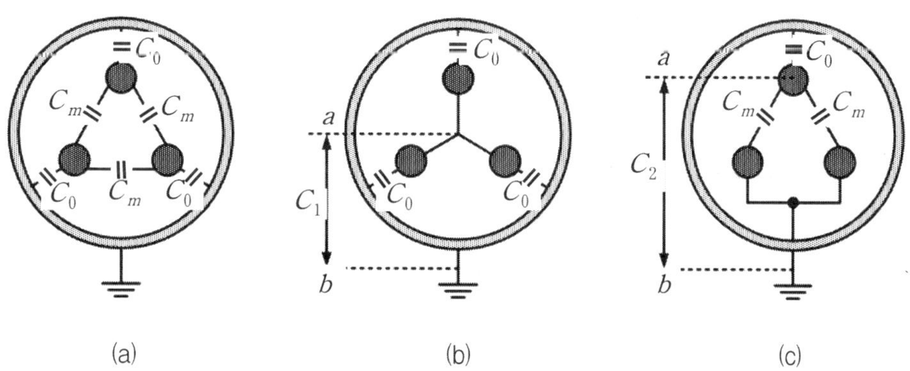

그림 3-8 정전용량의 계산

그림 3-8의 (a)와 같이 도체 상호간 및 도체와 대지 사이의 정전용량을 각각 C_m, C_0라 하면 다음과 같이 된다.

$$\left.\begin{aligned} &\text{그림 (b)에서} \quad C_1 = 3C_0 \\ &\qquad \therefore C_0 = \frac{C_1}{3} \\ &\text{그림 (c)에서} \quad C_2 = C_0 + 2C_m \\ &\qquad \therefore C_m = \frac{C_2 - C_0}{2} = \frac{3C_2 - C_1}{6} \end{aligned}\right\} \tag{3-4}$$

따라서, 작용 정전용량 C는 다음과 같이 된다.

$$C = 3C_m + C_0 = 3 \times \frac{3C_2 - C_1}{6} + \frac{C_1}{3} = \frac{9C_2 - C_1}{6} \tag{3-5}$$

(5) 충전 전류

케이블의 충전 전류 I_c[A]는 심선의 작용 정전용량 C[F/km], 선간 전압 V[V], 주파수를 f[Hz]라 하면 다음과 같다.

$$I_c = 2\pi f C \frac{V}{\sqrt{3}} \text{ [A/km]} \tag{3-6}$$

3.3 케이블의 손실

케이블의 손실에는 도체 중의 저항손, 절연체의 유전체손, 시이드의 시이드손 등이 있다.

3.3.1 도체의 저항손

전력용 케이블의 손실 중 가장 크며 케이블의 허용전류를 결정하는 가장 중요한 요인 중의 하나이며 다음과 같다.

$$P_c = nI^2R \text{[W/km]} \tag{3-7}$$

여기서 n : 도체의 가닥수, R : 저항[Ω/km], 전류 : I[A]

3.3.2 유전체손

케이블의 절연물 속에서 생기는 손실을 말하며, 케이블의 선심 1선당의 유전체손(deelectric loss) W_d는 다음과 같다.

$$W_d = 2\pi f C_n \frac{V^2}{3} \tan\delta [\text{W/km}] \qquad (3\text{-}8)$$

여기서 f : 주파수[Hz], C_n : 작용 정전용량[μF/km], V : 최고 선간 전압[kV], $\tan\delta$: 유전 정접(부틸 고무 0.03, 폴리에틸렌 · 가교 폴리에틸렌 0.01, 솔리드 케이블 0.02, 저가스압 케이블 0.01, OF 케이블 0.005)이다.

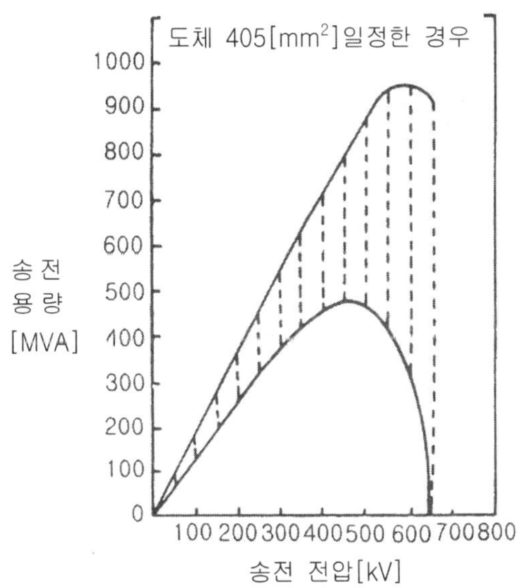

그림 3-9 강제 냉각부에 의한 송전용량의 증가 예

위 식에서 알 수 있는 바와 같이 유전체손 W_d는 전압의 제곱에 비례하므로 22[kV] 이상에서는 무시할 수가 없다. 도체 단면적 405[mm^2] 초고압 케이블의 송전 전압과 송전용량과의 관계는 그림 3-9와 같다. 이 그림에서 강제 냉각을 하지 않았을 경우 송전용량은 송전 전압 450[kV] = V_M에서 최대가 되고, 이 이상의 전압에서는 유전체손으로 감소하기 시작하여 648.5[kV] = $\sqrt{2} \times V_M$에서 영이 된다.

강제 냉각시키면 케이블의 방열 저항은 그 절연체의 열저항 뿐이 되므로 송전 전압이 585[kV](= V_M×1.3)가 될 때까지 송전용량은 증가한다. 이때의 초대 송전용량은 945[MVA]≒480[MVA] ×$\sqrt{1.3}$×1.3^2이 되어 냉각시키지 않았을 경우의 약 2배가 된다. 이와 같은 이유로 현재의 절연체에 있어서의 500[kV] 케이블이 되면 강제 냉각시키지 않으면 비경제적이다.

또 OF 케이블용 유침지의 tanδ는 80[℃]까지는 0.3[%] 정도로 적지만 100[℃]를 넘으면 급격히 증가되기 시작하여 120[℃]에서 방열량보다도 유전체손 쪽이 많아지면 절연체의 온도는 가속적으로 상승하여 열 파괴에 이른다. 따라서 OF 케이블은 80[℃]를 넘지 않도록 하고 있다. 최근 대화력 발전소가 건설됨에 따라 발전소 출구에서 60[kV], 140[kV] 케이블이 송전되는데 선수가 많아져서 발전소 출구는 밀접 포설이 되어 상호 가열로 온도가 높아져서 유전체손은 급증되는 위험이 있어 강제 냉각법이 고안되었다.

3.3.3 연피손(차폐손)

케이블의 도체에 교류가 흐르면 도체 주위에 생긴 자속은 연피의 단면 및 연피 밖을 통하게 되고 맴돌이 전류나 연피 전류가 흐르게 되는데 이들 전류에 의한 손실을 연피손(sheath loss)이라 하고, 접지 변압기나 크로스 본도를 통해 접지함으로써 감소시킬 수 있다. 일반적으로 연피손은 도체의 전류, 주파수, 그리고 각상의 단심 케이블의 이격 거리에 비례하고 연피의 저항률에 반비례한다.

3.4 전력 케이블의 허용전류

가공 전선에서는 선재, 전선 규격이 정해지면 전류 용량은 일정하나 지중선에서는 땅 속에 묻기 때문에 복잡한 열적 요소를 포함한 토양을 비롯하여 각종 주위 조건의 영향이 커서 같은 전선, 같은 규격의 케이블도 포설 방식, 포설 조수 등에 의하여 크게 변화한다.

그러므로 지중 전선로의 허용 전류는 각 선로마다, 조건이 다른 구간마다의 산출이 필요하게 된다. 또, 전력 케이블의 허용 전류는 상시 허용 전류, 단시간 허용 전류, 순시 허용 전류의 세 가지로 나눌 수 있다.

따라서 전력 케이블의 허용 전류에 영향을 주는 요소로서는

① 케이블의 형식, 심선의 수, 절연물의 무게
② 매설의 깊이, 토양의 온도와 건습의 상태
③ 포설의 방법
④ 도체의 저항, 기타의 손실

등인데, 이 중에서 영향력이 가장 큰 것은 토양의 온도이다. 또, 구멍수가 많은 관로식에서는 직매식에 비하여 전류 용량이 약간 적게 된다.

3.5 전력 케이블의 포설방식

지중 전선로의 건설비는 일반적으로 가공 전선에 비하여 훨씬 많이 든다. 따라서 건설에 임해서는 가능하다면 선로 길이를 단축해야 하지만, 다음과 같은 도로는 가급적 피하는 것이 좋다.

① 건설 또는 보수에 불편한 좁은 길
② 굴착에 많은 금액의 공비를 요하는 경질 포장 도로 및 지하수가 많은 도로
③ 교통이 번잡하여서 작업이 어려운 도로
④ 만곡 혹은 고저가 심한 도로
⑤ 전식의 우려가 있는 도로
⑥ 사도 또는 사유지

케이블을 육지에 포설하는데는 직접 매설식(직매식), 관로 인입식(관로식) 및 암거식이 있고, 하천을 횡단하는 경우에는 경과지 부근의 다리에 첨가하는 교량 첨가식 또는 케이블 전용의 다리에 포설하는 전용교식 및 수저를 횡단하는 수저식 등이 있다.

(1) 직매식

지중에 철근 콘크리트제 긴통 또는 토관을 묻고, 그 안에 케이블을 넣거나 또는 CD 케이블을 직접 지중에 매설하는 방식이다.

그런데 흙이 묻히는 깊이는 중량물의 압력을 받는 곳에서는 1.2[m] 이상으로 하도록 규정하고 있다(그림 3-10 참조).

소용량으로 조수가 적은 경우에 적합한 포설 방식으로서 공사비가 싸고, 다소

굴곡된 선로의 포설도 가능하며 공기가 짧은 특징이 있지만 보수·점검 및 증설이 어렵고, 외상을 받기 쉬우며, 신뢰성이 떨어지는 결점이 있기 때문에 말단 부분으로서 굴착이 용이한 곳에 국부적으로 적용될 때가 많다.

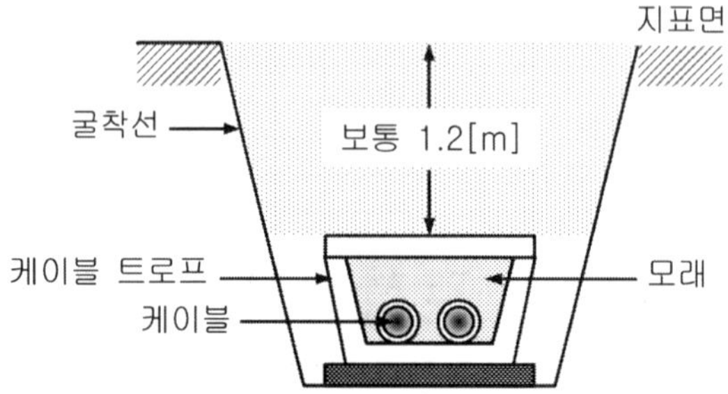

그림 3-10 직매식

(2) 관로식

적당한 간격마다 맨홀을 마련하여, 그 사이를 관으로 연결해서 케이블을 끌어넣는 포설 방식인데, 외상을 받을 염려가 적고, 증설·점검이 편리하며, 20 공정도까지 건설이 가능하지만, 공사비가 많이 들고, 공사 기간이 긴 것 외에, 열의 방산이 나빠서 허용 전류가 감소되는 결점이 있다.

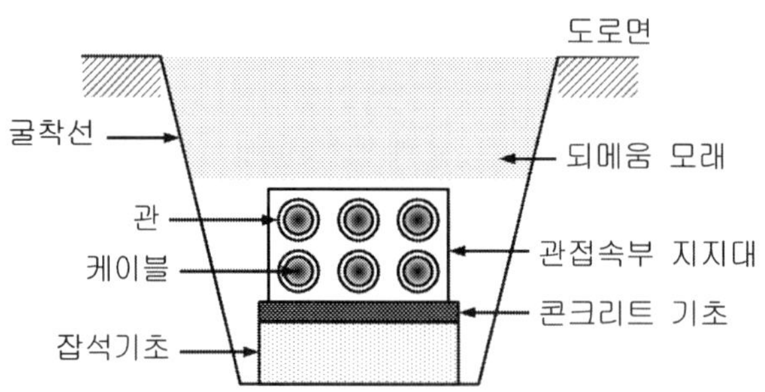

그림 3-11 관로식

(3) 암거식(전력구)

20조 이상 다수의 케이블을 포설할 때, 혹은 전화 케이블, 가스관, 수도관 등 다른 지중 매설물과 공설을 요하는 부분(공동구)에서는 지중에 터널을 구축해서 그 안에 포설하는 방식이다.

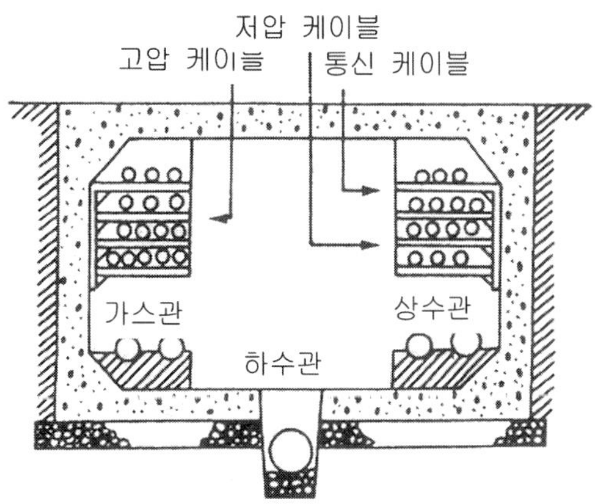

그림 3-12 공동구 포설의 예

이것은 다수의 케이블을 포설할 수 있고, 보수·점검이 편리하며, 열의 방산도 잘 되지만, 환기·배수·조명 등의 부대설비를 필요로 하기 때문에, 공동구는 경우가 다르지만, 건설비가 가장 많이 드는 결점이 있다. 그림 3-12는 공동구의 예이다.

3.6 전력 케이블 선로의 고장개소 탐색

3.6.1 고장의 원인

지중 전선로의 고장을 분류하면 1~3심이 단선되는 경우, 1~3심이 완전 지락 또는 불완전 지락되는 경우 및 이것들이 동시에 일어나는 경우들이 있는데 이들의 원인은 다음과 같다.

① 외상이나 외부로부터의 과열
② 지반이 내려 앉을 경우의 손상
③ 다른 케이블의 고장 전류나 그의 아크로 인한 손상
④ 무리한 굴곡이나 접속부의 연공의 불량
⑤ 절연물의 자연 열화
⑥ 연피의 전식 및 화학적 부식
⑦ 과부하, 이상 전압에 의한 절연 파괴

통계에 의하면 대부분의 사고는 접속부의 접촉 불량 및 부식으로 인한 경우가 많은데, 이것은 사고수의 약 20[%] 정도이고 다음은 자연 열화인데 약 10[%] 정도이다.

3.6.2 고장 탐색법

(1) 머어리 루우프법(Murray loop method)

이 방법은 휘트스톤 브리지(wheatstont bridge)로서 고장점까지의 도체의 저항을 측정하여 고장 개소의 위치를 추정하는 방법이다.

그림 3-13과 같이 접속하고 브리지가 평형을 이루면 측정 장소에서 고장점까지의 거리 l_x는 다음과 같다.

$$l_x = \frac{R_2}{R_1 + R_2} \times 2l[\text{m}] \tag{3-9}$$

여기서, l은 케이블의 길이[m] R_1, R_2는 비례변 저항치 이때 만약 지락 저항이 수백 [Ω] 이하이면 45[V] 건전지 1~3개를 사용하면 되고, 그 이상으로 높아지면 캐노트론 정류관으로 정류시킨 2,000~3,000[V]를 사용할 필요가 있다.

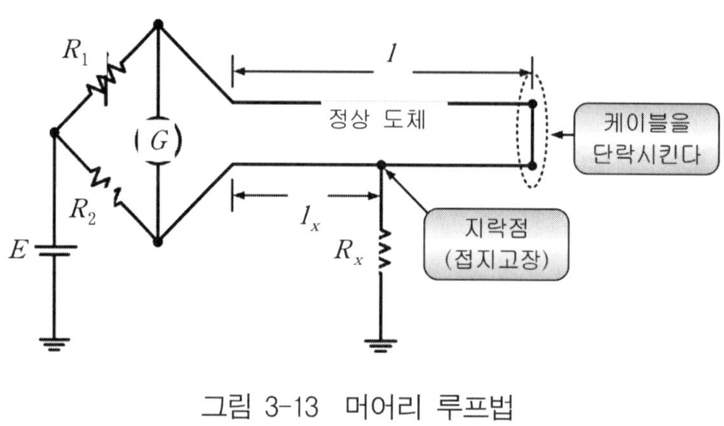

그림 3-13 머어리 루프법

1선이 건전하고 다른 선이 지락되었을 경우나 2선 단락의 경우에는 상기와 같은 방법으로 수색하면 되고 만일 3선이 단락되었을 경우에는 다른 케이블을 사용하면 된다.

(2) 정전용량의 측정에 의한 방법

3심이 모두 단선되고 지락, 단락이 아닌 경우 또는 1심~2심이 단선되고 지락, 단락이 아닌 경우는 케이블의 정전용량을 측정하여 고장점을 발견할 수가 있다.

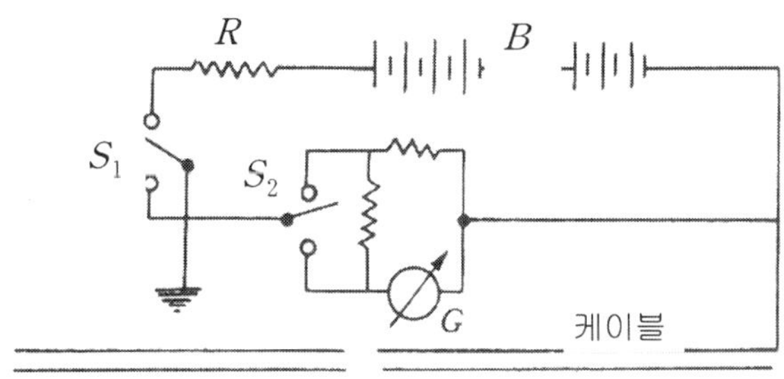

그림 3-14 탄동 검류계법

그림 3-14와 같은 접속에 의해서 먼저 전지 B로 케이블을 충전시킨 후 탄동 검류계 G를 걸쳐서 이것을 단락시키고 G의 눈금을 α라고 하면 정전용량 C[㎌]는

$$C = KE\alpha \tag{3-10}$$

여기서, K : 탄동 계수, E : 전지의 전압[V]

이때 선로 전장의 정전용량의 값을 알고 있으면 고장점까지의 거리를 측정하여 그 값으로서 길이의 비를 알 수 있다. 또한 같은 원리로 직독 정전용량를 써서 정전용량을 측정하기도 한다.

(3) 탐색 코일로 하는 방법

지락 고장의 경우에는 케이블의 1단에서 주파수 600[Hz] 전후의 단독 전류를 흘리고 지상에서는 수색 코일에 증폭기와 수화기를 가지고 케이블에 따라 수색한다. 고장 개소에서 전원측 사이에서는 단독 전류의 진동음을 들을 수 있으나 고장 개소를 지나서는 진동음은 적어지므로 고장 개소는 판명된다.

수색 코일은 2×3×10[cm] 정도의 철심에 0.5[mm] 정도의 에나멜선을 3000회 정도 감은 것이다.

(4) 펄스에 의한 측정법

케이블의 한쪽에서 펄스를 보내면 고장점에서는 케이블의 서어지 임피던스가 급속히 변화하므로 펄스의 일부는 반사되어 돌아온다.

이 시간을 측정하면 펄스의 케이블 내에서의 전파 속도는 변화가 생기므로 이것으로 고장 개소를 찾을 수 있다.

3.7 케이블의 전식

케이블에는 매설 금속체가 양극으로 되어 이것에서 지중에 전류가 유출함으로써, 패러데이의 법칙에 따라서 금속의 감손 또는 변질을 가져오는 전식과 화학공장 등에서 많이 나오는 오수나 토양중의 산, 알카리 등에 의하여 케이블을 부식시키는 화학식이 있다. 레일을 귀선으로 하는 전기철도에 있어서는 그림 3-15에 보이는 바와 같이 지중에 누설전류가 흐른다. 레일 전위, 지중 금속체 전위 및 대지 전위가 일치하는 중성점 n을 경계로 해서, 그것의 변전소측은 지중 금속체에서 대지에 전류가 유출하는 구역으로서 전식의 위험이 있고, 그 반대측은 전류가 유입하는 안전구역이다.

이와 같은 상태를 조사하는데는 연피전류, 대지 전위차, 전류 유출 밀도, 부식 생성물 및 맨홀의 고인물 등에 대하여 조사한다.

그리고 전식의 방지 방법으로는 케이블에 직류 전원의 음극을 접속한 후 양극을 접지하는 강제 배류법, 구간마다 전기 저항을 크게 하여 누설 전류를 차단하는 절연 접속법, 방식 외장 케이블을 사용하는 방법 등이 있다.

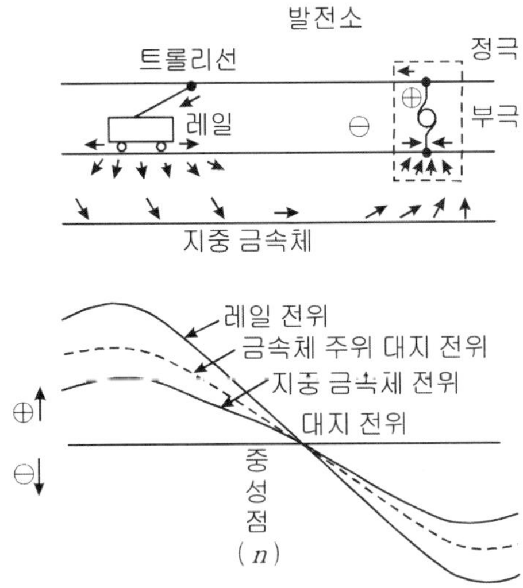

그림 3-15 누설전류에 의한 전식

연 습 문 제

1. 지중선 계통은 가공선 계통에 비하여 인덕턴스와 정전용량은?

① 인덕턴스, 정전용량이 모두 크다.

② 인덕턴스, 정전용량이 모두 작다.

③ 인덕턴스는 크고 정전용량은 작다.

④ 인덕턴스는 작고 정전용량은 크다.

해설 가공 전선로는 지중 전선로로 바꾸면 선간거리가 작아지므로 인덕턴스는 작아지고 정전용량은 커진다. 【답】 ④

2. 케이블의 전력 손실과 관계없는 것은?

① 도체의 저항손 ② 유전체손

③ 연피손 ④ 철손

해설 케이블의 전력손실은 저항손, 유전체손, 연피손과 관계 있다. 【답】 ④

3. 주파수[f], 전압[E]일 때 유전체 손실은 다음 어느 것에 비례 하는가?

① E/f ② fE ③ f/E^2 ④ fE^2

해설 유전체손 $P_c = \omega CE^2 \times \tan\delta \propto f \cdot E^2$ [W/km] 【답】 ④

4. 지중 케이블에 있어서 고장점을 찾는 방법이 아닌 것은?

① 머레이 루우프(Murry loop) 시험기에 의한 방법

② 메거(megger)에 의한 방법

③ 수색 코일에 의한 방법

④ 펄스에 의한 측정법

해설 지중 케이블 고장점 검출 방법에는

㉠ 머레이 루프법 ㉡ 펄스 인가법

㉢ 수색 코일법 ㉣ 정전용량법

메거(Megger)는 옥내전로의 절연저항 측정방법이다. 【답】 ②

5. 케이블의 도체에 교류가 흐르면 도체의 주위에 생긴 자속 때문에 생기는 손실로서 케이블 발열의 원인이 되는 것은?

① 유전체손 ② 저항손

③ 히스테리시스손 ④ 연피손

해설 케이블의 도체에 전류가 흐르면 도체의 주위에 생긴 자속은 연피의 단면 및 연피 밖을 통하기 때문에 전류나 연피 회로 전류가 흐르게 되어 생기는 전력 손실을 연피손이라 한다. 【답】 ④

6. 케이블 부설 후 현장에서 절연 내력 시험을 할 때 직류로 하는 이유는?

① 절연 파괴까지 피해가 적다.

② 절연 내력은 직류가 크다.

③ 시험용 전원의 용량이 적다.

④ 케이블의 유전체손이 없다.

해설 절연 내력 시험을 교류로 하면 충전 전류가 커지고, 유전체손이 많으므로 시험용 전원의 용량이 커진다. 그러므로 정류 장치를 사용하여 직류로 한다. 【답】 ④

7. 다음의 고무 플라스틱 절연 전력 케이블 중에서 154[kV]급 송전선에 사용 되는 게이블은?

① EP형 ② EV형 ③ CV형 ④ BN형

해설 고무 플라스틱 절연 케이블의 종류는

㉠ EP : 에틸렌 프로로프렌 고무절연 케이블

㉡ EV : 폴리에틸렌 절연 비닐외장 케이블

㉢ CV : 가교 폴리에틸렌 절연 비닐외장 케이블

㉣ BN : 부틸고무절연 클로로프렌 외장 케이블 【답】 ③

8. 다음 중 사용 전압이 가장 높은 케이블은?

① 벨트 케이블 ② SL 케이블

③ H 케이블 ④ OF 케이블

해설 케이블의 사용전압은 다음과 같다.

벨트 케이블 : 10~20[kV], SL 케이블 : 20~30[kV], H 케이블 : 20~30[kV] 【답】 ④

9. 20[kV]의 직접 매설식 지중 전선로에 사용한 케이블의 종류는?

① SL형 강대 외장 케이블

② H형 연피 케이블

③ OF형 쥬트 케이블

④ 벨트형 강대 외장 케이블

해설 직접식은 압력을 받기 때문에 강대 외장 케이블이 되어야 한다. SL형과 H형은 20~40[kV], 벨트형은 10[kV] 이하, OF형은 50[kV] 이상의 경우에 사용한다. 【답】 ①

10. 60[kV] 이상의 지중 송전선에 사용하는 케이블의 형은?

① H형 ② SL형 ③ OF형 ④ HSO형

해설 H 케이블은 10~30[kV]급의 전압에 사용되며 SL 케이블은 20~30[kV]급의 전압에 사용된다. OF 케이블은 40~200[kV]급에 HSO형은 3각형으로 된 것으로 H형에 속한다.

【답】 ③

선로 정수 제 4 장

송전 선로의 구성은 그림 4-1과 같이 저항(Resistor), 인덕턴스(Inductance), 누설 컨덕턴스(Leakage Conductance) 및 정전용량(Electrostatic Capacity)의 4 정수를 가진 하나의 연속된 전기 회로로서, 송전 선로의 전기 특성을 계산하는데는 이 선로 정수(line constant)를 먼저 충분히 이해하고, 응용 능력을 습득할 필요가 있다.

선로 정수는 전선의 종류, 굵기, 전선의 배치에 따라 정해지는 것으로써, 송전 전압, 전류 혹은 역률 등에 의하여 영향을 받지 않는 것이 원칙이다. 그러나 전류 밀도가 커지면 발열로 인한 온도 상승으로 저항이 증가하고, 또 고선압 송전 선로에서 코로나가 발생하면 정전용량이 다소 증가하거나, 누설 컨덕턴스가 커지는 일이 있으나 이것은 특별한 경우라고 생각한다.

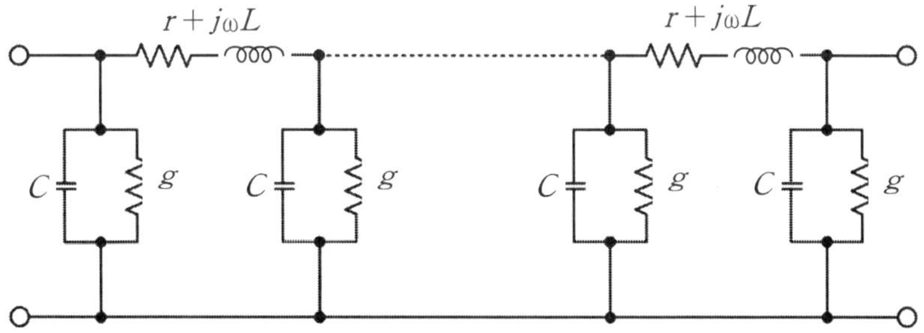

그림 4-1 가공 전선로의 선로 정수 구성

4.1 저 항

균일한 단면적을 가진 직선상 도체의 저항 R은 그 길이 l에 비례하고, 단면적 A에 반비례한다. 즉

$$R = \rho \frac{l}{A} [\Omega] \tag{4-1}$$

로 표시 되는데, 여기서, 비례 정수 ρ는 그 물질의 단위 단면적, 단위 길이의 저항을 나타내고, 이것을 **체적 저항률**(volume resistivity)이라 한다. 그 값은 물질의 종류, 온도 등에 따라서 정해진 단위 질량의 물질을 균일한 단면적의 단위 길이로 늘렸을 때의 저항으로서, 물질의 저항률을 나타낼 때가 있다. 이것을 **질량 저항**(mass resistivity)이라 하는데, 이 값은 체적 저항률에다 비중을 곱한 것이 된다.

일반적으로 체적 저항률을 **저항률**(resistivity, speciffic resistance) 또는 **비저항**이라 한다.

전선의 저항은 재질의 순도와 가공 방법과 가공 회수에 따라서도 많이 달라진다. 즉 순도가 높을수록 저항이 적어져서 도전율(conductivity)이 크게 되고 또 가공 횟수가 많을수록 저항이 커지게 되어 도전율이 감소한다.

그런데, 경동선 및 경알루미늄선의 도전율은 각각 97[%] 및 61[%]인데, 이것은 연동선의 도전율을 100[%]라고 하였을 때의 [%]도전율을 나타낸 것이다. 이것은 연동선의 체적 저항률(즉 단면적 1[mm^2], 길이 1[m]인 체적이 갖는 저항)이 $\frac{1}{58}$ [Ω · mm^2/m]인 것을 기준으로 한 각 재질의 저항률을 백분율로 표시한 것이다. 그러므로 도전율 C[%]인 어떤 재질의 저항률은 다음과 같다.

$$\rho = \frac{1}{58} \times \frac{100}{C} [\Omega \cdot \text{mm}^2/\text{m}] \tag{4-2}$$

표 4-1 전선의 도전율과 저항률

	도전율 [%]	저항률 [Ω · mm^2/m]	비 중
연동선	100	1/58	8.89
경동선	97	1/55	8.89
경알루미늄선	61	1/35	2.7

위의 기준에 의한 도전율이나 저항률은 모두 20[℃]를 기준으로 하고 있는데, 보통의 전선용 금속 도체는 온도 상승에 따라서 저항이 증가한다. 지금 어떤 전선의 온도 t_0[℃]에서의 저항을 R_{t0}, 온도 t[℃]에서의 저항을 R_t라 하면

$$R_t = R_{t0}\{1 + \alpha(t - t_0)\}[\Omega] \tag{4-3}$$

의 관계가 있다.

온도 계수 α도 대체로 20[℃]에서의 값을 기준으로 하지만, 다른 온도 t[℃]일 때의 계수 α_t는 식 (4-4)와 같이 다소 변화하는데, 일반적인 경우의 저항 변화는 20[℃]에서의 계수를 써도 큰 차는 없다.

$$\alpha_t = \frac{1}{\frac{1}{\alpha_{20}} + (t - 20)} \tag{4-4}$$

표준 연동의 온도 계수는 20[℃]에서 1deg에 대하여 0.00393(=1/254.5)이다. 도전율이 C[%]인 동선의 온도 계수 α_c는 $0.00393 \times C/100$로 하여 구할 수 있다.

그런데, 도전율 97[%]인 경동선의 온도 계수는 0.00381로 된다. 또한 20[℃]에서의 알루미늄선의 온도 계수는 0.0040이다.

4.1.1 표피효과

이것은 전선에 전류가 흐를 경우, 직류일 때는 전선의 단면 중 어느 부분이나 전류 밀도가 다 같아서 전선의 굵기는 전부 전류의 통로로 유효하게 쓰여진다. 그러나 교류인 경우에는 전선 중심부 일수록 자력선 쇄교수가 많아서 인덕턴스가 크게 된다. 그러므로 리액턴스가 크게 되기 때문에 중심부에는 전류가 통하기 어렵게 되고, 전선 표면에 가까울수록 통하기 쉬워진다. 그래서 전선의 유효 단면적이 줄게 되어, 교류인 경우의 실효저항(effective resistance)이 증가하는 결과가 된다. 이것을 **표피효과**라 한다. 표 4-2에 표피효과의 일예를 나타냈는데, 이 표를 보면, 전선 단면적이 커짐에 따라서 R/R_0이 커진다는 것을 알 수 있고, 또 주파수가 높아지면 더욱 크게 된다는 것을 알 수 있다. 또한 전선의 온도가 높을수록 표피효과가 적어지는 이유는 온도가 높게 되면 온도 계수에 의한 저항 증가가 있기 때문에 표피효과에 따른 저항의 증가율이 낮아진다.

표 4-2 경동선의 교류 저항과 직류 저항의 비

단면적 [mm²]	R/R_0(교류 저항/직류 저항)					
	50[Hz]			60[Hz]		
	50[℃]	65[℃]	75[℃]	50[℃]	65[℃]	75[℃]
500	1.015	—	—	1.073	—	—
1000	1.192	1.175	1.164	1.262	1.242	1.225

4.1.2 근접효과

표피효과에서는 도체를 한 가닥만으로 고찰하였는데 왕복선이면 그림 4-2 (a)와 같이 전류의 방향이 다르므로 전류는 안쪽으로 모인다.

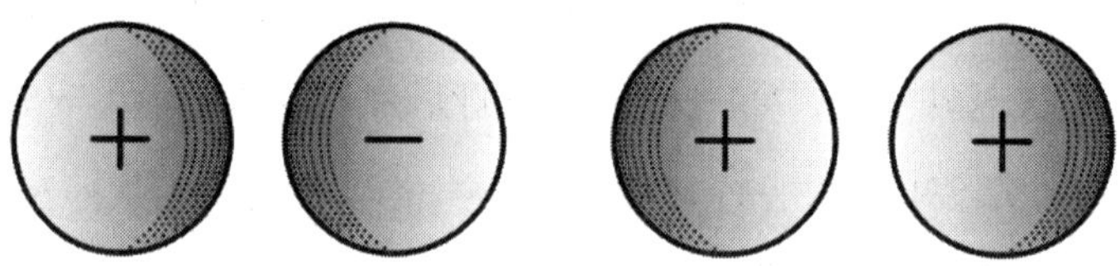

(a) (b)

그림 4-2 근접 효과

또한 두 선에 같은 방향의 전류가 흐르면 그림 (b)와 같이 전선의 반대쪽으로 전류가 모여서 표피효과와 같은 현상을 볼 수 있는데 이것을 **근접효과**(proximity effect)라고 한다. 연선에서는 전선이 꼬여지게 되므로 이것을 무시할 수 있으며, 보통의 전선에서도 실제로 이 작용은 무시하여도 좋다.

4.2 인덕턴스

전류가 흐르는 도선에 발생하는 자속 ϕ는 전류 I에 비례하므로 쇄교 자속($N\phi$)도 전류 I에 비례하고 다음과 같은 식으로 표현된다.(단, N은 권수)

$$N\phi = LI \tag{4-5}$$

여기서 비례상수 L[H]을 자기 인덕턴스(self inductance) 또는 자기 유도계수라 하고 회로의 크기, 모양, 주위 매질 등에 따라 결정되며 다음과 같이 정의된다.

$$L = \frac{N\phi}{I} \text{ [H]} \tag{4-6}$$

회로에 흐르는 전류가 시간에 따라 변화하면 전류의 변화를 방해하는 방향으로 전류의 시간적 변화율에 비례한 유도 기전력이 발생(변압기의 원리)한다.

또한 자속이 시간에 따라 변화하면 자속의 변화를 방해하는 방향으로 자속의 시간적 변화율에 비례한 유도 기전력이 발생(발전기의 원리)하며 다음과 같은 식으로 표현된다.

$$e = -L\frac{di}{dt} = -N\frac{d\phi}{dt} \text{ [V]} \tag{4-7}$$

다음에 A, B 두 회로에 전류 i_a, i_b가 흐르고 있을 때, i_b에 의해 A회로에 유도되는 기전력 e_a와 i_b에 의해 B회로에 유도되는 기전력 e_b는 각각 다음과 같다.

$$e_a = -M\frac{di_b}{dt}, \quad e_b = -M\frac{di_a}{dt} \text{ [V]} \tag{4-8}$$

여기서 비례상수 M[H]의 값은 서로 같으며, 이것을 AB 회로 사이의 상호 인덕턴스(mutual inductance) 또는 상호 유도계수라고 한다.

4.2.1 단상 및 3상 송전의 작용 인덕턴스

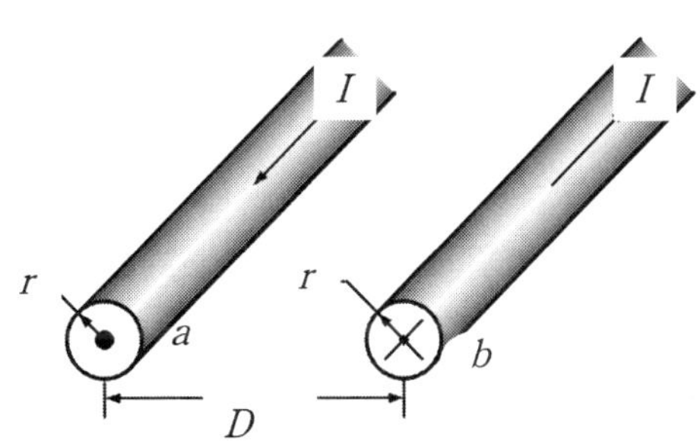

그림 4-3 왕복 2도선(단상 2선식)

a선의 단위 길이당 인덕턴스는 L_a[mH/km]를 나타내고 있고, b선에 대해서도 같은 결과를 얻을 수 있다.

$$L = L_a = L_b = \left(\frac{\mu_s}{2} + 2\log\frac{D}{r}\right) \times 10^{-7}\,[\mathrm{H/m}]$$

$$= 0.05\mu_s + 0.4605\log_{10}\frac{D}{r}\,[\mathrm{mH/km}] \tag{4-9}$$

보통 경동선이나 강심 알루미늄 연선에서는 μ_s(비유전율)는 1로 볼 수 있으므로, 일반적으로 전선 한가닥의 단위 길이당 인덕턴스는 다음과 같다.

$$L = 0.05 + 0.4605\log_{10}\frac{D}{r}\,[\mathrm{mH/km}] \tag{4-10}$$

식 (4-10)의 L은 왕복선, 즉 단위 전류 i과 $-i$가 흐르고 있는 경우의 인덕턴스인데 평형 상태의 교류 단상 2선식 또는, 직류 2선식의 1조 1[km]당의 인덕턴스로서, 이것을 특히 작용 인덕턴스(working inductance)라 한다. 그런데 식 (4-10)의 우변 제1항의 0.05는 제2항의 수치에 비해서 극히 적은 값이므로 약산에서는 이것을 무시해도 실용상 큰 지장이 없다.

3상 3선식 선로의 경우 그림 4-4와 같이 선간거리를 같게 하면 각 상의 인덕턴스는 같게 되므로 단상 2선식의 경우와 같이 작용 인덕턴스를 구할 수 있다.

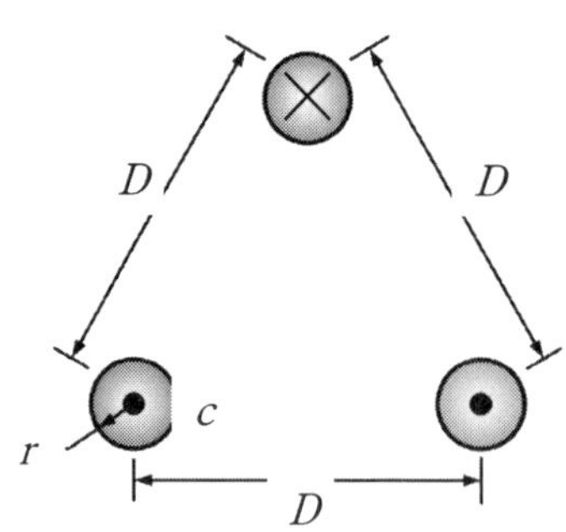

그림 4-4 3상 3선식

그러나 그림 4-5와 같이 선간 거리가 달라지면 각 상의 인덕턴스도 변동하므로 선로의 전압강하도 다르게 되고 송전단 전압이 평형상태에 있다 하더라도 수전단 전압은 불평형 상태가 된다. 이것을 방지하기 위하여 그림 4-6과 같이 전 길이를 3등분해서, 각 상에 속하는 전선이 전 구간을 통하여 각 위치를 일순하도록 도중의 개폐소나 철탑에서 연가를 하여 선로 전체의 각 상의 정수가 평형이 되도록 한다. 이 경우, a, b, c 3선간의 선간 거리가 불평형이므로 각각의 선간 거리는 다음과 같이 기하학적 평균거리(또는 등가 선간 거리)를 구하고 식 (4-10)을 적용하여 1선의 중성점에 대한 작용 인덕턴스를 구할 수 있다.

$$D = \sqrt[3]{D_{ab} \cdot D_{bc} \cdot D_{ca}} \text{ [m]} \tag{4-11}$$

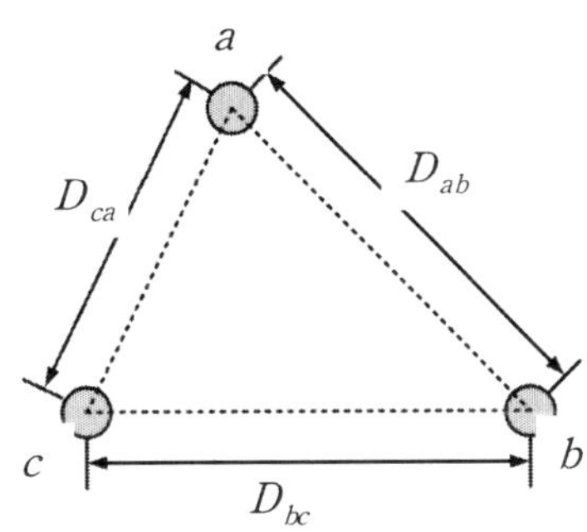

그림 4-5 선간 거리가 같지 않은 3상 1회선 송전선

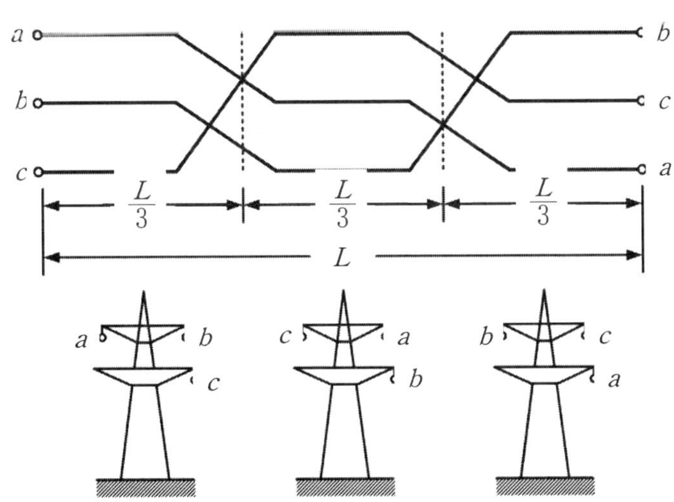

그림 4-6 연 가(transposition)

3상의 2회선 병가 송전선의 경우에 있어서도, 각 회선에 대칭 3상 전류를 흘리는 것으로 하고, 각 회선 내 및 양 회선 상호간에 완전 연가를 한 경우에는 다른

회선의 존재를 무시해서 3상 1회선의 경우와 같이 작용 인덕턴스의 계산이 된다.

4.2.2 대지 귀로 인덕턴스

전류가 전선을 통해서만 흐르고 대지에는 흐르지 않는 상태의 인덕턴스를 바로 작용 인덕턴스라 하는데, 이것은 정상 운전시 및 3상 단락, 선간 단락 등의 계산에 사용된다. 그러나 1선 지락, 2선 지락 및 단선 등의 경우에는 대지를 회로의 일부로 하여 전류가 흐르므로, 작용 인덕턴스는 그대로 사용할 수가 없다. 대지는 완전한 도체는 아니고, 땅속을 흐르는 전류는 대지 내부의 도전율이나 전류의 주파수 등에 따라서, 지표면 밑 수백에서 수천 [m]에 이르는 깊이의 곳을 상당히 넓은 폭에 걸쳐서 흐른다.

(1) 1선과 대지 귀로의 경우

지표상 h[m]의 높이에 가설된 반경 r[m]의 전선을 왕복로로 하고, 대지를 귀로로 하여 전류를 통하면 대지 중의 전류는 편의상 이것과 등가적으로 그림 4-7과 같이 지표면 밑 H[m]인 깊이의 곳에 집중해서 흐른다고 가정한다. 그러면 대지를 귀로로 하는 가공 전선로의 인덕턴스 L_e는 다음 식과 같이 계산할 수 있다.

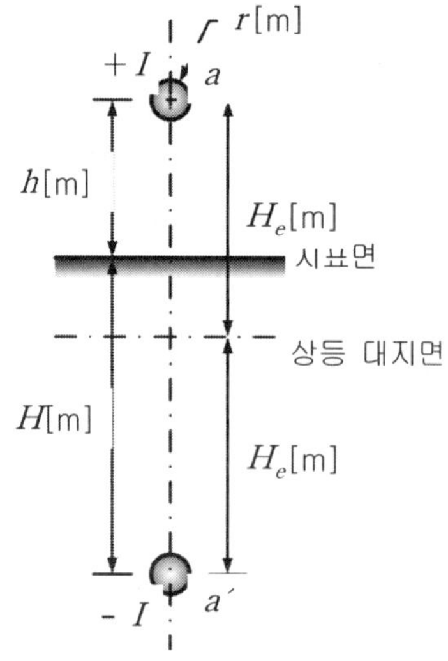

그림 4-7 1선과 대지 귀로

$$L_e = \left(1 + 2\log\frac{h+H}{r}\right)\times 10^{-7}[\text{H/m}] = 0.1 + 0.4605\log_{10}\frac{2H_e}{r}[\text{mH/km}] \quad (4\text{-}12)$$

예 제 길이가 35[km]인 단상 2선식 전선로의 유도 리액턴스를 구하시오.(단 전선로의 단위 길이당 인덕턴스는 1.3[mH/km], 주파수 60[Hz])

해설 $X_L = 2\pi f L l = 2\pi\times 60\times 1.3\times 10^{-3}\times 2\times 35 = 34.3[\Omega]$

예 제 반지름 14[mm]의 ACSR로 구성된 완전 연가된 3상 1회선 송전 선로가 있다. 각 상간의 등가 선간 거리가 2800[mm]라고 할 때, 이 선로의 [km]당 작용 인덕턴스를 구하시오.

해설 $L = 0.05 + 0.4605\log_{10}\frac{D}{r}$

$= 0.05 + 0.4605\log_{10}\frac{2800}{14} = 1.11[\text{mH/km}]$

예 제 3상 3선식 송전선을 연가할 경우 일반적으로 전체 선로의 몇 배수로 등분해서 연가를 하고, 연가의 효과에 대해 쓰시오.

해설 3상 3선식에는 상이 셋이므로 3상의 선로 정수를 평형 시키려면 3배수로 한다.
연가의 효과 : 선로 정수 평형, 임피던스 평형, 소호 리액터 접지시 직렬 공진 방지, 유도 장애 감소

4.3 정전용량

고립된 한 개의 도체에 전하(전기량) Q[C]를 주었을 때의 전위를 V[V]라 하면 전하량 Q와 전위 V는 서로 비례하여 다음과 같이 정의된다.

$$Q = CV \text{ 또는 } C = \frac{Q}{V}[\text{C/V}], [\text{F}] \quad (4\text{-}13)$$

위의 정의 식에서 비례상수 C를 **정전용량**(electrostatic capacity) 또는 **캐패시**

턴스(capacitance)라 하고 "일정한 전위 V를 주었을 때 전하(전기량) Q를 축적하는 능력"을 말한다. 그리고 정전용량의 역수를 **엘라스턴스**(elastance)라고 한다.

두 도체 A, B에서 도체 A에는 $+Q$[C], 도체 B에는 $-Q$[C]의 전하를 줄 때 도체 A, B간의 전위차를 V_{AB}[V]라고 하면 다음 식과 같이 정의되고 두 도체간의 정전용량을 나타낸다.

$$Q = CV_{AB} \text{ 또는 } C = \frac{Q}{V_{AB}} \text{ [F]} \qquad (4\text{-}14)$$

따라서 두 도체간의 정전용량은 도체간의 전위차를 단위 전위차만큼 높이기 위해 도체에 충전되는 전하라고 말할 수 있다.

식 (4-13)과 식 (4-14)는 본질적으로 같은 의미를 가지는데 예를 들어 두 도체 중의 어느 한쪽의 B도체를 무한히 먼 곳에 놓으면 도체간의 전위차는 도체 A의 전위와 같게 되어 결국 식 (4-14)와 같이 된다.

가공 선로에는 전선 상호간 또는 대지 사이에 공기를 유전체로 하는 선간 정전용량과 대지 정전용량이 존재하기 때문에 선로에 전압이 가해지면 충전 전류가 흐르게 된다.

그러므로 송전 선로에서는 정전용량의 값을 무시할 수 없고, 한선과 중성선 사이의 선간 정전용량(상호 정전용량)과 대지 정전용량(자기 정전용량)을 합하여 **작용 정전용량**(working capacitance)이라 한다.

그림 4-8과 그림 4-9에는 단상 2선식과 3상 3선식의 정전용량에 대한 등가회로를 나타내고 C_s는 대지 정전용량, C_m은 선간 정전용량이다.

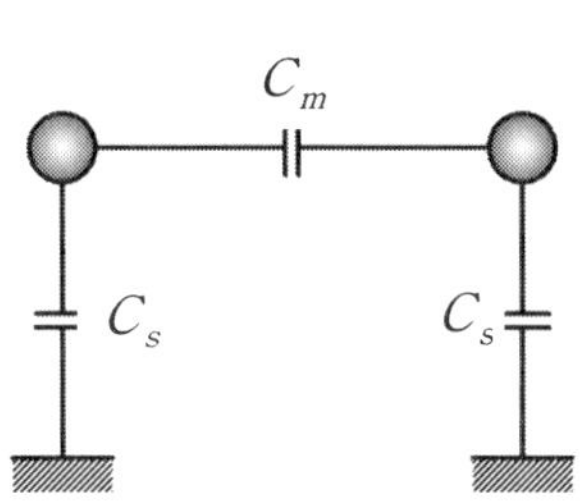

그림 4-8 단상 2선식의 정전용량

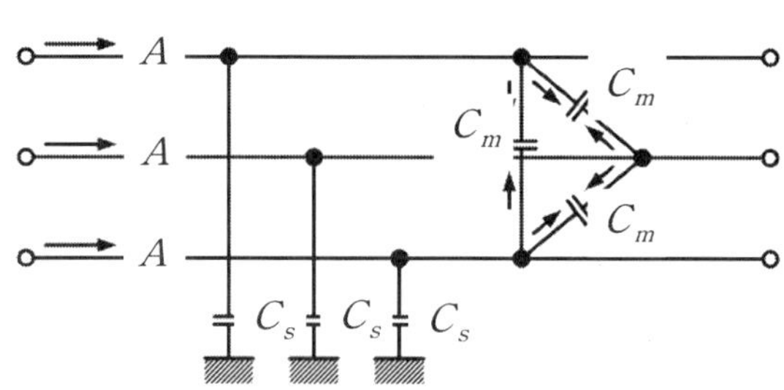

그림 4-9 3상 3선식의 정전용량

그림 4-9에서 대지정전용량 C_s는 Y결선이므로 선로를 충전할 경우 C_s에 걸

리는 전압은 Y결선에 의한 전압이고, 선간 정전용량 C_m은 Δ결선이므로 선로를 충전할 경우 C_m에 걸리는 전압은 Δ결선에 의한 전압이다.

그러므로 $Y-\Delta$결선 사이에는 크기와 위상이 각각 $\sqrt{3}$배, 30°씩 서로 다르기 때문에 C_s의 충전전류를 구하거나 C_m의 충전전류를 구할 때 여기에 걸리는 전압에 주의하여야 한다.

4.3.1 왕복 2선간의 정전용량

반경 r[m]의 무한장 직선상의 2도체 a, b가 그림 4-10과 같이 D[m]의 간격으로 병행 가선 되어서 그 단위 길이당 각각 $+Q$[C/m] 및 $-Q$[C/m]의 전하가 주어져 있다. 그리고 $D \gg r$이라 하면 전하는 각 전선의 중심선 상에 집중되어 있다고 볼 수 있다.

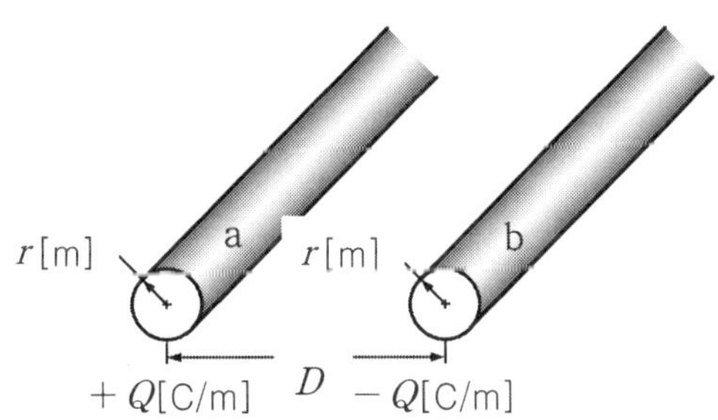

그림 4-10 왕복 2도선의 정전용량

전선 a, b간의 단위 길이당의 정전용량은 $C_{ab} = Q/V_{ab}$로 되고, 그림 4-11에서 1선과 중성점간의 정전용량, 즉 작용 정전용량(working capacitance)은 $C = 2C_{ab}$이므로 다음 식과 같다.

$$C = \frac{1}{2\log\frac{D}{r} \times 9 \times 10^9} = \frac{0.02413}{\log_{10}\frac{D}{r}} \ [\mu\text{F/km}] \qquad (4\text{-}15)$$

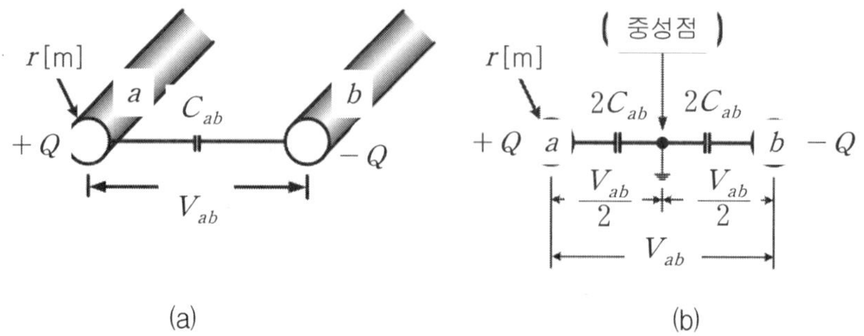

그림 4-11 1선과 중성점간의 정전용량

그림 4-12와 같은 단상 2선식 선로에서 전선의 반지름을 r[m], 선간 거리를 D [m]라고 하면 작용 정전용량은 다음 식과 같다.

$$C = C_s + 2C_m = \frac{0.02413}{\log_{10}\frac{D}{r}} \ [\mu\text{F/km}] \tag{4-16}$$

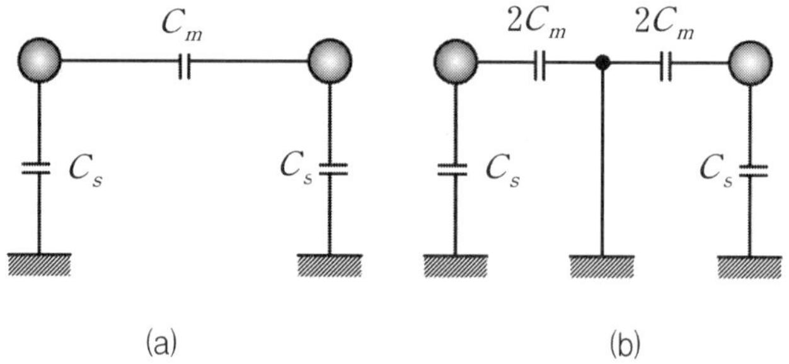

그림 4-12 단상 2선식 정전용량

그리고 그림 4-13과 같은 3상 3선식 선로에서 그림 (a)의 Δ결선으로 되어 있는 선간 정전용량을 Y결선으로 변환하면 그림 (b)와 같고 작용 정전용량은 다음 식과 같다.(단, 각 상의 전압이 평형인 경우)

$$C = C_s + 3C_m = \frac{0.02413}{\log_{10}\frac{D}{r}} \ [\mu\text{F/km}] \tag{4-17}$$

하지만 각 상의 전압이 불평형인 경우에는 그림 4-13과 같이 $C = C_s + 3C_m$의 관계는 성립하지 않는다.

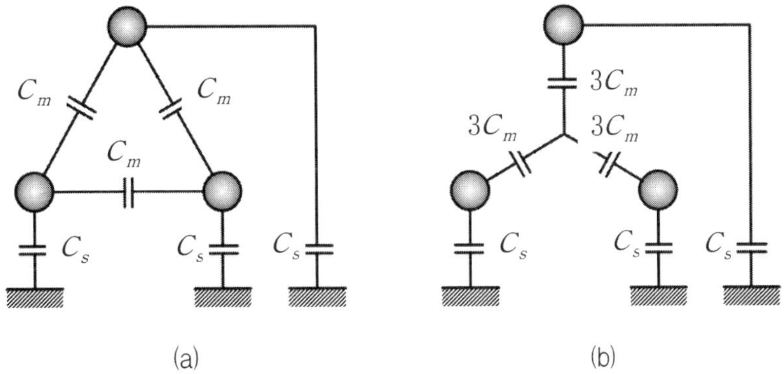

그림 4-13 3상 3선식 정전용량

4.3.2 대지 정전용량

대지에 동일 높이로 가설된 단상 2선식에서 단상 1회선의 대지 정전용량 C_s는 다음 식과 같다.

$$C_s = \frac{0.02413}{\log_{10}\frac{4h^2}{rD}} [\mu F/km] \tag{4-18}$$

여기서, 도체 반지름 r[m], 도체 등가 선간 거리 D[m], 도체 평균 지상 높이 h[m] 그리고 대지에 동일 높이로 가설된 3상 3선식에서 3상 1회선의 대지 정전용량 C_s는 다음 식과 같다.

$$C_s = \frac{0.02413}{\log_{10}\frac{4h^3}{rD^2}} [\mu F/km] \tag{4-19}$$

예 제 3상 3선식 송전 선로에 있어서 각 선의 대지 정전용량이 0.5096[μF]이고, 선간 정전용량이 0.1295[μF]일 때 1선의 작용 정전용량을 구하시오.

해설 $C = C_s + 3C_m = 0.5096 + 3 \times 0.1295 = 0.8981[\mu F]$

4.4 누설 컨덕턴스

애자의 누설 저항은 건조시에 대단히 커서, 그 역수인 누설 컨덕턴스(leakage conductance)는 매우 적으므로 송전선의 특성을 검토할 때의 선로 정수, 병렬 어드미턴스는 정전용량에 대한 서셉턴스만을 고려하고 누설 컨덕턴스는 무시할 수 있다. 우천시에는 상당한 누설 전류가 흐르는 일도 있으나, 예외의 일이다. 송전선의 전압 인가에 앞서서 누설 저항을 절연 저항계로 측정하는 일도 있지만, 일반적으로 장거리이고, 유도 등의 위험 전압이 발생하는 수가 있으므로 보통은 행하지 않는다.

이 밖에 코로나 발생에 수반하는 손실을 등가적으로 누설 컨덕턴스로 생각하는 경우도 있다.

1선의 누설 컨덕턴스를 g[℧/km], 대지 정전용량을 C[F/km]라 하면 병렬 어드미턴스 $\dot{Y}$는 다음과 같이 된다.

$$\dot{Y} = g + jB = g + j\omega C \,[℧/\text{km}] \tag{4-20}$$

여기서, 컨덕턴스 $g(1/R)$, 서셉턴스 $B(1/X,\ X$: 리액턴스)

4.5 다도체 가공 송전 선로의 선로 정수

최근 대용량 초고압 송전선에는 다도체(plural or double conductor) 가공 송전 방식이 채용되고 있다. 다도체란 3상 송전 선로에서 1상의 전선이 2줄 이상으로 한 것을 말한다.

우리나라에서도 154[kV], 345[kV] 가공 송전선에는 다도체를 사용하고 있다.

다도체 송전선의 이점은 단도체 방식과 비교하면

① 송전선의 인덕턴스는 20[%]정도 감소되고 정전용량은 20[%] 증가하므로 송전용량을 증대 시킬 수 있다.

② 등가 단면적이 증가함으로써 전선 표면의 전위 경도를 감소시키고, 코로나 개시 전압을 높여 코로나 손실을 감소시킬 수 있다.

③ 선로 계통에 안정도를 증대 시킬 수 있다.

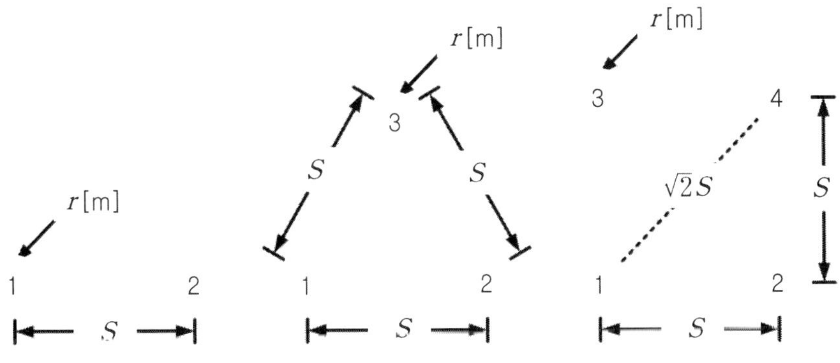

(a) 2도체 (b) 3도체 (c) 4도체

그림 4-14 다도체 소선의 배치

(1) 인덕턴스

소도체의 반지름을 r[m], 소도체수를 n, 소도체 간격을 S[m]라고 할 때 다도체의 도체 소선이 일반적으로 n도체식의 작용 인덕턴스가 $\mu_s=1$이므로 L_n은

$$L_n - \frac{0.05}{n} + 0.4605 \log_{10} \frac{D}{\sqrt[n]{rS^{n-1}}} \text{ [mH/km]} \qquad (4\text{-}21)$$

2도체에서는 $L_2 = 0.025 + 0.4605 \log_{10} \frac{D}{\sqrt{rS}}$ [mH/km]

3도체에서는 $L_3 = 0.0167 + 0.4605 \log_{10} \frac{D}{\sqrt[3]{rS^2}}$ [mH/km]

4도체에서는 $L_4 = 0.0125 + 0.4605 \log_{10} \frac{D}{\sqrt[4]{rS^3}}$ [mH/km]

단, 4도체의 경우 소도체 상호간의 기하학적 평균거리 S는 다음과 같다.

$$S = \sqrt[3]{S_0 \times 2\sqrt{S_0} \times S_0} = \sqrt[6]{2} \times S_0$$

다도체의 대지귀로 인덕턴스의 경우는 다음 식과 같다.

$$L_e = \frac{0.05(n+1)}{n} + 0.4605 \log_{10} \frac{2H_e}{\sqrt[n]{rd^{n-1}}} \text{ [mH/km]} \qquad (4\text{-}22)$$

여기서, 소도체수 n, 상당 대지면 깊이 H_e[m], 소도체 반지름 r[m], 선간거리

D[m]이다.

(2) 정전용량

정전용량 계산에 있어서도 등가 반지름 r_e는 인덕턴스 공식을 이용하여 대입하면 된다. 즉, 작용 정전용량 C_n은 다음 식과 같다.

$$C_n = \frac{0.02413}{\log_{10}\frac{D}{\sqrt[n]{rS^{n-1}}}}\,[\mu\text{F/km}] \qquad (4\text{-}23)$$

2도체에서는 $C_2 = \dfrac{0.02413}{\log_{10}\frac{D}{\sqrt{rS}}}\,[\mu\text{F/km}]$

3도체에서는 $C_3 = \dfrac{0.02413}{\log_{10}\frac{D}{\sqrt[3]{rS^2}}}\,[\mu\text{F/km}]$

4도체에서는 $C_4 = \dfrac{0.02413}{\log_{10}\frac{D}{\sqrt[4]{rS^3}}}\,[\mu\text{F/km}]$

단, 4도체의 경우 소도체 상호간의 기하학적 평균 거리 S는 다음과 같다.

$$S = \sqrt[3]{S_0 \times 2\sqrt{S_0} \times S_0} = \sqrt[6]{2} \times S_0$$

일반적으로 다도체의 선로 정수는 단도체에 비해서 인덕턴스 L은 약 20~30[%]정도 감소되고 정전용량은 반대로 약 20~30[%] 증가되고 있다.

예 제 송전 계통에서 복도체가 사용되는 이유를 쓰시오.

해설 전선의 등가 반지름이 증가 ⇒ 인덕턴스 감소, 정전용량 증가 ⇒ 송전용량 증가하여 안정도 증진, 코로나 임계전압 상승으로 코로나 방지

단도체 $L = 0.05 + 0.4605 \log_{10} \frac{D}{r}$

$$C = \frac{0.02413}{\log_{10} \frac{D}{r}}$$

복도체 $L = \frac{0.05}{n} + 0.4605 \log_{10} \frac{D}{\sqrt[n]{rs^{n-1}}}$

$$C = \frac{0.02413}{\log_{10} \frac{D}{\sqrt[n]{rs^{n-1}}}}$$

연 습 문 제

1. 전선에서 전류의 밀도가 도선의 중심으로 들어갈수록 작아지는 현상은?

① 페란티 효과 ② 표피 효과
③ 근접 효과 ④ 접지 효과

해설 전류가 도체 표면에 집중하는 현상을 표피 효과라 한다. 【답】 ②

2. 송전 선로의 저항을 $[R]$, 리액턴스를 $[X]$라 하면 어떤 식이 성립 하는가?

① $R>X$ ② $R<X$ ③ $R=X$ ④ $R\leq X$

해설 송전 선로: 선로 정수 저항 $\left(R=\rho\frac{l}{A}\right)$ $\therefore R<X$

부하: 부하 저항 $\left(R=\frac{V^2}{P}\right)$ $\therefore R>X$ 【답】 ②

3. 선간 거리가 D[m], 반지름 r[m]인 선로의 인덕턴스 L은 얼마인가?

① $0.05\mu_s+0.4605\log_{10}\frac{D}{r}$ [mH/km]

② $0.5\mu_s+0.4605\log_{10}\frac{D}{r}$ [mH/km]

③ $0.05\mu_s+0.4605\log_{10}\frac{r}{D}$ [mH/km]

④ $0.5\mu_s+0.4605\log_{10}\frac{r}{D}$ [mH/km]

해설 전선 1가닥의 인덕턴스를 L, 선간 거리를 D[m], 전선의 반지름을 r[m]라고 하면,

$L=0.05[\mu s]+0.4605\log_{10}\frac{D}{r}$ [mH/km] 【답】 ①

4. 연가(transposition) 해도 효과가 없는 것은?

① 직렬 공진의 방지 ② 통신선의 유도 장해의 감소
③ 대지 정전용량의 감소 ④ 선로 정수의 평형

해설 연가는 전자유도 되는 크기와 각 상의 정전유도 되는 크기를 같게하기 위하여 전 구

간을 3등분하여 위치를 바꾸는 것으로 목적은

① 선로정수 평형(L. C 同)

② 중성점 전압이 0이므로 직렬 공진 방지 및 통신선의 유도장해가 감소된다.

【답】 ③

5. 초고압 송전 선로에서 복도체를 사용하는 주된 목적은 무엇인가?

① 서지 임피던스 증가 ② 정전용량의 감소

③ 리액턴스 증기 ④ 코로나 현상 방지

해설 복도체는 3상 송전선의 한 가닥의 전선을 두 가닥으로 한 것인데, 그 주 목적은 코로나(corona)의 방지를 위한 것이다. 【답】 ④

6. 교류 송전에서 송전 거리가 멀어질수록 동일 전압에서의 송전 가능 전력이 적어진다. 그 이유는?

① 선로의 어드미턴스가 커지기 때문이다.

② 선로의 유도성 리액턴스가 커지기 때문이다.

③ 코로나 손실이 증가하기 때문이다.

④ 저항 손실이 커지기 때문이다.

해설 교류 송전 선로에서 송전 거리가 멀어지면 선로 정수가 모두 증가한다.

그러나 초고압 장거리 송전 선로에서는 저항과 정전용량은 유도성 리액턴스에 비해서 적으므로 그다지 크게 영향을 미치지 못한다.

$P=\frac{E_S E_R}{X}\sin\delta$ 에서와 같이 선로의 유도 리액턴스가 커지기 때문에 영향이 크다.

【답】 ②

7. 복도체 방식이 가장 적당한 송전 선로는?

① 저전압 송전 선로 ② 고압 송전 선로

③ 특별 고압 송전 선로 ④ 초고압 송전 선로

【답】 ④

8. 송배전 선로의 작용 정전용량은 무엇을 계산하는데 사용 하는가?

① 비접지 계통의 1선 지락 고장시 지락 고장 전류 계산

② 정상 운전시 선로의 충전 전류 계산

③ 선간 단락 고장시 고장 전류 계산

④ 인접 통신선의 정전 유도 전압 계산

【답】 ②

9. 송전 선로의 선로 정수 중 보통 회로 계산에서 무시해도 실용상 큰 지장이 없는 것은?

① 정전용량 ② 인덕턴스

③ 저항 ④ 누설 컨덕턴스

해설 송전 선로의 누설 저항으로는 애자의 표면의 누설 전류에 대한 저항이 주가 되므로 그 값은 대단히 크고 누설 컨덕턴스는 아주 작은 값으로 된다. 따라서 송전 선로의 병렬 어드미턴스는 정전 용량에 대한 서셉턴스만을 생각하고 누설 컨덕턴스는 무시하는 것이 보통이다.

【답】 ④

10. 선간 거리 5[m], 전선 지름 1[cm]의 3상 가공 송전선의 1선의 작용 정전용량값 [μF/km]은 대략 얼마인가?

① 0.8 ② 0.08 ③ 0.008 ④ 0.0008

해설 5[m]를 등가 선간 거리라고 생각하면

$$C=\frac{0.02413}{\log_{10}\frac{D}{r}}=\frac{0.02413}{\log_{10}\frac{5}{0.5\times10^{-2}}}$$

$$=\frac{0.02413}{\log 10^3}=\frac{0.02413}{3}=0.00804[\mu F/km]$$

【답】 ③

송전선의 전기적 특성 제5장

교류 송전에서 전압강하(송·수전단의 전압차)와 송전용량(송전선의 에너지 수송능력)은 중요한 부분이다. 일반적으로 소규모의 송전선을 제외하고는 송전 전력이 전선의 안전 전류 한도보다는 선로의 리액턴스에 의해 제한된다. 전압 변동이 크다는 것은 절연 설계상 불리하고 수전 설비에도 나쁜 영향을 미치게 된다.

송전선의 평상 운전시의 여러 가지 특성. 즉, 송전단, 수전단이나 선로의 임의의 지점의 전압, 전류, 전력, 무효 전력, 역률, 전압 강하, 전력 손실 등을 정확히 계산하려면 선로의 저항, 인덕턴스, 정전용량 및 누설 컨덕턴스가 균일하게 분포된 분포 정수 회로(distributed constant circuit)로 취급해야 한다.

그러나 선로의 길이가 짧은 경우에는 선로 정수가 한 곳 또는 여러 곳에 집중된 집중 정수 회로(lumped constant circuit)로 취급해도 관계없다.

① 수십 [km] 정도의 짧은 송전 선로에서는 정전용량과 누설 컨덕턴스를 무시하고 저항과 인덕턴스만이 한 곳에 집중되어 있다고 생각해도 된다.

② 선로의 길이가 50~100[km] 정도의 중거리 송전 선로에서는 누설 컨덕턴스를 무시하고, 정전용량이 선로의 중앙 또는 양단에 집중되어 있는 T형 회로 또는 π형 회로로 생각해도 만족한 결과를 얻을 수 있다.

③ 선로의 길이가 100[km] 이상 장거리 송전 선로에서는 누설 컨덕턴스까지 고려한 분포 정수 회로로 취급해야 한다.

송전 선로는 거의 3상 3선식이고, 그 운용은 정상상태가 대부분이므로 예기치 않는 고장 상태를 제외하고는 언제나 평형 상태에 있으므로 3상 대칭 회로로 생각해도 좋다. 따라서 이때의 전기적 계산에는 1선과 중성선간의 1상, 즉 등가 단상 회로로 취급해서 계산하면 된다.

5.1 전압 강하와 전압 변동률

5.1.1 전압 강하

전선로에 전압이 가해졌을 때 송전단(sending end)의 전압 $\dot{E}_s$는 수전단(receiv-ing end)의 전압 $\dot{E}_r$보다 높고, 또 위상각은 앞서 있다. 보통 선간 전압으로 나타내어서 전압 강하(voltage drop) v[V]는 다음 식과 같다.

$$v=\sqrt{3}(E_s-E_r) \tag{5-1}$$

즉 발전소와 변전소의 배전반의 전압계의 지시차가 전압 강하로 된다. 중요한 송전선에서는 부하의 증감에 관계없이 자동 전압 조정기(AVR)를 갖추어 송수 양단의 전압을 언제나 일정하게 유지하면서 운전하므로, 이와 같은 선로에서는 전압 강하는 일정한 것이 된다.

또, 전압 강하율(percentage voltage drop)[%]은 다음 식과 같다.

$$\text{전압 강하율}=\frac{E_s-E_r}{E_r}\times 100[\%] \tag{5-2}$$

이것은 발전소가 변전소보다 몇 [%] 높은 전압으로 운전하는 가의 비율을 나타내는 것이다.

5.1.2 전압 변동률

전부하시에 수전단을 개방했을 때의 수전단 전압의 크기를 E_0, 전부하시의 수전단 전압의 크기를 E_r이라 하면, 전압 변동률[%]은 다음과 같다.

$$\text{전압 변동률}=\frac{E_0-E_r}{E_r}\times 100[\%] \tag{5-3}$$

그러므로 전압 변동률이란 전부하가 변전소에서 차단되었을 경우, 개방 단자의 전압은 차단전의 전압보다 몇 [%] 높아지는가를 나타내는 것이다. 이것은 부하가 변화했을 때에 변전소의 전압 변동의 정도를 아는 하나의 척도가 되는 것이다. 전압 강하율의 최대치는 주요 간선 송전 선로는 10[%] 정도, 최고 전압에서는 15[%] 정도이고, 분기선이나 발전소 사이의 연락선 등은 5[%]가 표준으로 되어 있다. 선로가 길어지거나, 초고압 송전선 등에서는 선로의 정전용량이 크게 작용하여 수전단이 차단되어도 상당한 충전 전류가 흘러서 전압 변동률은 전압 강하율 보다 훨씬 크게 된다.

5.2 단거리 송전 선로

전선로의 길이가 20~30[km] 정도의 단거리 송전선에는 누설 인덕턴스와 정전용량을 무시하고 그림 5-1에 나타낸 바와 같이 저항과 인덕턴스가 한 곳에 집중한 집중 회로로 다루면 편리하다.

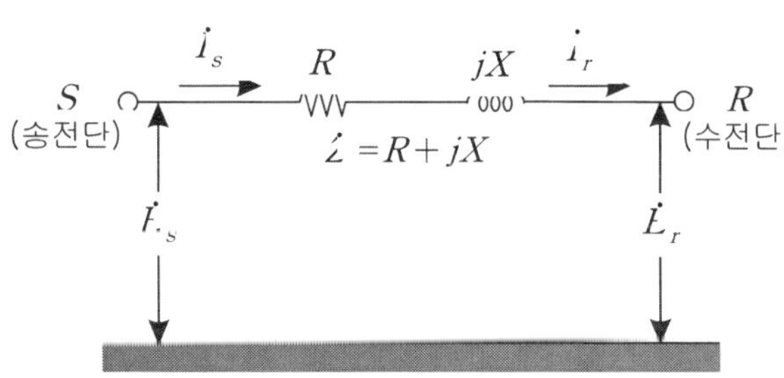

그림 5-1 단거리 송전선

전류는 송전단과 수전단이 같으므로 $\dot{I}_s=\dot{I}_r=\dot{I}$로 되고, $\dot{I}$를 기술 벡터로 잡으면 그림 5-2에서 다음과 같은 계산식을 얻을 수 있다.

$$\left.\begin{aligned}\dot{I}_s&=(E_r\cos\Theta_r+IR)+j(E_r\sin\Theta_r+IX)[\mathrm{V}]\\ \dot{E}_s&=\sqrt{(E_r\cos\Theta_r+IR)^2+(E_r\sin\Theta_r+IX)^2}[\mathrm{V}]\end{aligned}\right\}\qquad(5\text{-}4)$$

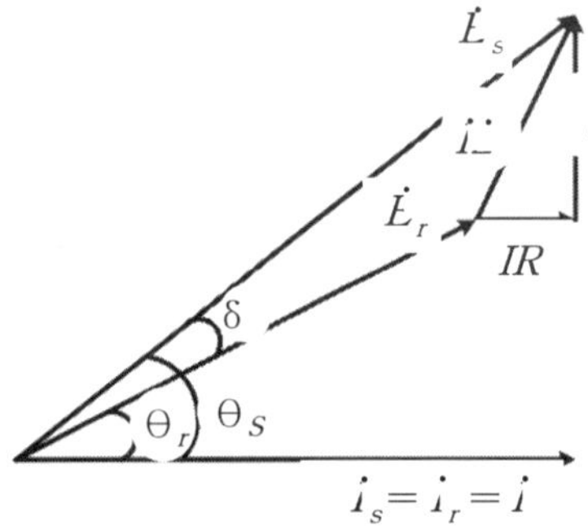

$\dot{E}_s$, $\dot{E}_r$: 송 · 수전단의 상전압[V]

$\dot{I}_s$, $\dot{I}_r$: 송 · 수전단의 선전류[A]

$\cos\theta_s$, $\cos\theta_r$: 송 · 수전단의 역률

R: 전선 한 가닥의 전 저항[Ω]

X: 전선 한 가닥의 리액턴스[Ω]

$\dot{Z}$: 전선 한 가닥의 전 임피던스[Ω]

그림 5-2 전압 전류의 벡터도($\dot{I}$ 기준)

수전단 전압 $\dot{E}_r$을 기준으로 한 벡터도를 그리면 그림 5-3과 같다.

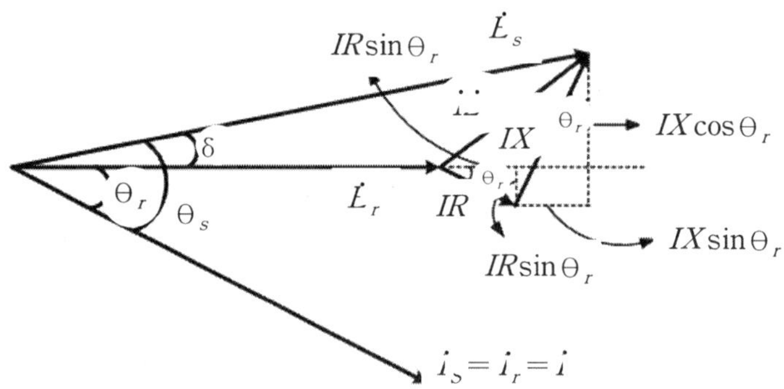

그림 5-3 전압 전류의 벡터도($\dot{E}_r$ 기준)

그림 5-3에서

$$\left.\begin{aligned}\dot{E}_s &= (E_r + IR\cos\theta_r + IX\sin\theta_r) + j(IX\cos\theta_r - IR\sin\theta_r)[\mathrm{V}] \\ \dot{E}_r &= \sqrt{(E_r + IR\cos\theta_r + IX\sin\theta_r)^2 + (IX\cos\theta_r - IR\sin\theta_r)^2}[\mathrm{V}]\end{aligned}\right\} \quad (5\text{-}5)$$

로 되는데, 단거리 송전 선로나 배전 선로에서는 $\dot{E}_s$와 $\dot{E}_r$은 거의 겹쳐져서 $\theta_s \fallingdotseq \theta_r$로 되므로, 실용적으로는 식 (5-5)의 제2항을 무시하면 다음과 같다.

$$\left.\begin{aligned}E_s &\fallingdotseq E_r + I(R\cos\theta_r + X\sin\theta_r)[\mathrm{V}] \\ e &= E_s - E_r = I(R\cos\theta_r + X\sin\theta_r)\end{aligned}\right\} \quad (5\text{-}6)$$

따라서 송전단의 선간 전압을 $V_s(=\sqrt{3}E_s)$, 수전단 전압을 $V_r(=\sqrt{3}E_r)$라 하면, 식 (5-6)은 다음과 같다.

$$V_s \fallingdotseq V_r + \sqrt{3}I(R\cos\theta_r + X\sin\theta_r) \tag{5-7}$$

그러므로 선간 전압 강하 v는

$$v = V_s - V_r \fallingdotseq \sqrt{3}I(R\cos\theta_r + X\sin\theta_r)[\text{V}] \tag{5-8}$$

여기서 선간 전압 강하 v는 상전압 강하 e의 $\sqrt{3}$배가 됨을 알 수 있다.

$$v = \sqrt{3}\,e[\text{V}]$$

전압 강하율은 다음과 같이 된다.

$$\varepsilon = \frac{V_s - V_r}{V_r} \times 100 = \frac{\sqrt{3}I}{V_r}(R\cos\theta_r + X\sin\theta_r) \times 100[\%] \tag{5-9}$$

송전단 역률은

$$\cos\theta_s = \frac{E_r\cos\theta_r + IR}{\sqrt{(E_r\cos\theta_r + IR)^2 + (E_r\sin\theta_r + IX)^2}} \tag{5-10}$$

그리고 수전단 전력은

$$P_r = 3E_rI\cos\theta_r = \sqrt{3}\,V_rI\cos\theta_r[\text{W}] \tag{5-11}$$

로 되고, 선로 손실을 $P_l = 3I^2R[\text{W}]$라 하면, 송전단 전력은 다음과 같이 된다.

$$P_s = \sqrt{3}\,V_sI\cos\theta_s = P_r + 3I^2R[\text{W}] \tag{5-12}$$

예 제 3상 3선식 송전 선로에서 선전류가 144[A]이고 1선당 저항이 7.12[Ω]일 때 선로의 전력손실을 구하시오.(단, 수전단 전압 60[kV], 역률 0.8)

해설 $P_l = 3I^2R = 3 \times 144^2 \times 7.12 \times 10^{-3} \simeq 443[\text{kW}]$

예 제 3상 3선식 선로에서 수전단 전압 6.6[kV], 역률 80[%](지상), 600[kVA]의 3상 평형부하가 연결되어 있다. 선로 임피던스 $R=3[\Omega]$, $X=4[\Omega]$일 때 송전단 전압을 구하시오.

해설 $V_s = V_r + \sqrt{3}I(R\cos\theta + X\sin\theta)$

$$= 6600 + \sqrt{3} \times \frac{600 \times 10^3}{\sqrt{3} \times 6600}(3 \times 0.8 + 4 \times 0.6) = 7037[\text{V}]$$

예 제 송전단 전압이 6600[V], 수전단 전압은 6100[V]이다. 수전단의 부하를 끊은 경우 수전단 전압이 6300[V]일 때 전압 강하율과 전압 변동률을 구하시오.

해설 전압 강하율 $\varepsilon = \frac{V_s - V_r}{V_r} \times 100 = \frac{6600 - 6100}{6100} \times 100 = 8.2[\%]$

전압 변동율 $\delta = \frac{V_{r0} - V_r}{V_r} \times 100 = \frac{6300 - 6100}{6100} \times 100 = 3.28[\%]$

5.3 중거리 송전 선로

송전 선로의 길이가 50~100[km] 정도에서는 누설 컨덕턴스는 무시할 수 있으나 정전용량의 영향은 무시할 수 없다. 따라서 정전용량은 선로에 고르게 분포되어 있으나 취급하기가 어려우므로, 전 어드미턴스 $\dot{Y}$를 모두 중앙에 집중해 있다고 생각하는 것과 송수 양단에 $\frac{\dot{Y}}{2}$씩 집중해 있는 것으로 생각하여 다음에 설명하는 T회로 및 π회로로 해서 계산해도 된다.

5.3.1 T회로

그림 5-4와 같이 정전용량을 표시하는 병렬 어드미턴스 Y는 중앙에 두고, 선로의 임피던스 Z를 이등분해서 양단에 접속한 등가 회로를 만들어 각 부분의 전압, 전류를 그림 5-4와 같이 정하면 다음과 같은 관계를 얻을 수 있다.

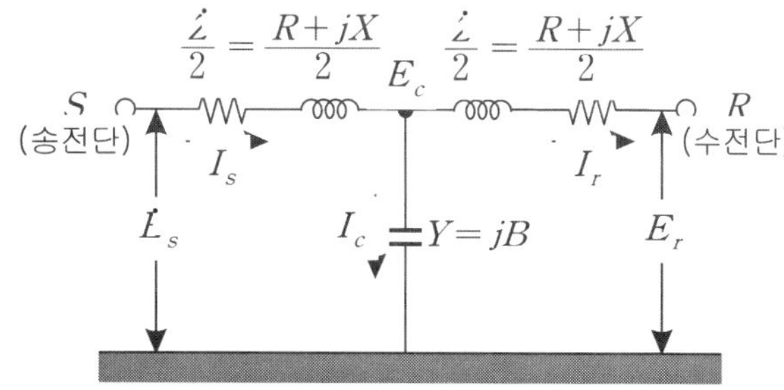

그림 5-4 T형 등가 회로

$$\dot{E}_c = \dot{E}_r + \left(\frac{R+jX}{2}\right)\dot{I}_r = \dot{E}_r + \frac{\dot{Z}}{2}\dot{I}_r$$

$$\dot{I}_c = \dot{Y}\dot{E}_c$$

$$\dot{I}_s = \dot{I}_r + \dot{I}_c = \dot{I}_r + \dot{Y}\dot{E}_c = \dot{I}_r + \left(\dot{E}_r + \frac{\dot{I}_r\dot{Z}}{2}\right)\dot{Y}$$

$$= \dot{Y}\dot{E}_r + \left(1+\frac{\dot{Z}\dot{Y}}{2}\right)\dot{I}_r \qquad (5\text{-}13)$$

$$\dot{E}_s = \dot{E}_c + \frac{\dot{Z}}{2}\dot{I}_s = \dot{E}_r + \frac{\dot{Z}}{2}\dot{I}_r + \frac{\dot{Z}}{2}\left\{\dot{Y}\dot{E}_r + \left(1+\frac{\dot{Z}\dot{Y}}{2}\right)\dot{I}_r\right\}$$

$$= \left(1+\frac{\dot{Z}\dot{Y}}{2}\right)\dot{E}_r + \dot{Z}\left(1+\frac{\dot{Z}\dot{Y}}{4}\right)\dot{I}_r \qquad (5\text{-}14)$$

여기서, $\dot{Z} = R + j\omega L = R + j2\pi fL$, $\dot{Y} = j\omega C = j2\pi fC$이다.

식 (5-13)과 식 (5-14)의 관계를 수전단 전압 $\dot{E}_r$를 기준으로 하여 벡터 그림을 그리면 그림 5-5와 같이 된다.

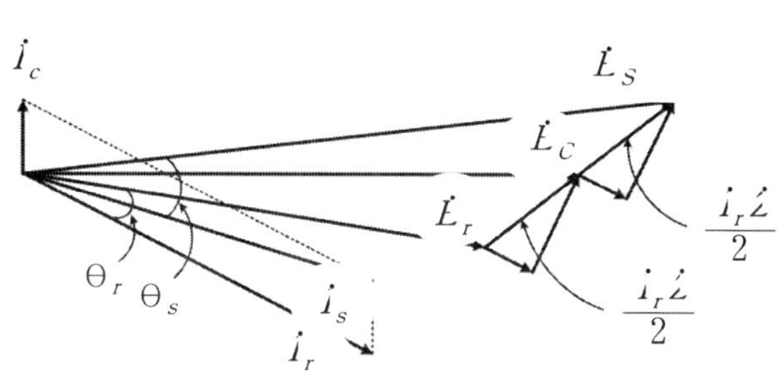

그림 5-5 T형 회로 벡터도

5.3.2 π회로

그림 5-6의 등가 회로와 같이 어드미턴스 $\dot{Y}$를 이등분하여 송전 및 수전단에 놓고, 임피던스 $\dot{Z}$를 선로의 중앙에 집중시킨 회로이다. 이때에도 각 부분의 전압과 전류를 그림 5-6과 같이 정하면 다음의 관계를 얻을 수 있다.

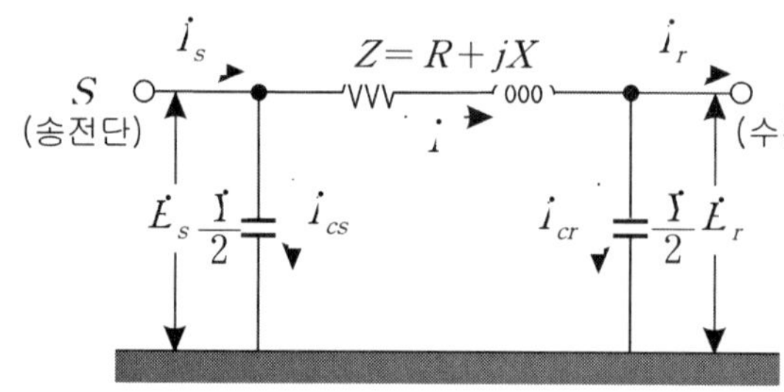

그림 5-6 π형 등가 회로

$$\dot{I}_{cr} = \frac{\dot{Y}}{2}\dot{E}_r$$

$$\dot{I} = \dot{I}_r + \dot{I}_{cr} = \dot{I}_r + \frac{\dot{Y}}{2}\dot{E}_r$$

$$\begin{aligned}\dot{E}_s &= \dot{E}_r + \dot{Z}\dot{I} = \dot{E}_r + \dot{Z}\left(\dot{I}_r + \frac{\dot{Y}}{2}\dot{E}_r\right) \\ &= \left(1 + \frac{\dot{Z}\dot{Y}}{2}\right)\dot{E}_r + \dot{Z}\dot{I}_r \end{aligned} \tag{5-15}$$

$$\dot{I}_{cs} = \frac{\dot{Y}}{2}\dot{E}_s$$

$$\begin{aligned}\dot{I}_s &= \dot{I} + \dot{I}_{cs} = \dot{I}_r + \frac{\dot{Y}}{2}\dot{E}_r + \frac{\dot{Y}}{2}\dot{E}_s \\ &= \dot{I}_r + \frac{\dot{Y}}{2}\dot{E}_r + \frac{\dot{Y}}{2}\left\{\left(1 + \frac{\dot{Z}\dot{Y}}{2}\right)\dot{E}_r + \dot{Z}\dot{I}_r\right\} \\ &= \dot{Y}\left(1 + \frac{\dot{Z}\dot{Y}}{4}\right)\dot{E}_r + \left(1 + \frac{\dot{Z}\dot{Y}}{2}\right)\dot{I}_r \end{aligned} \tag{5-16}$$

식 (5-15)와 식 (5-16)과의 관계를 수전단 전압 $\dot{E}_r$를 기준으로 하여 벡터 그림을 그리면 그림 5-7과 같이 된다.

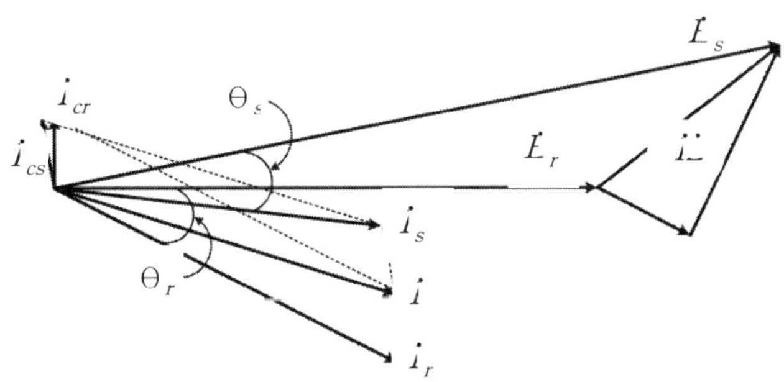

그림 5-7 π형 회로 벡터도

> **예 제** 중거리 송전 선로의 T형 회로와 π형 회로에서 송전단 전류는?(여기서 Z는 선로의 직렬 임피던스, Y는 선로의 병렬 어드미턴스, E_r은 수전단 전압, I_r은 수전단 전류)
>
> **해설** T형 회로 $I_s = YE_r + \left(1 + \frac{ZY}{2}\right)I_r$
>
> π형 회로 $I_s = Y\left(1 + \frac{ZY}{2}\right)E_r + \left(1 + \frac{ZY}{2}\right)I_r$

5.4 장거리 송전 선로

송전 선로의 길이가 100[km] 정도 이상이 되면, 집중 정수 회수로 취급하면 오차가 커지므로, 선로 정수가 선로를 따라서 균일하게 분포된, 분포 정수 회로로 간주하여야 하고, 그림 5-8은 장거리 송전 선로의 등가 회로를 보여주고 있다.

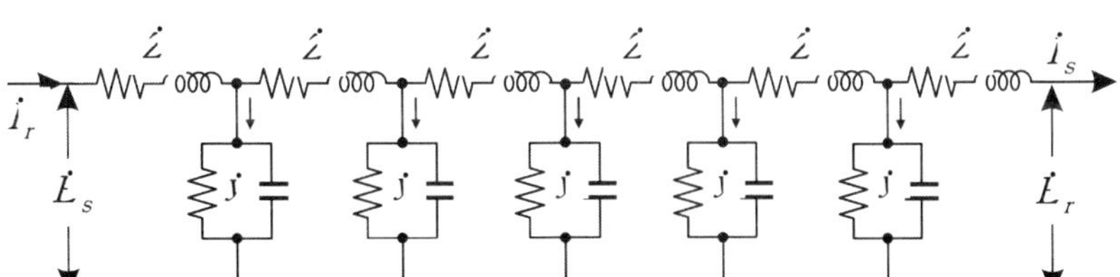

그림 5-8 장거리 송전 선로의 등가 회로

지금 송전 선로의 단위 길이당의 직렬 임피던스 및 병렬 어드미턴스를

$$\left.\begin{aligned}\dot{Z} &= r + j\omega L = r + jx[\Omega/\text{km}]\\ \dot{Y} &= g + j\omega C = g + jb[℧/\text{km}]\end{aligned}\right\} \qquad (5\text{-}17)$$

라고 하면, 이 $\dot{Z}$와 $\dot{Y}$는 송전 선로의 전 길이 l[km]를 통해서 분포되어 있고 송전 선로의 미소 부분을 보면, 그림 5-9와 같은 회로가 연속해서 존재하게 된다.

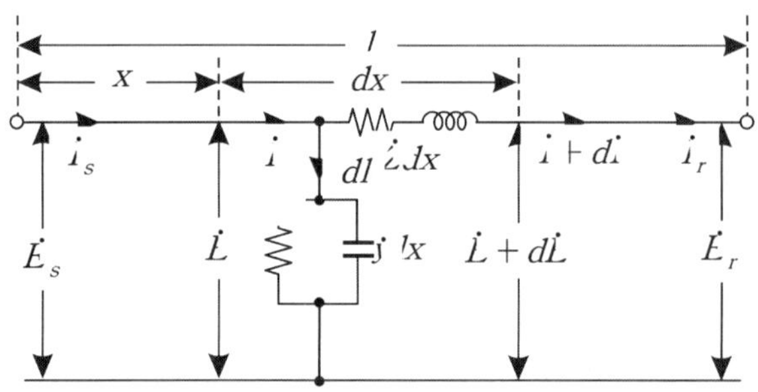

그림 5-9 분포 정수 회로

그림에서와 같이 송전단에서 x의 거리에 있는 미소 길이 dx부분의 전압 · 전류의 변화 $d\dot{E}$, $d\dot{I}$는 직렬 임피던스 $\dot{Z}dx$에 의해 전압이 감소되고 병렬 어드미턴스 $\dot{Y}dx$에 의해 전류는 분류되어 감소하여 다음 식과 같다.

$$d\dot{E} = -\dot{I}\dot{Z}dx,\ d\dot{I} = -\dot{E}\dot{Y}dx$$

$$\therefore -\frac{d\dot{E}}{dx} = \dot{Z}\dot{I},\ -\frac{d\dot{I}}{dx} = \dot{Y}\dot{E} \qquad (5\text{-}18)$$

이 식을 다시 x에 대하여 미분하면

$$\left.\begin{aligned}\frac{d^2\dot{E}}{dx^2} &= -\dot{Z}\frac{d\dot{I}}{dx} = \dot{Z}\dot{Y}\dot{E}\\ \frac{d^2\dot{I}}{dx^2} &= -\dot{Y}\frac{d\dot{E}}{dx} = \dot{Z}\dot{Y}\dot{I}\end{aligned}\right\} \qquad (5\text{-}19)$$

위의 두식에서 $\dot{\gamma} = \sqrt{\dot{Z}\dot{Y}}$라 두고 2차 미분 방정식의 일반해를 구하면

$$\dot{I} = (\dot{A}_1 e^{-\dot{\gamma}} - \dot{A}_2 e^{\dot{\gamma}}) \qquad (5\text{-}20)$$

여기서, $\dot{A}_1$, $\dot{A}_2$는 적분상수

가 된다. 다음에 $\dot{E}$의 일반해에 대해 식 (5-20)를 미분하면

$$\frac{d\dot{I}}{dx} = -\dot{\gamma}\dot{A}_1 e^{-\dot{\gamma}x} - \dot{\gamma}\dot{A}_2 e^{\dot{\gamma}x} \qquad (5\text{-}21)$$

가 되고 식 (5 18)로부디 다음 식을 구할 수 있다.

$$\dot{E} = \frac{\dot{\gamma}}{\dot{y}}(\dot{A}_1 e^{-\dot{\gamma}} + \dot{A}_2 e^{\dot{\gamma}}) \qquad (5\text{-}22)$$

여기에서 $x=0$이면 $\dot{E}$와 $\dot{I}$는 송전단 전압 전류 E_s, I_s가 되고, $x=l$이면 수전단 전압 전류 E_r, I_r가 된다. 식 (5-20)과 식 (5-22)에서 $x=l$을 대입하면

$$\left.\begin{aligned} \dot{I} &= \dot{I}_r = \dot{A}_1 e^{-\dot{\gamma}} - \dot{A}_2 e^{\dot{\gamma}} \\ \dot{E} &= \dot{E}_r = \frac{\dot{\gamma}}{\dot{y}}(\dot{A}_1 e^{-\dot{\gamma}} + \dot{A}_2 e^{\dot{\gamma}}) \end{aligned}\right\} \qquad (5\text{-}23)$$

가 되므로 $\dot{A}_1$, $\dot{A}_2$는 다음과 같다.

$$\left.\begin{aligned} \dot{A}_1 &= \frac{1}{2}\left(\dot{I}_r + \frac{\dot{y}}{\dot{\gamma}}\dot{E}_r\right)e^{\dot{\gamma}} \\ \dot{A}_2 &= -\frac{1}{2}\left(\dot{I}_r - \frac{\dot{y}}{\dot{\gamma}}\dot{E}_r\right)e^{-\dot{\gamma}} \end{aligned}\right\} \qquad (5\text{-}24)$$

여기서, A_1, A_2 상수를 식 (5-20)과 식 (5-22)에 대입하여 미분 방정식의 특이해를 구하여 정리하면

$$\left.\begin{aligned} \dot{I} &= \frac{1}{2}\left(\dot{I}_r + \frac{\dot{y}}{\dot{\gamma}}\dot{E}_r\right)e^{\dot{\gamma}}e^{-\dot{\gamma}} + \frac{1}{2}\left(\dot{I}_r - \frac{\dot{y}}{\dot{\gamma}}\dot{E}_r\right)e^{-\dot{\gamma}}e^{\dot{\gamma}} \\ &= \dot{I}_r\frac{e^{\dot{\gamma}(l-x)} + e^{-\dot{\gamma}(l-x)}}{2} + \dot{E}_r\frac{\dot{y}}{\dot{\gamma}}\frac{e^{\dot{\gamma}(l-x)} - e^{-\dot{\gamma}(l-x)}}{2} \\ \dot{E} &= \frac{\dot{\gamma}}{\dot{y}}\left\{\frac{1}{2}\left(\dot{I}_r + \frac{\dot{y}}{\dot{\gamma}}\dot{E}_r\right)e^{\dot{\gamma}}e^{-\dot{\gamma}} - \frac{1}{2}\left(\dot{I}_r - \frac{\dot{y}}{\dot{\gamma}}\dot{E}_r\right)e^{-\dot{\gamma}}e^{\dot{\gamma}}\right\} \\ &= \dot{E}_r\frac{e^{\dot{\gamma}(l-x)} + e^{-\dot{\gamma}(l-x)}}{2} + \dot{I}_r\frac{\dot{\gamma}}{\dot{y}}\frac{e^{\dot{\gamma}(l-x)} - e^{-\dot{\gamma}(l-x)}}{2} \end{aligned}\right\} \qquad (5\text{-}25)$$

와 같이 된다. 여기서 $\dot{I}$, $\dot{E}$는 송전단으로부터 임의의 거리 x에 있는 전압과 전류이므로 이것을 $\dot{I}_x$, $\dot{E}_x$라고 하고 다음과 같은 쌍곡선의 관계식

$$\left.\begin{aligned} \sinh x &= \frac{e^{x}-e^{-x}}{2} \\ \cosh x &= \frac{e^{x}+e^{-x}}{2} \end{aligned}\right\} \qquad (5\text{-}26)$$

을 적용시키면 다음 식과 같다.

$$\left.\begin{aligned} \dot{I}_x &= \dot{I}_r \cosh\dot{\gamma}(l-x) + \dot{E}_r \frac{\dot{y}}{\dot{r}} \sinh\dot{\gamma}(l-x) \\ \dot{E}_x &= \dot{E}_r \cosh\dot{\gamma}(l-x) + \dot{I}_r \frac{\dot{r}}{\dot{y}} \sinh\dot{\gamma}(l-x) \end{aligned}\right\} \qquad (5\text{-}27)$$

식 (5-27)에서 $x=0$을 대입하여 송전단 전압 전류 $\dot{E}_s$, $\dot{I}_s$의 관계식을 다음과 같이 나타낼 수 있다.

$$\left.\begin{aligned} \dot{E}_s &= \dot{E}_r \cosh\dot{\gamma}l + \dot{I}_r Z_0 \sinh\dot{\gamma}l \\ \dot{I}_s &= \dot{E}_r \frac{1}{\dot{Z}_0} \sinh\dot{\gamma}l + \dot{I}_r \cosh\dot{\gamma}l \end{aligned}\right\} \qquad (5\text{-}28)$$

특성 임피던스 $\dot{Z}_0 = \sqrt{\frac{\dot{z}}{\dot{y}}}$ [Ω] (5-29)

전파 정수 $\dot{\gamma} = \sqrt{\dot{z}\dot{y}}$ (5-30)

이들 식 (5-25), 식 (5-27), 식 (5-28)의 3식은 송전선의 **기초방정식**, 또는 **전파방정식**(transmission equation)이라 하는 것으로서, 송전선이나 통신선에서 전선로에 전파되는 교류 전압 및 전류의 특징을 나타내는 기본식이다.

식 (5-29)의 $\dot{Z}_0 = \sqrt{\dot{z}/\dot{y}}$를 **특성 임피던스**(charcteristic impedance) 또는 **서어지 임피던스**라 하고 단위 길이당 직렬 임피던스 $\dot{z}$와 분류 어드미턴스 $\dot{y}$의 함수이다. 그리고 식 (5-17)을 식 (5-29)에 대입하면

$$\dot{Z}_0 = \sqrt{\frac{r+j\omega L}{g+j\omega C}} \qquad (5\text{-}31)$$

여기서, 무손실 회로($R=G=0$), 혹은 $\omega L \gg r$, $\omega C \gg g$의 경우 다음 식이 성립한다. 즉 Z_0는 실수이고 순 저항성이므로 선로의 특성저항 R_0라고 하고, 보통의 가공 전선에서는 400~500[Ω]의 범위에 있다.

$$Z_0 = \sqrt{\frac{L}{C}} = R_0 \tag{5-32}$$

여기서, Z_0 : 특성 임피던스[Ω], L : 직렬 인덕턴스[H/m], C : 분류 커패시턴스[F/m], $\gamma = \sqrt{\dot{Z}\dot{Y}} = \alpha + j\beta$를 **전파정수**(propagation constant)라 한다. 여기서 α는 감쇠정수를, β는 위상정수(전파속도)를 나타낸다.

선로상의 진행파의 위상속도(phase velocity) v는 ω/β로 주어지는데 선로가 무손실이거나 $\omega L \gg R$, $\omega C \gg G$이면 다음 식과 같다.

$$v = \frac{\omega}{\beta} = \frac{\omega}{\omega\sqrt{LC}} = \frac{1}{\sqrt{LC}} \text{[m/s]} \tag{5-33}$$

예 제 장거리 송전선에서 단위 길이당 임피던스 $\dot{Z} = r + j\omega L$[Ω/km], 어드미턴스 $\dot{Y} = g + j\omega C$[℧/km]일 때 저항과 누설 컨덕턴스를 무시하는 경우 특성 임피던스를 구하시오.

해설 특성 임피던스 $Z_0 = \sqrt{\frac{Z}{Y}} = \sqrt{\frac{0 + j\omega L}{0 + j\omega C}} \simeq \sqrt{\frac{L}{C}}$

예 제 무손실 전기회로에서 $C = 0.009$[μF/km], $L = 1$[mH/km]일 때 특성 임피던스를 구하시오.

해설 특성 임피던스 $Z_0 = \sqrt{\frac{L}{C}} = \sqrt{\frac{1\times10^{-3}}{0.009\times10^{-6}}} = \sqrt{\frac{10^6}{9}} = \frac{1000}{3}$ [Ω]

5.5 4단자 정수(전송 파라미터)

지금까지는 송전선의 전 길이에 걸쳐서 균일한 정수를 가진 단순한 경우를 생각하였으나, 실제의 송전선에서는 도중에 정수가 다른 선로가 연계되거나, 분기선이 있는 수도 있고, 또 변압기 · 발전기 등의 기기가 연결되거나 하여 복잡한 회로를 형성하고 있다. 이와 같은 일반적인 회로를 취급하는 경우, 기기 정수를 송전선의 일부로 간주하여, 등가적인 단일의 송전선으로 바꾸어 놓아서 계산하는 것이 편리하고 또 실용적이다.

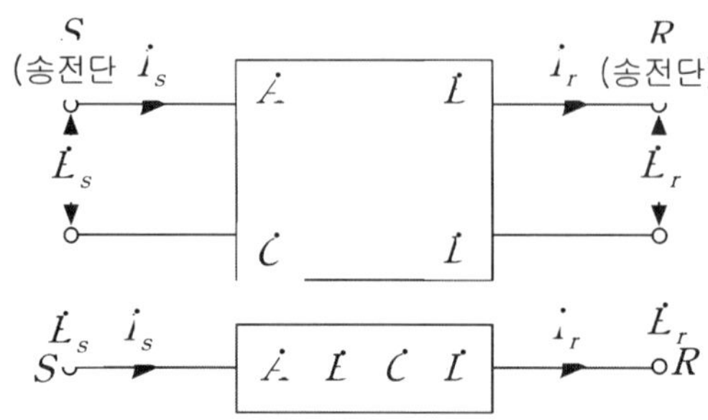

그림 5-10 4단자 정수(전송 파라미터)

그림 5-10과 같은 4단자 회로망의 송전단 전압 $\dot{E}_s$, 전류 $\dot{I}_s$와 수전단 전압 $\dot{E}_r$, 전류 $\dot{I}_r$을 행렬로 표시하면 다음 식과 같다.

$$\begin{bmatrix} \dot{E}_s \\ \dot{I}_s \end{bmatrix} = \begin{bmatrix} \dot{A} & \dot{B} \\ \dot{C} & \dot{D} \end{bmatrix} \begin{bmatrix} \dot{E}_r \\ \dot{I}_r \end{bmatrix} \tag{5-34}$$

그리고 행렬식을 풀면 다음과 같다.

$$\left.\begin{aligned} \dot{E}_s &= \dot{A}\dot{E}_r + \dot{B}\dot{I}_r \\ \dot{I}_s &= \dot{C}\dot{E}_r + \dot{D}\dot{I}_r \end{aligned}\right\} \tag{5-35}$$

이때의 $\dot{A}$, $\dot{B}$, $\dot{C}$, $\dot{D}$를 **4단자 정수**(four terminal constants) 또는 **전송 파라미터**(transmission parameter), **종속 파라미터**(chain parameter)라고 하고 송수전단의 R, L, C, G를 **기본 선로 정수**(fundamental line constants)라고 한다.

그림 5-10에서 수전단을 개방하면 $I_r=0$이므로 식 (5-35)는 다음과 같다.

$$\left.\begin{aligned} \dot{E}_s &= \dot{A}\dot{E}_r \\ \dot{I}_s &= \dot{C}\dot{E}_r \end{aligned}\right\} \tag{5-36}$$

그리고 수전단을 단락하면 $V_r=0$이므로 식 (5-35)는

$$\left.\begin{aligned} \dot{E}_s &= \dot{B}\dot{I}_r \\ \dot{I}_s &= \dot{D}\dot{I}_r \end{aligned}\right\} \tag{5-37}$$

가 된다. 그러므로 각각의 4단자 정수(전송 파라미터)와 그 물리적 의미를 정리하면 다음과 같이 된다.

$$\left.\begin{aligned} \dot{A} &= \frac{\dot{E}_s}{\dot{E}_r}[\dot{I}_r=0] : \text{송전단에서 본 개방 전압이득(전압비)} \\ \dot{B} &= \frac{\dot{E}_s}{\dot{I}_r}[\dot{E}_r=0] : \text{송전단에서 본 단락 전달 임피던스} \\ \dot{C} &= \frac{\dot{I}_s}{\dot{E}_r}[\dot{I}_r=0] : \text{송전단에서 본 개방 전달 어드미턴스} \\ \dot{D} &= \frac{\dot{I}_s}{\dot{I}_r}[\dot{E}_r=0] : \text{송전단에서 본 단락 전류이득(전류비)} \end{aligned}\right\} \tag{5-38}$$

식 (5-38)의 4단자 정수(전송 파라미터) 사이에는 항상 다음의 관계가 성립한다.

$$\dot{A}\dot{D} - \dot{B}\dot{C} = 1 \tag{5-39}$$

그리고 대칭 4단자망의 경우에는 항상 다음의 관계가 성립한다.

$$\dot{A} = \dot{D} \tag{5-40}$$

(1) 직렬 임피던스의 경우

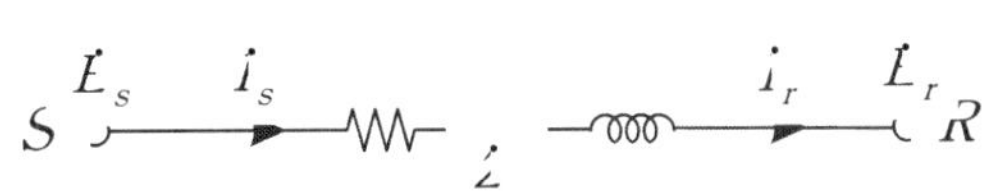

그림 5-11 직렬 임피던스 회로

$$\left.\begin{aligned}\dot{E}_s &= \dot{E}_r + \dot{Z}\dot{I}_r \\ \dot{I}_s &= \dot{I}_r\end{aligned}\right\} \tag{5-41}$$

$$\begin{bmatrix}\dot{A} & \dot{B} \\ \dot{C} & \dot{D}\end{bmatrix} = \begin{bmatrix}1 & \dot{Z} \\ 0 & 1\end{bmatrix} \tag{5-42}$$

직렬접속이 되면 대칭이므로 $\dot{A}=\dot{D}=1$, $\dot{B}$는 직렬 임피던스이므로 $\dot{Z}$, $\dot{C}$는 병렬 어드미턴스이므로 0이다.

(2) 병렬 어드미턴스의 경우

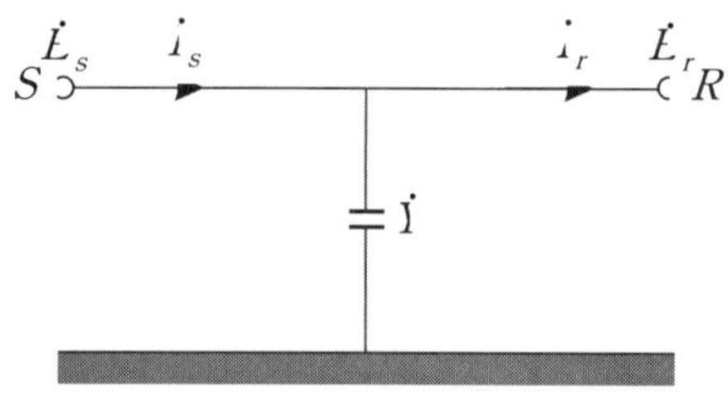

그림 5-12 병렬 어드미턴스 회로

$$\left.\begin{aligned}\dot{E}_s &= \dot{E}_r \\ \dot{I}_s &= \dot{Y}\dot{E}_r + \dot{I}_r\end{aligned}\right\} \tag{5-43}$$

$$\begin{bmatrix}\dot{A} & \dot{B} \\ \dot{C} & \dot{D}\end{bmatrix} = \begin{bmatrix}1 & 0 \\ \dot{Y} & 1\end{bmatrix} \tag{5-44}$$

병렬접속이 되면 대칭이므로 $\dot{A}=D=1$, $\dot{B}$는 직렬 임피던스이므로 0, $\dot{C}$는 병렬 어드미턴스이므로 $\dot{Y}$이다.

(3) 중거리 송전 선로의 경우

① T형 회로: 그림 5-4에서 직렬 임피던스와 병렬 어드미턴스의 경우를 적용하면

$$\begin{bmatrix} \dot{A} & \dot{B} \\ \dot{C} & \dot{D} \end{bmatrix} = \begin{bmatrix} 1 & \frac{\dot{Z}}{2} \\ 0 & 1 \end{bmatrix} \begin{bmatrix} 1 & 0 \\ \dot{Y} & 1 \end{bmatrix} \begin{bmatrix} 1 & \frac{\dot{Z}}{2} \\ 0 & 1 \end{bmatrix}$$

$$= \begin{bmatrix} 1+\frac{\dot{Z}\dot{Y}}{2} & \frac{\dot{Z}}{2} \\ \dot{Y} & 1 \end{bmatrix} \begin{bmatrix} 1 & \frac{\dot{Z}}{2} \\ 0 & 1 \end{bmatrix} = \begin{bmatrix} 1+\frac{\dot{Z}\dot{Y}}{2} & \dot{Z}\left(1+\frac{\dot{Z}\dot{Y}}{4}\right) \\ \dot{Y} & 1+\frac{\dot{Z}\dot{Y}}{2} \end{bmatrix} \tag{5-45}$$

② π형 회로 : 그림 5-6에서 직렬 임피던스와 병렬 어드미턴스의 경우를 적용하면

$$\begin{bmatrix} \dot{A} & \dot{B} \\ \dot{C} & \dot{D} \end{bmatrix} = \begin{bmatrix} 1 & 0 \\ \frac{\dot{Y}}{2} & 1 \end{bmatrix} \begin{bmatrix} 1 & \dot{Z} \\ 0 & 1 \end{bmatrix} \begin{bmatrix} 1 & 0 \\ \frac{\dot{Y}}{2} & 1 \end{bmatrix}$$

$$= \begin{bmatrix} 1 & \dot{Z} \\ \frac{\dot{Y}}{2} & \frac{\dot{Z}\dot{Y}}{2}+1 \end{bmatrix} \begin{bmatrix} 1 & 0 \\ \frac{\dot{Y}}{2} & 1 \end{bmatrix} = \begin{bmatrix} 1+\frac{\dot{Z}\dot{Y}}{2} & \dot{Z} \\ \dot{Y}\left(1+\frac{\dot{Z}\dot{Y}}{4}\right) & 1+\frac{\dot{Z}\dot{Y}}{2} \end{bmatrix} \tag{5-46}$$

(4) 장거리 송전 선로의 경우

4단자 기본정수는 기전력을 갖지 않는 회로망의 입력(송전단) 전압 · 전류를 각각 $\dot{E}_s$, $\dot{I}_s$, 출력(수전단) 전압 · 전류를 $\dot{E}_r$, $\dot{I}_r$이라 하면, 송전선의 송수전단 전압 · 전류의 관계를 나타내는 식은

$$\left.\begin{aligned} \dot{E}_s &= \dot{E}_r \cosh \dot{\gamma} l + \dot{I}_r \dot{Z}_0 \sinh \dot{\gamma} l \\ \dot{I}_s &= \dot{E}_r \frac{1}{\dot{Z}_0} \sinh \dot{\gamma} l + \dot{I}_r \cosh \dot{\gamma} l \end{aligned}\right\} \tag{5-47}$$

4단자 정수를 이용하면

$$\left.\begin{aligned} \dot{E}_s &= \dot{A}\dot{E}_r + \dot{B}\dot{I}_r \\ \dot{I}_s &= \dot{C}\dot{E}_r + \dot{D}\dot{I}_r \end{aligned}\right\} \tag{5-48}$$

로 된다. 그러므로 $\dot{A} = \dot{D} = \cosh \dot{\gamma} l$, $\dot{B} = \dot{Z}_c \sinh \dot{\gamma} l$, $\dot{C} = (\sinh \dot{\gamma} l)/\dot{Z}_c$이다.

그림 5-13과 같이 송수 양단에 변압기가 접속된 경우의 송전선을 생각하면

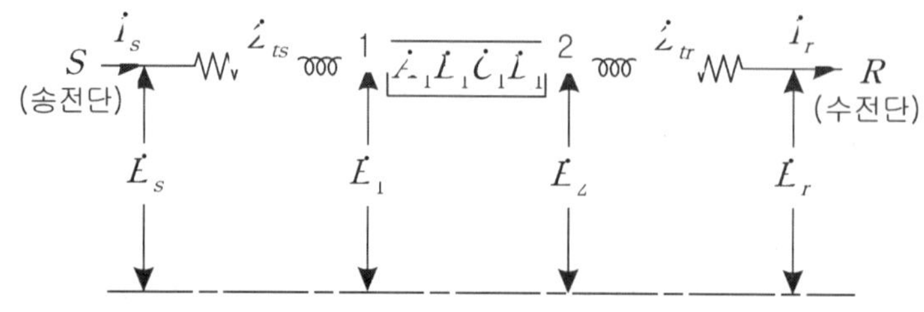

그림 5-13 송수 양단에 변압기를 접속한 1회선 송전선

단자 2와 수전단 사이에는 $\dot{E}_2=\dot{E}_r+\dot{Z}_{tr}\dot{I}_r$, $\dot{I}_2=\dot{I}_r$

단자 1과 단자 2 사이에는 $\dot{E}_1=\dot{A}_1\dot{E}_2+\dot{B}_1\dot{I}_2$, $\dot{I}_1=\dot{C}_1\dot{E}_2+\dot{D}_1\dot{I}_2$

송전단과 단자 1 사이에는 $\dot{E}_s=\dot{E}_1+\dot{Z}_{ts}\dot{I}_1$, $\dot{I}_s=\dot{I}_1$

이들 방정식에서

$$\left.\begin{aligned}\dot{E}_s&=(\dot{A}_1+\dot{C}_1\dot{Z}_{ts})\dot{E}_r+(\dot{B}_1+\dot{A}_1\dot{Z}_{tr}+\dot{D}_1\dot{Z}_{ts}+\dot{C}_1\dot{Z}_{ts}\dot{Z}_{tr})\dot{I}_r\\&=\dot{A}_0\dot{E}_r+\dot{B}_0\dot{I}_r\\\dot{I}_s&=\dot{C}_1\dot{E}_r+(\dot{D}_1+\dot{C}_1\dot{Z}_{tr})\dot{I}_r=\dot{C}_0\dot{E}_r+\dot{D}_0\dot{I}_r\end{aligned}\right\}\qquad(5\text{-}49)$$

여기서, $\dot{A}_0=\dot{A}_1+\dot{C}_1\dot{Z}_{ts}$, $\dot{B}_0=\dot{B}_1+\dot{A}_1\dot{Z}_{ts}+\dot{D}_1\dot{Z}_{ts}+\dot{C}_1\dot{Z}_{ts}\dot{Z}_{tr}$

$\dot{C}_0=\dot{C}_1$, $\dot{D}_0=\dot{D}_1+\dot{C}_1\dot{Z}_{tr}$

이와 같이 해서 변압기를 포함한 송전 회로를 송전선만의 경우와 같이 하나의 4단자 회로로 나타낼 수 있다.

이 4단자 정수의 계산은 보통 다음의 전개식에 의하여 처음의 3항까지만 취해서 계산해도 정확한 값을 얻을 수 있으나, 100[km] 정도까지의 송전선에서는 2항까지만 취해도 된다.

$$\left.\begin{aligned}\dot{A}&=\dot{D}=\cosh\dot{\gamma}l=1+\frac{\dot{Z}\dot{Y}}{2}+\frac{(\dot{Z}\dot{Y})^2}{24}+\cdots\cdots\\\dot{B}&=\dot{Z}_c\sinh\dot{\gamma}l=\dot{Z}\left\{1+\frac{\dot{Z}\dot{Y}}{6}+\frac{(\dot{Z}\dot{Y})^2}{120}+\cdots\cdots\right\}\\\dot{C}&=\frac{1}{\dot{Z}_c}\sinh\dot{\gamma}l=\dot{Y}\left\{1+\frac{\dot{Z}\dot{Y}}{6}+\frac{(\dot{Z}\dot{Y})^2}{120}+\cdots\right\}\end{aligned}\right\}\qquad(5\text{-}50)$$

단, $\dot{z}l=\dot{Z}$, $\dot{y}l=\dot{Y}$ 이고, $\dot{\gamma}l=\sqrt{\dot{z}\dot{y}}\,l=\sqrt{\dot{z}l\cdot\dot{y}l}=\sqrt{\dot{Z}\dot{Y}}$ 이다.

(5) 다른 회로망과의 연결

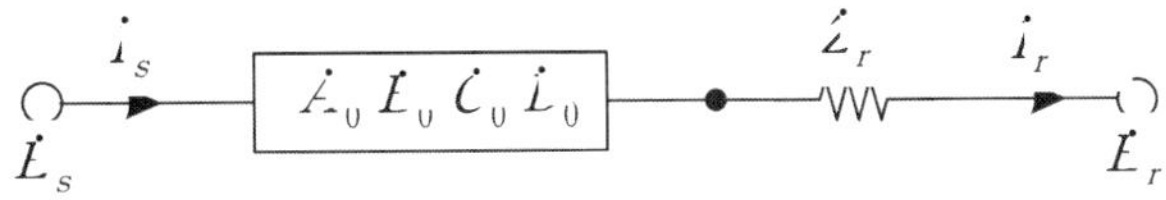

그림 5-14

$$\begin{bmatrix} \dot{A} & \dot{B} \\ \dot{C} & \dot{D} \end{bmatrix} = \begin{bmatrix} \dot{A}_0 & \dot{B}_0 \\ \dot{C}_0 & \dot{D}_0 \end{bmatrix} \begin{bmatrix} 1 & Z_r \\ 0 & 1 \end{bmatrix} = \begin{bmatrix} \dot{A}_0 & \dot{A}_0\dot{Z}_r + \dot{B}_0 \\ \dot{C}_0 & \dot{C}_0\dot{Z}_r + \dot{D}_0 \end{bmatrix} \qquad (5\text{-}51)$$

표 5-1 각종 회로의 4단자 정수

회로의 종류 (좌측 송전단 · 우측 수전단)	4단자 정수			
	$\dot{A}_0$	$\dot{B}_0$	$\dot{C}_0$	$\dot{D}_0$
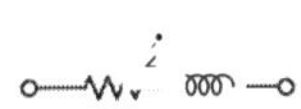	1	$\dot{Z}$	0	1
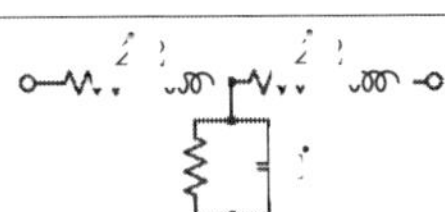	$1+\frac{\dot{Z}\dot{Y}}{2}$	$\dot{Z}\left(1+\frac{\dot{Z}\dot{Y}}{4}\right)$	$\dot{Y}$	$1+\frac{\dot{Z}\dot{Y}}{2}$
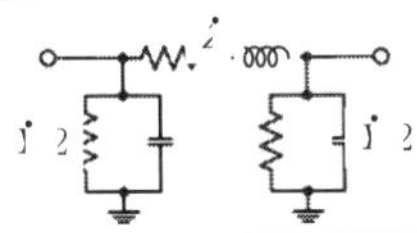	$1+\frac{\dot{Z}\dot{Y}}{2}$	$\dot{Z}$	$\dot{Y}\left(1+\frac{\dot{Z}\dot{Y}}{4}\right)$	$1+\frac{\dot{Z}\dot{Y}}{2}$
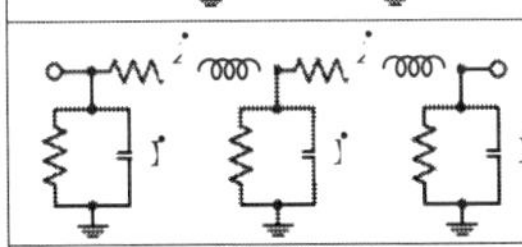	$\cosh\sqrt{\dot{Z}\dot{Y}}$	$\sqrt{\frac{\dot{Z}}{\dot{Y}}}\sinh\sqrt{\dot{Z}\dot{Y}}$	$\sqrt{\frac{\dot{Y}}{\dot{Z}}}\sinh\sqrt{\dot{Z}\dot{Y}}$	$\cosh\sqrt{\dot{Z}\dot{Y}}$
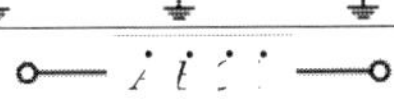	$\dot{A}$	$\dot{B}$	$\dot{C}$	$\dot{D}$
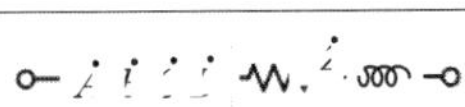	$\dot{A}$	$\dot{B}+\dot{A}\dot{Z}_r$	$\dot{C}$	$\dot{D}+\dot{C}\dot{Z}_r$
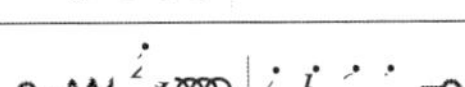	$\dot{A}+\dot{C}\dot{Z}_s$	$\dot{B}+\dot{D}\dot{Z}_s$	$\dot{C}$	$\dot{D}$
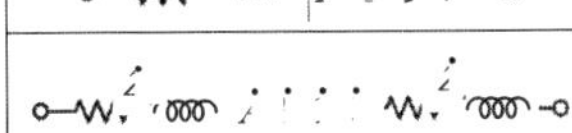	$\dot{A}+\dot{C}\dot{Z}_s$	$\dot{B}+\dot{A}\dot{Z}_r+\dot{D}\dot{Z}_s$ $+\dot{C}\dot{Z}_s\dot{Z}_r$	$\dot{C}$	$\dot{D}+\dot{C}\dot{Z}_r$
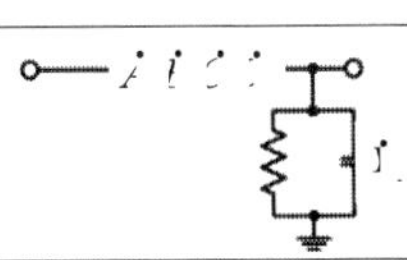	$\dot{A}+\dot{B}\dot{Y}_r$	$\dot{B}$	$\dot{C}+\dot{D}\dot{Y}_r$	$\dot{D}$

회로의 종류 (좌측 송전단 · 우측 수전단)	4단자 정수			
	A_0	B_0	C_0	D_0
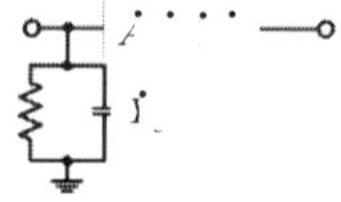	A	B	$C+AY_s$	$D+BY_s$
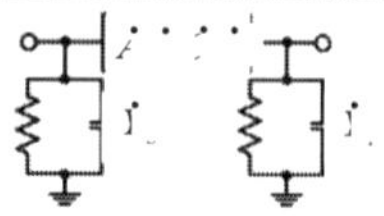	$A+BY_r$	B	$C+AY_s+DY_r$ $+BY_sY_r$	$D+BY_s$
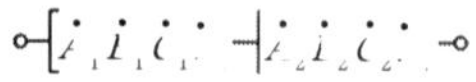	$A_1A_2+B_1C_2$	$A_1B_2+B_1D_2$	$C_1A_2+D_1C_2$	$C_1B_2+D_1D_2$
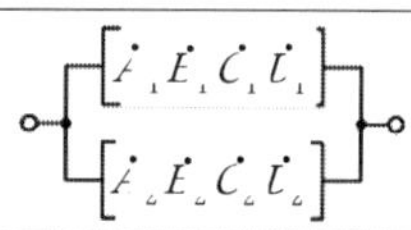	$\dfrac{A_1B_2+B_1A_2}{B_1+B_2}$	$\dfrac{B_1B_2}{B_1+B_2}$	C_1+C_2+ $\dfrac{(A_1-A_2)(D_2-D_1)}{B_1+B_2}$	$\dfrac{B_1D_2+D_1B_2}{B_1+B_2}$
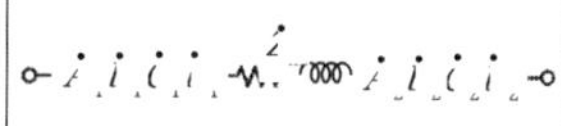	$A_1A_2+B_1C_2$ $+A_1C_2Z_m$	$A_1B_2+B_1D_2$ $+A_1D_2Z_m$	$C_1A_2+D_1C_2$ $+C_1C_2Z_m$	$C_1B_2+D_1D_2$ $+C_1D_2Z_m$
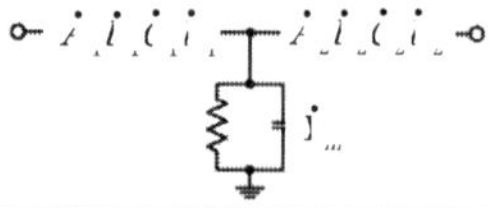	$A_1A_2+B_1C_2$ $+B_1A_2Y_m$	$A_1B_2+B_1D_2$ $+B_1B_2Y_m$	$C_1A_2+D_1C_2$ $+D_1A_2Y_m$	$C_1B_2+D_1D_2$ $+D_1B_2Y_m$

예 제 송전 선로의 일반 회로 정수가 $A=1.0$, $B=j190$, $D=1.0$일 때 C의 값을 구하시오.

해설 $AD-BC=1$에서 $C=\dfrac{AD-1}{B}=\dfrac{1\times1-1}{j190}=0$

5.6 송전 용량

송전 용량을 결정하는 요인으로는 송·수전단 전압의 상차각, 송전 효율, 조상기 용량, 송전 전압, 송전 거리, 송·수전단 리액턴스, 특성 임피던스 등이 있다.

5.6.1 Still의 식

경제적인 송전 전압을 결정하는 식으로 중거리 송전 선로에 적합한 방식이다.

$$송전전압[kV]=5.5\sqrt{0.6l+\frac{P}{100}}$$

여기서, l: 송전길이[km], P: 송전 용량[kW]

5.6.2 고유 부하법

수전단에 선로의 특성 임피던스와 같은 임피던스 부하를 접속하고, 저항이나 리액턴스를 무시하면 선로 각 지점의 무효 전력이 0이 되어 이상적인 송전이 되는데 이 부하를 고유부하라고 한다.

단도체보다 복도체를 사용하면 L은 감소하고 C는 증가하여 특성 임피던스가 감소하고 결과적으로 송전 선로의 고유 송전 용량은 커지게 된다. 따라서 일반적으로 고전압 장거리 송전 선로에는 복도체 방식을 많이 사용하고 있다.

$$P=\frac{V_r^2}{\sqrt{\frac{L}{C}}}=\frac{V_r^2}{Z_0}\times 10^{3}\fallingdotseq 2.5\,V_r^2[\mathrm{MW}]$$

여기서, V_r : 수전단 선간전압[V], L : 인덕턴스[H], C: 정전용량[F],

Z_0 : 특성 임피던스(보통 400[Ω]정도)

5.6.3 송전 용량 계수법

고유 부하법은 송전 선로의 길이에 관계없이 전압의 크기만을 고려한 것이고, 여기에 송전 선로의 길이를 고려한 것이다.

$$P_r=k\frac{V_r^2}{l}[\mathrm{kW}]$$

여기서, P_r : 수전전력[kW], V_r : 수전단 선간전압[kV], l: 송전 선로 길이[m]

k: 송전 용량계수

표 5-2 전압등급과 송전 용량계수

전압[kV]	송전 용량 계수
60	600
100	800
140	1200

5.6.4 송전 전력

$$P=\frac{V_s V_r}{X}\sin\delta[\mathrm{MW}]$$

여기서, V_s : 송전단 전압[kV], V_r : 수전단 전압[kV], X : 선로의 리액턴스[Ω], δ : 송・수전단 전압의 위상차

<참고> 발전기 출력 $P=3\frac{VE}{X}\sin\delta$, 수전 전력 $P=\sqrt{3}\,VI\cos\theta$

예 제 송전거리 50[km], 송전 전력 500[kW]일 때 송전 전압은 대략 얼마인지 구하시오.(단, 스틸의 식을 이용)

해설 송전전압(Still의 식) $=5.5\sqrt{0.6l+\frac{P}{100}}=5.5\sqrt{0.6\times 50+\frac{5000}{100}}=49.19[\mathrm{V}]$

예 제 154[kV] 송전 선로에서 송전거리가 154[km]일 때, 송전 용량 계수법에 의해 송전 용량을 구하시오.(단 송전 용량 계수는 1200)

해설 송전 용량 $P=k\frac{V_r^2}{l}=1200\times\frac{154^2}{154}=184800[\mathrm{kW}]$

예 제 송전단 전압 161[kV], 수전단 전압 154[kV], 상차각 40°, 리액턴스 45[Ω]일 때 선로 손실을 무시하고 전송 전력을 구하시오.

해설 전송전력 $P=\frac{V_s V_r}{X}\sin\delta=\frac{161\times 154}{45}\sin 40=354[\mathrm{MW}]$

5.7 대지 정전 용량의 영향

장거리 송전 선로에 있어서는 대개 정전 용량의 영향이 크게 나타난다. 특히 무부하인 송전 선로를 충전할 경우 문제가 생긴다.

5.7.1 페란티 현상(Ferranti phenomena)

평상시 송전 선로에 큰 부하가 걸려 있을 때 역률은 지상이므로, 전류는 전압보다 위상이 늦어지는 것이 보통이다. 늦은 전류가 송전선이나 변압기의 저항 및 리액턴스에 흐르면 단거리 송전 선로에서는 수전단 전압은 송전단 전압보다 낮아진다. 그러나 부하가 대단히 적거나, 특히 그림 5-15와 같이 무부하인 경우에는 대지 충전 전류의 영향이 커져서 전류는 진상전류가 되고, 수전단 전압이 오히려 송전단 전압보다 높아지는데 이 현상을 페란티 현상(Ferranti phenomena)이라 한다.

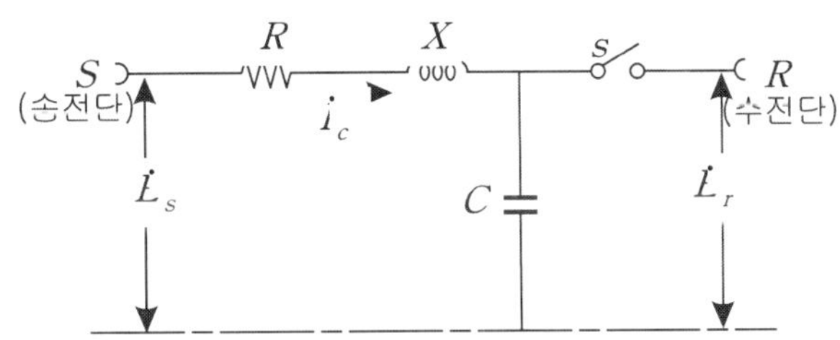

그림 5-15 무부하 송전 선로의 페란티 현상

이런 현상을 그림 5-16에 중부하시의 지상전류 벡터도와 무부하시(경부하시)의 진상전류 벡터도로 비교하였다.

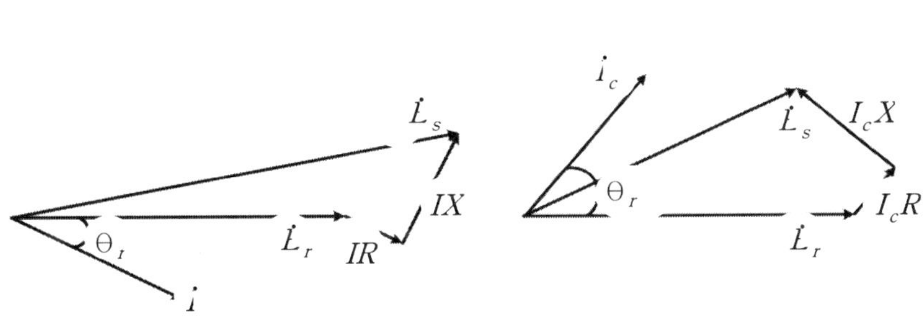

(a) $|E_s|>|E_r|$ (b) $|E_s|<|E_r|$

그림 5-16 지상전류와 진상전류의 벡터도

페란티 현상은 송전선의 단위길이당의 정전 용량이 클수록 또 송전 선로의 길이가 길수록 심해진다. 이와 같은 현상은 일반 수용가에서도 역률 개선용 콘덴서가 큰 부하에 맞추어 투입되어 있는 경우, 무부하(경부하)일 때 적절한 콘덴서 용량을 조절하지 않으면, 부하전류는 평소 지상전류에서 90°에 가까운 진상전류가 된다.

페란티 현상에 의한 문제점은 다음과 같다.

① 역률개선 전보다 피상전력이 증가한다.

② 수전설비 용량을 극대화 할 수 없고, 전류 증가로 인한 선로 손실, 전압 상승, 보호 계전기의 오동작이 발생하고 직렬 리액터(콘덴서 보조기구)가 과열된다.

③ 조작용 유입 개폐기와 차단기의 용량이 커야 하며, 주차단기는 진상전류 차단에 대한 문제점을 가져온다.

④ 빈번하게 반복되면, 전력계통이 붕괴되거나 전압변동이 심해진다.

그러므로 전력계통에 있어서는 콘덴서, 분로 리액터, 동기 조상기 등을 사용하여 무효전력을 일정한 범위로 유지하여 적정한 전압유지와 전력손실 경감이 필요하고 수전설비에서는 부하가 급변하는 경우 수전설비의 콘덴서 제어가 필요하다. 가장 일반적인 방법은 무효전력 측정값과 설정값을 비교하여 콘덴서 투입을 제어하는 무효전력제어이다.

5.7.2 발전기의 자기여자

장거리 송전선에서는 수전단에 부하가 전혀 없어도 정전 용량에 의한 충전 전류가 송전단에서 공급될 수 있다. 그림 5-17에서 차단기 S_1을 닫으면 변압기까지 충전이 되고 발전기는 변압기에 전류를 흘리게 되고 이때 전류는 지상이기 때문에 전기자 반작용으로 발전기의 전압이 내려가고 문제는 발생하지 않는다. 하지만 차단기 S_2를 닫으면 선로가 충전되어 충전 전류는 발전기 전압보다 약 90° 위상이 앞서기 때문에 발전소의 동기 발전기 전기자 반작용에 의해서 발전기의 단자 전압은 오히려 상승한다. 따라서 만일 용량이 적은 발전기로 장거리 송전선을 충전할 경우에는 발전기의 여자회로를 개방시킨 상태로 발전기를 송전 선로에 접속시키면 즉시 발전기의 전압이 이상하게 상승하는 경우가 있다. 이 현상을 발전기의 **자기여자현상**이라 말하는데 송전 선로를 설치하여 처음 충전하는 경우에는 이 자기여자현상에 의해서 발전기의 이상전압 발생을 일으키지 않도록 충분한 검토가 필요하다.

그리고 그림 5-17에서 송선 선로에서의 충전에 대한 등가회로를 보여주고 있다.

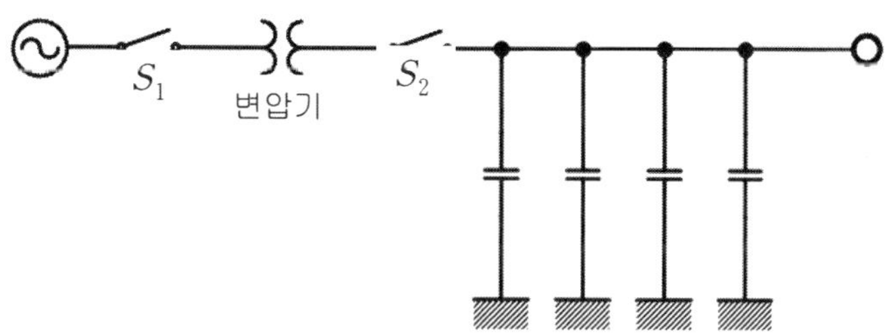

그림 5-17 송전 선로의 충전

그러므로 송전 선로에 병렬 리액터, 분로 리액터 등을 사용하고 발전기 용량을 선로의 충전 용량보다 크게 해야 한다.

연 습 문 제

1. 계통연계의 장점이 아닌 것은?

① 고장시의 단락용량이 줄어든다.

② 공급 신뢰도가 증대한다.

③ 공급 예비력이 절감된다.

④ 부하율이 향상된다.

해설 [장점]

㉠ 각 전력계통이 유무 상통하여 전력의 신뢰도를 증가시킬 수 있으며 첨두 부하를 교환하여 부하율을 향상시킨다.

㉡ 부하 증가에 대해 배후 전력이 커져서 전압, 주파수 변화가 적고 전력의 질이 좋아진다.

㉢ 경제급전이 가능하여져서 경제적이다.

[단점]

㉠ 배후 전력이 커서 고장 전류가 많아 보호방식이 복잡해진다.

㉡ 많은 계통이 연결되어 있어 한번 고장이 발생하면 복구가 어렵다.

㉢ 복잡한 전압 조정방식이 필요하다. 【답】 ①

2. 중성점 접지 직류 2선식과 교류 3상 3선식에서 사용 전선량이 같고 손실률과 절연 레벨을 같게 하면 송전 전력은?

① 직류 송전은 교류 송전에 비하여 41[%] 증가된다.

② 직류 송전은 교류 송전에 비하여 100[%] 증가된다.

③ 교류 송전은 직류 송전에 비하여 41[%] 증가된다.

④ 교류 송전은 직류 송전에 비하여 100[%] 증가된다.

해설 $\dfrac{\text{직류 2선식의 송전 전력}}{\text{교류 3상 3선식의 송전 전력}} = \dfrac{3}{2} \times \dfrac{V_d I_d}{3EI} = \dfrac{3 \times 2\sqrt{2}E \times \sqrt{2}I}{2 \times 3EI} = 2$ 【답】 ②

3. 송전 선로의 일반 회로 정수를 A, B, C, D라 하면 다음 중 옳은 것은?

① $AD - BC = 1$ ② $AB - CD = 1$

③ $AC - BD = 1$ ④ $AB + CD = 1$

해설 4단자 정수 관계식은 $AD-BC=1$, $A=D$ 【답】 ①

4. 일반 회로정수가 같은 평행 2회선에서 A, B, C, D는 1회선인 경우의 몇 배로 되는가?

① $A:2$, $B:2$, $C:\frac{1}{2}$, $D:1$ ② $A:1$, $B:2$, $C:\frac{1}{2}$, $D:1$

③ $A:1$, $B:\frac{1}{2}$, $C:2$, $D:1$ ④ $A:1$, $B:\frac{1}{2}$, $C:2$, $D:2$

해설 $A_0=A$, $B_0=\frac{1}{2}B$, $C_0=2C$, $D_0=D$가 된다. 【답】 ③

5. 중거리 이상의 송전선에서 경부하시, 특히 무부하로 되면 정전 용량 때문에 선로에 90° 에 가까운 앞선 전류가 흐르게 된다. 이 경우 발생하는 현상은?

① 근접 현상 ② 페란티 현상

③ 표피 효과 현상 ④ 플라즈마 현상

해설 송전 선로에서 무부하일 때나 경부하일 때, 송전 선로의 정전 용량 때문에 선로에 90°에 가까운 앞선 전류가 흘러 수전단 전압이 송전단 전압보다 높아지는 현상을 페란티(Ferranti phenomena) 현상이라 한다. 그리고 병렬(분로) 리액터를 설치하면 페란티 현상을 방지하는데 효과적이다. 【답】 ②

6. 장거리 송전 선로의 특성은 무슨 회로로 다루어야 하는가?

① 특성 임피던스 ② 집중 정수 회로

③ 분포 정수 회로 ④ 분산 부하

【답】 ③

7. 송전선의 특성 임피던스는 저항과 누설 컨덕턴스를 무시하면 어떻게 표시되는가?(단, L은 선로의 인덕턴스, C는 선로의 정전 용량이다.)

① $\sqrt{\frac{L}{C}}$ ② $\sqrt{\frac{C}{L}}$ ③ $\frac{L}{C}$ ④ $\frac{C}{L}$

해설 특성 임피던스 $Z_0=\sqrt{\frac{Z}{Y}}=\sqrt{\frac{0+j\omega L}{0+j\omega C}}=\sqrt{\frac{L}{C}}$

직렬 임피던스 $Z=R+j\omega L$

병렬 어드미턴스 $Y=G+j\omega C$ 【답】 ①

8. 부하 4000[kW], 뒤진 역률 80[%], 수전 전압 100000[V]일 때 전압 강하율은? (단, 선호 1가닥의 임피던스는 $3+j4[\Omega]$이다.)

① 1.1[%] ② 1.92[%]

③ 2.4[%] ④ 4.15[%]

해설 수전단 전력 $P_r = V_r I \cos\theta_r$[W]에서

$$I = \frac{P_r}{V_r \cos\theta_r} = \frac{4000000}{100000 \times 0.8} = 500[A]$$

송전단 전압 $V_s = V_r + I(R\cos\theta_r + X\sin\theta_r)$

$= 100000 + 500(3 \times 0.8 + 4 \times 0.6) = 102400[V]$

선간 전압 강하 $V = V_s - V_r = I(R\cos\theta_r + X\sin\theta_r)$

$= 500(3 \times 0.8 + 4 \times 0.6) = 2400[V]$

전압 강하율 $\varepsilon = \frac{V}{V_r} \times 100 = \frac{2400}{10000} \times 100 = 2.4[\%]$ 【답】 ③

9. 수전단 전압이 송전단 전압보다 높아지는 원인은?

① 뇌에 의한 이상 전압 ② 수전단의 무부하

③ 발전기의 병렬 운전 ④ 부하율이 클 때

해설 송전 선로에서는 무부하일 때나 경부하일 때, 수전단 전압(E_r)이 송전단 전압(E_s)보다 높아질 때가 있다. 이것은 송전 선로의 정전 용량 때문에 선로에 90°에 가까운 앞선 전류가 흐르기 때문이다. 【답】 ②

10. 송전단 전압이 66[kV], 수전단 전압이 61[kV]인 송전 선로에서 수전단의 부하를 끊을 경우의 수전단의 전압이 63[kV]이다. 전압 변동률[%]은 얼마인가?

① 2.75 ② 2.95 ③ 3.17 ④ 3.28

해설 $\text{전압 변동율} = \frac{\text{무부하시 수전단 전압} - \text{수전단 전압}}{\text{수전단 전압}} \times 100[\%]$

$= \frac{63-61}{61} \times 100 ≒ 3.28$ 【답】 ④

전력 원선도 제 6 장

6.1 전력 원선도

중요한 송전선은 송수 양단의 전압을 언제나 일정하게 유지하는 정전압 송전 방식을 사용하고 있다. 그것은 부하의 성질상 변전소 전압의 변화가 허용되지 않으며, 또 아무리 부하가 증가하더라도 발전소의 전압을 정격치 이상으로 상승시키는 것도, 내압상 허용될 수 없는 것이다. 이러한 조건하에서 부하의 수요에 응하여 전력을 보내기 위해서는 발전소의 전압을 부하의 증가에 따라서, 변전소의 전압보다 그 위상각을 앞서게 하는 수밖에 없다. 즉, 송전 전력이 증가하면 양단 전압의 크기는 그대로 두고, 그 상차각만 크게 해도 되기 때문이다.

전력 원선도를 작성하기 위해 필요한 요소는 송전단 전압(V_s), 수전단 전압(V_r), 회로 정수(A, B, C, D)이다. 그리고 전력 원선도를 통해서 알 수 있는 것은 최대 전력(정태 안정 극한 전류), 송·수전단 전압간의 상차각, 조상 용량, 수전단 역률, 선로 손실과 효율 등이다. 그러나 과도 극한 전력과 코로나 손실은 알 수 없다.

6.1.1 교류 전력의 표시법

그림 6-1에서 부하 $\dot{Z}$에 유입되는 전류와 단자에 가해지는 전압을 나타내면

$$\dot{I} = I\angle\theta_2 = I(\cos\theta_2 + j\sin\theta_2)$$

$$\dot{E} = E\angle\theta_1 = E(\cos\theta_1 + j\sin\theta_1)$$

$\theta_1 > \theta_2$라 하면 전압, 전류간의 위상차는 $\theta_1 - \theta_2 = \theta$이므로,

유효전력 $P = EI\cos\Theta$

무효전력 $P = EI\sin\Theta$

따라서, 유입 전력을 벡터로 나타내는 경우 $\dot{E}\dot{I}$라고 하면,

$$\dot{E}\dot{I} = EI\angle(\Theta_1+\Theta_2) = EI\{\cos(\Theta_1+\Theta_2)+j\sin(\Theta_1+\Theta_2)\}$$

로 되어서 위상차를 옳게 표시하지 못하게 된다. 그래서 벡터 전력 $\dot{W}$의 계산에는 전압, 전류의 어느 것이나 한 쪽의 공액치를 쓸 필요가 있다.

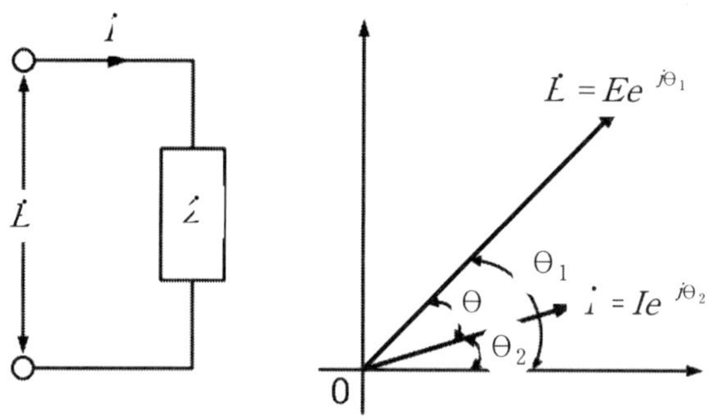

(a) (b)

그림 6-1 전압, 전류 벡터도

먼저, 전압의 공액치 E^*를 취하면($\Theta_1 < \Theta_2$인 경우) 다음과 같다.

$$\dot{W} = E^*\dot{I} = EI\angle(-\Theta_1+\Theta_2) = EI\angle\Theta = EI(\cos\Theta - j\sin\Theta) \qquad (6\text{-}1)$$

다음은 전류의 공액치 I^*를 취하면($\Theta_1 > \Theta_2$인 경우) 다음과 같다.

$$\dot{W} = \dot{E}I^* = EI\angle(\Theta_1-\Theta_2) = EI\angle\Theta = EI(\cos\Theta + j\sin\Theta) \qquad (6\text{-}2)$$

위의 두 식을 보면, 유효 전력의 항은 같으나 무효 전력의 항은 부호만 다르다. $\Theta_1 < \Theta_2$일 때는 전류의 위상이 전압보다 앞선 경우로서 진상 무효 전력(용량성 부하)을 정(+)으로 규약한 경우이고, $\Theta_1 > \Theta_2$일 때는 전류의 위상이 전압보다 뒤진 경우로서 지상 무효 전력(유도성 부하)을 정으로 규약한 경우이다.

이와 같이, 교류 전력을 표시함에 있어서, 무효 전력의 정, 부의 부호는 어느 것을 써도 좋다. 식 (6-1)의 방법은 전류 벡터를 일반적으로 앞섬(leading)을 정, 뒤

짐(lagging)을 부의 부호로 나타내는 것과 일치해서 이해하기 좋은 점도 있으나, 전류 벡터의 공액치를 취한 식 (6-2)의 경우 전력 계통에는 지상 무효 전력이 부하에 유입하는 경우가 다수이므로 널리 쓰여지고, 또 국제 전기표준회의(IEC)에서도 지상을 정으로 채용하도록 결정되었으므로, 여기서도 이 방법에 의하기로 한다.

6.1.2 전력 방정식

송전단 및 수전단의 전압 $\dot{E}_s$, $\dot{E}_r$ 및 전류 $\dot{I}_s$, $\dot{I}_r$의 관계는 다음과 같다.

$$\left.\begin{aligned} \dot{E}_s &= \dot{A}\dot{E}_r + \dot{B}\dot{I}_r \\ \dot{I}_s &= \dot{C}\dot{E}_r + \dot{D}\dot{I}_r \end{aligned}\right\} \qquad (6\text{-}3)$$

그리고 $\dot{I}_s$, $\dot{I}_r$에 대해서 정리하면 다음과 같다.

$$\left.\begin{aligned} \dot{I}_s &= \frac{\dot{D}}{\dot{B}}\dot{E}_s - \frac{1}{\dot{B}}\dot{E}_r \\ \dot{I}_r &= \frac{1}{\dot{B}}\dot{E}_s - \frac{\dot{A}}{\dot{B}}\dot{E}_r \end{aligned}\right\} \qquad (6\text{-}4)$$

지금 $\dot{E}_r$을 기준 벡터로 잡고, $\dot{E}_s$는 $\dot{E}_r$보다 위상이 δ만큼 앞선 것으로 하여, $\dot{E}_s = E_s\delta$, $\overline{E}_s = E_s\delta$, $\dot{E}_r = \overline{E}_r = E_r$로 놓으면 송수 전단 전력 $\dot{W}_s$, $\dot{W}_r$은 P_s, P_r 및 Q_s, Q_r을 송수 전단의 유효 전력 및 무효 전력이라 할 때, 다음과 같이 된다.

$$\begin{aligned} \dot{W}_s &= \dot{E}_s\overline{I}_s = P_s + jQ_s = \frac{\overline{D}}{\overline{B}}\dot{E}_s\overline{E}_s - \frac{1}{\overline{B}}\dot{E}_s\overline{E}_r \\ &= \frac{\overline{D}}{\overline{B}}E_s^2 - \frac{1}{\overline{B}}E_sE_r\delta \end{aligned} \qquad (6\text{-}5)$$

$$\begin{aligned} \dot{W}_r &= \dot{E}_r\overline{I}_r = P_r + jQ_r = \frac{1}{\overline{B}}\overline{E}_s\dot{E}_r - \frac{\overline{A}}{\overline{B}}\dot{E}_r\overline{E}_r \\ &= \frac{1}{\overline{B}}E_sE_r\delta - \frac{\overline{A}}{\overline{B}}E_r^2 \end{aligned} \qquad (6\text{-}6)$$

이 두식을 전력 방정식(power equation)이라 부른다. $\dot{E}_s$, $\dot{E}_r$은 1상의 전압 [kV]이므로 $\dot{W}_s$, $\dot{W}_r$은 각각 1상분의 유효 전력[MW] 및 무효 전력[MVar]을 나타내며, 3상 전력은 $3\dot{W}_s$, $3\dot{W}_r$이다. E_s, E_r 대신에 선간 전압 $\dot{V}_s$, $\dot{V}_r$을 사용하면 $V_s=\sqrt{3}E_s$, $V_r=\sqrt{3}E_r$이고, 윗 식은 전압의 2차식이므로, $\dot{W}_s$, $\dot{W}_r$는 그대로 3상 전력을 나타내게 된다.

6.1.3 전력 원선도

식 (6-5), 식 (6-6)에 나타낸 전력 방정식에서 원선도 정수(circle diagram coef -ficients)라 불리어지는 $\frac{\overline{D}}{B}$ · $\frac{1}{B}$ · $\frac{\overline{A}}{B}$는 송전 선로에 따라서 결정되는 정수인 때, 이것을 다음과 같이 놓는다.

$$\frac{\overline{D}}{B}=m+jn,\quad \frac{1}{\overline{B}}=\frac{1}{B}\angle\beta,\quad \frac{\overline{A}}{B}=m'+jn' \tag{6-7}$$

이것을 식 (6-5), 식 (6-6)에 대입하면,

$$\dot{W}_s=P_s+jQ_s=(m+jn)E_s^2-\frac{E_sE_r}{B}\angle(\delta+\beta) \tag{6-8}$$

$$\dot{W}_r=P_r+jQ_r=-(m'+jn')E_r^2+\frac{E_sE_r}{B}\angle(\beta-\delta) \tag{6-9}$$

와 같이 된다. 일반적으로 전력 계통은 정전압 송전 방식을 채택하고 있으므로, 수용 부하 전력의 증감에 대해서 송수 전단 전압의 상차각 δ를 조정하여 이것에 응하므로 윗 식 중의 변수는 δ뿐이다.

(1) 송전단 전력 원선도

식 (6-8)을 보면 이 식은 원의 궤적으로 된다는 것을 알 수 있으며, 그림 6-2에 나타낸 것과 같다.

$$\left.\begin{aligned} &\text{중심의 위치 } OS=(m+jn)E_s^2 \\ &\delta=0\text{일 때의 반경 } SA=-\frac{E_sE_r}{B}\angle\beta \end{aligned}\right\} \quad (6\text{-}10)$$

즉, 횡축에 송전단에서 유출하는 유효 전력 P_s를, 종축에 무효 전력 Q_s를 잡고, 지상 무효 전력을 정방향으로 하면 중심의 좌표는 $S(mE_s^2, nE_s^2)$이고, 반경의 크기는 E_sE_r/B, $\delta=0°$ 즉, $\angle\delta=1$일 때의 반경 SA는 횡축과 β의 각도로 중심 S를 통하는 직선으로 된다. 일반적으로 이 원을 **송전단 전력 원선도**(sending end power circle diadram)라 하고, 그 동작 특성은 부하가 증가하여 E_s, E_r 사이의 상차각 δ가 커짐에 따라서, $\angle\delta$항에 의하여 그 동작점이 원주상을 반시계 방향으로 A에서 이동해 간다.

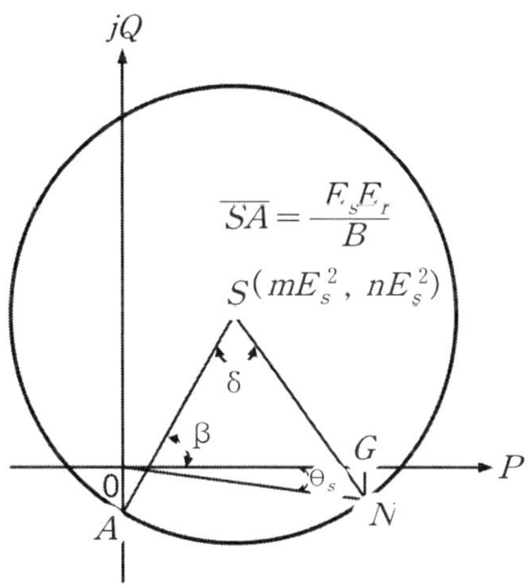

그림 6-2 송전단 전력 원선도

δ가 그림에서와 같은 값일 때 동작점은 N으로 되고, 송전단 벡터 전력은 ON[MVA]으로 나타내어지며 다시 N에서 횡축에 선 NG를 그어서 그 만나는 점을 G라고 하면, 송전단에서 유출하는 유효 전력 P_s[MW]는 OG, 무효 전력 Q_s[MVar]는 GN으로 표시된다. 이때의 무효 전력은 진상 무효 전력이고, 또 송전단 역률은 $\cos\theta_s$이다.

(2) 수전단 전력 원선도

식 (6-9)는 그림 6-3에 나타내는 바와 같은 수전단 전력 원선도(receiving end power circle diagram)이다.

$$\left.\begin{array}{l} \text{중심의 위치 } -OR = -(m' + jn')E_r^2 \\ \delta = 0° \text{ 일 때의 반경 } RB = \dfrac{E_s E_r}{B} \angle\beta \end{array}\right\} \qquad (6\text{-}11)$$

반경의 크기는 송전단 전력 원선도와 같고 이때의 횡축은 수전단에 유입하는 유효 전력, 종축은 수전단에 유입하는 지상 무효 전력을 정방향으로 한다. 수전단에 유입하는 벡터 전력 OM[MVA]의 동작점 M은, $\delta = 0°$의 점 B를 기준으로 해서, δ의 증대에 따라서 $\angle\delta$항에 의하여 시계 방향으로 이동한다. M에서 횡축의 수선을 MK라고 하면, OK는 수전단에 유입하는 유효 전력 P_r[MW]을 KM은 이 그림의 경우는 수전단에 유입하는 진상 무효 전력 Q_r[MVar]을 나타내고 있다. 또 $\cos\theta_r$은 수전단 역률이 된다.

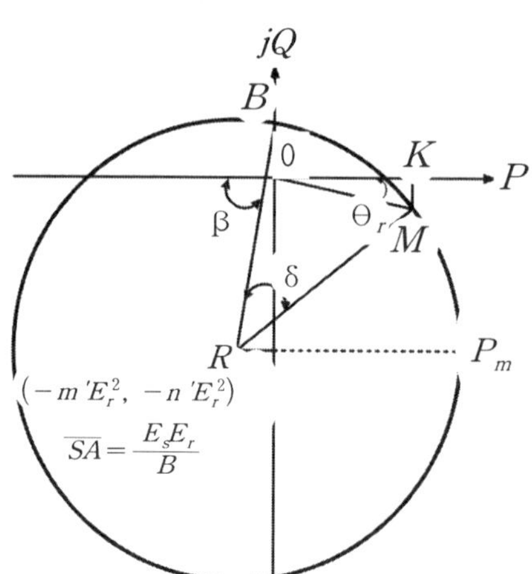

그림 6-3 수전단 전력 원선도

그래서 송수 전단 전압 E_s, E_r의 크기가 각각 일정하게 유지되는 것이라 한다면, $P_s + jQ_s$는 송전단 전력 원선도의 원주상에, 또 $P_r + jQ_r$은 수전단 전력 원선도의 원주상에, $\delta = 0°$에 상당하는 각각의 기준선에서 δ도가 되는 각 동작점을 가진 벡터 전력으로서 표시하도록 운전하지 않으면 안 된다.

그리고 이 그림에 나타내는 바와 같이 수전단 변전소에서 최대 수전 전력(maxi-mum receiving active power) P_m[MW]은

$$P_m = \frac{E_s E_r}{B} - m' E_r^2 \tag{6-12}$$

로 되며, 송수전단 전압의 상차각 δ를 이것보다 크게 하더라도, 수전단의 부하를 이 이상 증대할 수는 없다.

(3) 송수전단 전력 원선도

일반적으로 송전단 전력 원선도와 수전단 전력 원선도를 같은 좌표상에 그린 그림 6-4가 사용되고 있다. $\dot{A} = \dot{L}$일 때는 SOR은 일직선이 되고, 또 $E_s = E_r$이면 $OS = OR$로 되나 대체로는 그렇지 않다. E_s, E_r 및 δ가 주어진 경우에는 앞에서 설명한 바와 같이 P_s, Q_s, P_r, Q_r이 용이하게 사용된다. 예를 들어 E_s, E_r 외에 수전 전력 $P_r = OK$가 먼저 주어졌다고 하면, 횡축에 대한 수선 KM에서 M점이 수전단 전력원의 원주상에 구하여 지고, $KM = Q_r$을 알 수 있음과 동시에 송수전단 전압의 상각차 δ가 판명된다.

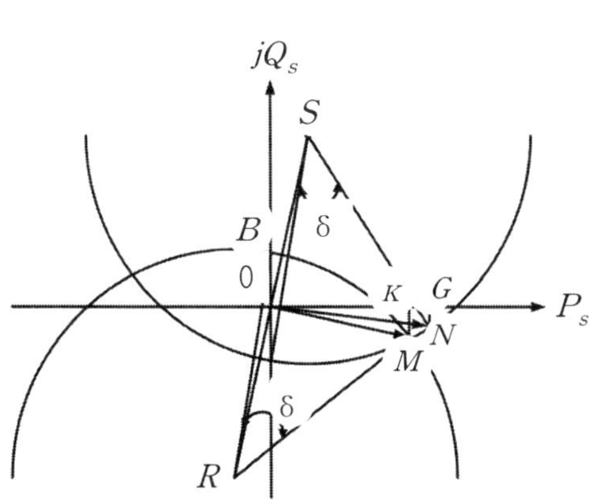

그림 6-4 송수전단 전력 원선도

이것에서 송전단 전력원의 원주상에, SA에서 δ도를 갖는 SN을 그어 N점을 결정하고, 횡축에의 수선 NG에서 G점을 얻으면, $OG = P_s$, $GN = Q_s$가 구하여진다. 따라서, 그림에서 $OG - OK = KG = P_s - P_r = P_l$[MW]은 송전 손실을 나타내

게 된다.

예 제 정전압 송전 방식에서 전력 원선도를 작성하기 위해 필요한 사항은 무엇인가?

해설 ① 송전단 전압(E_s) ② 수전단 전압(E_r) ③ 회로 정수(A, B, C, D)

예 제 전력 원선도의 가로축과 세로축은 각각 무엇을 나타내고, 전력 원선도를 통해 알 수 있는 사항은 무엇인가?

해설 ① 가로축 : 유효 전력, 세로축 : 무효 전력 ② 최대 전력, 조상 용량, 수전단 역률, 송수전단 전압간의 상차각, 선로 손실과 송전 효율

6.2 전압의 유지와 조상 용량

송수전 전력 계산식이나 원선도에서 알 수 있는 바와 같이, 정전압 송전에서는 P_s, Q_s, P_r, Q_r 중 어느 것이나 하나가 정해지면 다른 것은 전부 결정된다. 예를 들면, 어떤 전력 P_r을 수전 전력으로 한다면, 이것에 응해서 수전단 무효 전력 Q_r이나, 송전단 전력 P_s+jQ_s도 모두 결정된다. 즉, P_r을 수전하기 위해서는 송수전단에 공통적으로 이것에 상당하는 어떤 일정 역률로서 운전해야 한다. 이 때 송전단에서는 발전기의 여자를 가감해서 요구되는 무효 전력을 발전기가 공급하기 때문에 문제되지 않으나, 수전단에서는 원선도에 주어지는 역률과 부하가 요구하는 역률 사이의 조정을 도모하기 위해 무효 전력의 공급이 필요하게 된다. 이 때문에 수전단에는 무효 전력의 공급원인 조상 설비가 있어야 한다.

조상 설비로서는 동기 조상기(synchronous condenser, rotary condenser), 병렬 콘덴서(parallel condenser), 분로 리액터(shunt reactor) 등이 쓰여지는데, 보통 수전 변압기의 3차 권선 또는 2차측 모선에 접속한다(그림 6-5 참조).

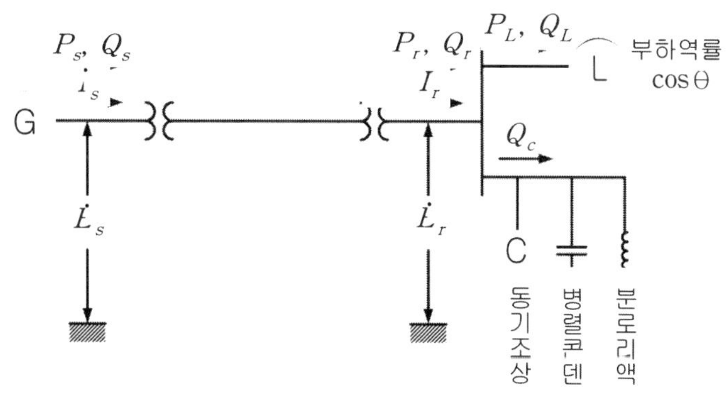

그림 6-5 단일 송전 계통 조상설비

예를 들면, 그림 6-6에 나타내는 바와 같이, 뒤진 일정 역률 cosΘ의 부하 특성 곡선에서 부하 전력을 P_L이라 하면 벡터는 OL로 표시되고 부하에 유입하는 지상 무효 전력 $+jQ_L$로 된다. 한편 $P_r = P_L$에 상당하는 원선노 상의 농작점은 M으로서, 벡터 전력은 OM으로 표시된다.

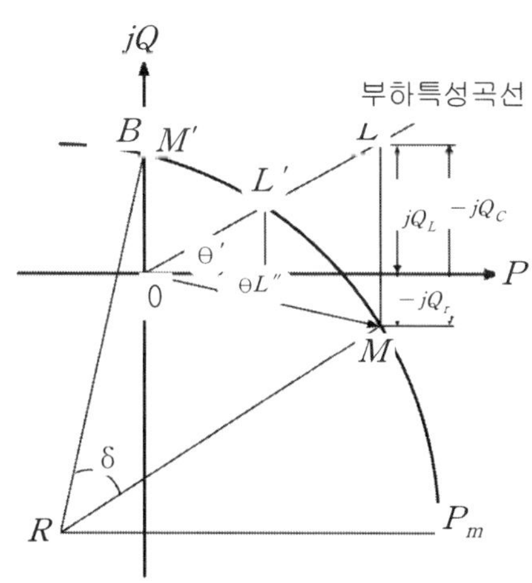

그림 6-6 조상 용량

그러므로 이 때 수전단에 들어오는 무효 전력은 진상 무효 전력 $-jQ_r$로 됨으로써, 비로소 E_s, E_r이 일정치로 유지되게 된다. 이 때문에 조상기에 유입할 필요가 있는 무효 전력을 Q_c라고 하면, 그림 6-5의 수전단 2차 모선 B에 유입하는 벡터 전력은 B에서 유출하는 벡터 전력과는 당연히 같아야 하므로 다음과 같이 계산할 수 있다.

$$P_r - jQ_r = P_L + jQ_L + jQ_c,\ \ P_L = P_r$$

$$\therefore\ Q_c = -(Q_L + Q_r) = -(Q_r + P_r \tan\Theta) \tag{6-13}$$

즉, $j(Q_L + Q_r) = -jQ_c = LM$과 같은 진상 무효 전력이 조상 설비에 유입하게 조정하면 된다. 또 이때의 수전단 역률은 그림에서와 같이 진상 $\cos\Theta'$이다. 다음에 부하가 벡터 전력 OL'에 상당하는 값 OL''로 감소하기까지는, 조상 설비에 지상 무효 전력이 유입하고, 다시 감소하면 지상 무효 전력이 유입하도록 조정해서, 수전 전력을 원선도 상에 오도록 할 필요가 있다. 무부하에서 수전 전압을 규정치로 유지하기 위해서 OM'[kVar]의 지상 무효 전력을 조상 설비에 흡수시키지 않으면 안 된다. 즉, $L'LM$의 범위에서는 조상기의 여자 전류를 크게 해서 진상 무효 전력을 취하게 하거나, 병렬 콘덴서를 쓰고, $L'M'O$의 범위에서는 여자 전류를 줄여서 조상기에 지상 무효 전력을 취하게 하거나, 분로 리액터를 사용해서 조정하게 된다. OL''의 부하일 때는 조상용량은 영이다.

동기 조상기는 지상에서 진상까지 연속된 정밀한 조정에 적합하지만 회전기이므로 값이 비싸기 때문에 근래에는 전력용 콘덴서가 중부하시의 조정에 많이 쓰여지게 되었다. 이것은 정지기이므로 가격도 싸고, 손실도 적은 장점이 있으나, 연속적인 조정은 불가능하다. 따라서, 동기 조상기와 전력용 콘덴서를 병용해서 정밀한 조정 및 지상 관계는 조상기에 맡기고, 단계적인 조정은 전력용 콘덴서에 의하도록 하는 방법이 현재 널리 쓰여지고 있다.

그러므로 송수전단의 전압과 그 사이의 일반 회로 정수가 주어지면 전력 원선도를 그릴 수 있고, 부하 역률에 따라서 부하 곡선을 그리면 다음을 알 수 있다.

① 최대 수전 전력 P_m

② 수전 전력 P_r 및 송수전단 전압의 상차각 δ와 관계

③ 수전 전력 P_r 및 부하 역률 $\cos\Theta$와 소요 조상 용량 Q

④ 선로 손실 P_l 및 송전 효율

표 6-1 조상설비

커패시터	진상전류 충전전류 지락전류	직렬 커패시터 : 전압 강하 보상 병렬 커패시터 : 역률 개선
리 액 터	지상전류 유도전류 단락전류	한류 리액터 : 단락 전류 제한 직렬 리액터 : 제5고조파 제거 병렬 리액터 : 페란티 현상 방지
동기 조상기	진상 · 지상 양용	중간 조상기 : 선로 중간에 동기 조상기를 연결하여 안정도 증대 동기 조상기 : 무부하로 운전중인 동기 전동기 역률제어

연 습 문 제

1. 전력 원선도에서 알 수 없는 것은?

① 전력　② 손실　③ 역률　④ 코로나 손실

해설 원선도에서 알 수 있는 사항

㉠ 정태 안정 극한 전력
㉡ 송수 양단 전압간의 상차각
㉢ 조상 용량
㉣ 수전단 역률
㉤ 선로의 손실과 효율

【답】 ④

2. 송·수 양단의 전압을 E_S, E_R이라 하고 4단자 정수를 $ABCD$라 할 때 전력 원선도의 반지름은?

① $\dfrac{E_SE_R}{A}$　② $\dfrac{E_SE_R}{B}$

③ $\dfrac{E_SE_R}{C}$　④ $\dfrac{E_SE_R}{D}$

해설 전력 원선도의 반지름 $R=\dfrac{E_SE_R}{Z}=\dfrac{E_SE_R}{B}$

【답】 ②

3. 정전압 송전 방식에서 전력 원선도를 그리려면 무엇이 주어져야 하는가?

① 송수전단 전압, 선로의 일반회로정수
② 송수전단 전류, 선로의 일반회로정수
③ 조상기 용량, 수전단 전압
④ 송전단 전압, 수전단 전류

해설 전력 원선도 작성시 필요한 사항

송전단 전압, 수전단 전압, 회로정수

【답】 ①

4. 전자계산기에 의한 전력 조류 계산에서 슬랙(slack)모선의 지정값은?(단, 슬랙 모선을 기준선으로 한다.)

① 유효 전력과 무효 전력 ② 전압 크기와 유효 전력

③ 전압 크기와 무효 전력 ④ 전압 크기와 위상차

해설 계통의 조류를 계산하는데 있어 발전기 모선, 부하 모선에서는 다같이 유효 전력이 지정되어 있지만 송전 손실이 미지이므로 이들을 모두 지정해 버리면 계산 후 이 송전 손실 때문에 계통 전체에 유효 전력에 과부족이 생기므로 발전기 모선 중에서 유효 전력용 모선으로 남겨서 여기서 유효 전력과 전압의 크기를 지정하는 대신 전압의 크기와 그 위상각을 지정하는 모선을 슬랙 모선 또는 스윙 모선이라고 한다. 【답】 ④

5. 전력계통의 전압조정과 무관한 것은?

① 발전기의 조속기(governor)

② 발전기의 전압조정장치

③ 전력용 콘덴서

④ 전력용 분로리액터(shunt reactor)

【답】 ①

6. 전력 계통의 주파수 변동은 주로 무엇의 변환에 기인하는가?

① 유효 전력 ② 무효 전력

③ 계통 전압 ④ 계통 임피던스

【답】 ②

7. 전력 계통의 전압을 조정하는 가장 주요 수단은?

① 발전기의 유효 전력 조정 ② 부하의 유효 전력 조정

③ 계통의 주파수 조정 ④ 계통의 무효 전력 조정

해설 정전압 송전을 위하여 조상설비를 이용하여 무효 전력을 조절한다. 【답】 ④

8. 자기여자 방지를 위하여 충전용의 발전기 용량이 구비 할 조건은?

① 발전기 용량 < 선로의 충전 용량

② 발전기 용량 < 3 × 선로의 충전 용량

③ 발전기 용량 > 선로의 충전 용량

④ 발전기 용량 > 3 × 선로의 충전 용량

해설 자기 여자 방지법

㉠ 병렬 리액터, 분로 리액터 등을 사용한다.

㉡ 발전기 용량을 선로의 충전 용량보다 크게 한다. 【답】 ④

9. 송전 선로의 송전 용량 결정에 관계가 먼 것은?

① 송수전단 전압의 상차각 ② 조상기 용량

③ 송전 효율 ④ 송전선의 충전 전류

해설 $P_s = \frac{E_s E_R}{X} \sin\delta$ 에서

δ : 상차각(부하각),

X : 손실(송전 효율, 조상기 용량) 【답】 ④

10. 전력 원선도의 가로축과 세로축은 각각 어느 것을 나타내는가?

① 최대 전력 - 피상 전력 ② 유효 전력 - 무효 전력

③ 조상 용량 - 송전 손실 ④ 송전 효율 - 코로나 손실

해설 가로축: 유효 전력, 세로축: 무효 전력 【답】 ②

중성점 접지 방식

제 7 장

교류 방식의 3상 송전이 현재로서는 많은 우수한 점을 내포하고 있기 때문에 주로 이 방식에 의할 수밖에 없는데, 고전압으로 되면 여러 가지 이유로 그 중성점을 어떤 형식으로든 접지하는 것이 일반적이다.

그리고 3상 송전을 비롯하여 기타의 경우에 대지를 통하여 전류가 흐르면 이것이 유도전류로 되어 병행하고 있는 통신선 등에 유도 장해를 주어 나쁜 영향을 미치는데, 이것은 중성점의 접지방식에 따라 많은 영향을 받는다.

7.1 중성점 접지 방식

저전압 단거리 송전선을 제외하고는 송전선의 중성점은 다음과 같은 이유로 접지를 한다.

① 대지 전압의 상승을 억제하여 전선로 및 기기 절연 레벨의 경감.
② 뇌, 아크 지락 등에 의한 이상 전압의 경감 및 발생의 방지.
③ 지락 고장에 대하여 계전기 동작의 확실 및 고속을 기한다.
④ 소호 리액터 접지에서는 1선 지락시 지락 전류를 빨리 소멸시킨다.

또 중성점의 접지에는 중성점 임피던스의 종류와 크기에 따라 다음과 같은 방식들이 있다.

① 비접지 방식
② 직접 접지 방식
③ 저항 접지 방식(저저항, 고저항)
④ 한류 리액터 접지 방식
⑤ 소호 리액터 접지 방식
⑥ 저항·리액터 병렬 접지 방식

위의 여러 방식에는 각각의 특징이 있지만, 이상 전압의 경감, 계통의 절연 레벨의 저감, 피뢰기 책무의 신뢰도 및 계전기 동작의 정확성 등의 견지에서는 가급적 낮은 임피던스로 접지하여 지락 사고시 중성점 전류가 큰 것이 좋다. 그러나 과도 안정도의 향상, 통신선에 대한 유도 장해의 억제, 차단기의 대전류 차단 회수의 감소, 기기에 대한 기계적 충격의 경감 및 고장점 피해의 저감 등의 견지에서는 되도록 높은 임피던스로 접지해서 지락 고장시 중성점 전류가 적은 것이 좋다.

7.1.1 비접지 방식

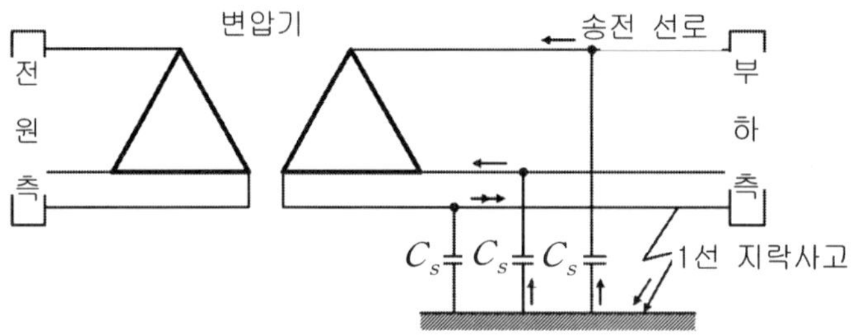

그림 7-1 비접지 방식

송전 전압이 낮고 선로 길이가 짧은 경우에 사용된다. 이 방식에서는 변압기 결선을 △로 할 수 있기 때문에 변압기 고장 등의 경우에 V결선으로 바꾸어 송전을 할 수 있는 특징이 있지만, 그림 7-1과 같이 전압이 높은 장거리 선로에서는 1선 지락시 충전 전류에 의한 간헐 아크 지락(intermittent arcing ground)을 일으켜, 고주파 진동 전압을 수반한 이상 전압을 발생할 우려가 있다. 그래서 우리나라에서도 66[kV]계통의 일부와 22[kV]계통에서는 이 방식에 의하고 있다.

7.1.2 직접 접지 방식

변압기 중성점을 직접 도선으로 접지 전극에 접속하는 방식을 **직접 접지 방식**이라 하는데, 우리나라에서는 154[kV] 및 345[kV] 계통에서는 이 방식에 의하고 있으며, 고압 배전 계통에도 이용되고 있다. 이 방식의 장점과 단점은 다음과 같다.

(가) 직접 접지 방식의 장점

① 1선 지락 고장의 경우에 건전상(지락되지 않은 상)의 대지 전압이 거의 상승하지 않고, 또 아크 지락으로 되어도 이상 전압의 우려가 없으며, 선로 차단시의 개폐 이상 전압도 적어서 절연을 경제적으로 처리할 수 있다. 즉 선로의 애자 개수를 줄이고, 기기의 절연을 경제적으로 처리할 수 있다. 즉 선로의 애자 개수를 줄이고, 기기의 절연 레벨을 줄일 수 있으며, 특히 변압기의 단절연 등의 채용이 가능하다. 또 개폐 농요의 값을 저하시킬 수 있으므로 피뢰기의 책무를 경감하는 것으로 되어 피뢰기의 효과를 증가시킨다.
② 1선 지락 사고시의 지락 전류가 크므로 계전기의 동작이 확실하게 되는데, 이것은 선간 단락의 경우와 마찬가지로 고장의 고속도 선택 차단이 쉽게 이루어진다.

(나) 직접 접지 방식의 단점

① 지락 전류가 저역률·대전류이므로 계통의 과도 안정도가 나빠진다.
② 지락 고장이 생기면, 병행 통신선에 큰 전자 유도 전압이 유도되어서 장해를 주며 평상시에 있어서도 송전선의 불평형 전류나 변압기의 제3고조파 전압 및 전류에 의해서 유도 장해를 줄 위험성이 있다.
③ 지락 전류의 기기에 대한 기계적 충격이 커서 손상을 주기 쉽다. 또, 고장점에서 애자의 파손, 전선 용단 등의 염려도 있다.
④ 송전선 사고의 대부분이 1선 지락 고장이므로, 직접 접지 방식에서는 차단기가 큰 고장 전류를 자주 차단하게 된다.

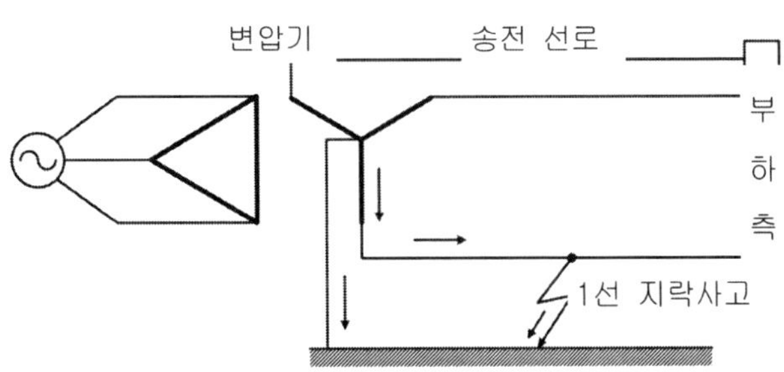

그림 7-2 직접 접지 방식

이와 같은 단점 중에서 통신선에 대한 유도 장해가 가장 문제로 되나, 이것은 통신선에 고성능 피뢰기를 마련하고, 차폐선을 가설함으로써 어느 정도 경감시킬 수 있다. 또 과도 안정도의 저하나, 기타의 결점에 대해서는 우수한 계전기와 차단기를 설비해서, 고장을 신속히 제거하여 해결하도록 한다.

7.1.3 저항 접지 방식

저항 접지 방식에는 직접 접지 방식의 특성에 가까운 저저항 접지 방식과 비접지 방식에 유사한 고저항 접지 방식이 있다.

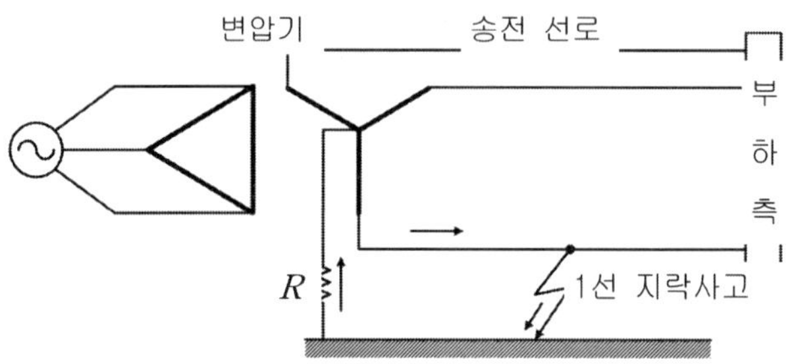

그림 7-3 저항 접지 방식

(1) 저저항 접지 방식

이 방식은 계통에 접속된 변압기의 중성점을, 가령 220[kV]계통이라면 30[Ω]정도의 낮은 저항으로 접지하는 것이다.

직접 접지 방식은 1선 고장시의 고장 전류가 크고, 더구나 저역률이므로 과도 안정도가 나빠서 고속도로 고장점을 제거하지 않으면 동기 이탈을 초래하여, 계통이 동요 상태로 될 우려가 있다. 따라서 중점을 저저항으로 접지하여, 고장 전류를 제한하고, 동시에 고역률의 전류로 함에 따라 발전기 부하의 급변을 피하고, 과도 안정도를 향상 시킨다.

(2) 고저항 접지 방식

이 방식은 계통에 접속된 중성점을 고저항으로 접지하는 방식이다. 접지 저항의 값은 너무 낮으면 통신선에 유도 장해가 커지게 되고, 반대로 지나치게 커지면 지락 계전기의 동작이 어려워지며 건전상의 대지 전압의 상승을 가져오게 되므로, 저항치는 이러한 점을 감안해서, 지락 고장시의 지락 전류가 정격 선전류 전후의

100~300[A] 정도로 되도록, 154[kV]에서는 400~900[Ω], 66[kV]계통에서는 200~400[Ω] 정도가 선정되고 있다.

접지 저항으로서는 주철제 그리드 저항기를 사용하는데, 시간 정격은 5~60초이지만 30초 정격이 많고, 온도 상승도 구조상 350[℃]로 되어 있다.

7.1.4 한류 리액터 접지 방식

이 방식은 계통에 접속된 변압기의 중성점을 낮은 리액턴스로써 접지하는 방식인데, 그 리액턴스는 다음에 설명하는 소호 리액터에 비해서 그 값이 훨씬 적은 것이다. 저저항 접지 방식과 같이 지락 전류를 제한함으로써 과도 안정도의 향상을 목적으로 한 것인데, 단상 전력의 소비가 없으므로 저저항 접지 방식보다 과도 안정도 향상에 유리할 뿐 아니라, 개폐 동요 등의 이상 전압을 대지로 이끌어 보내는 장점이 있다. 이 방식은 미국에서 채용되고 있다.

7.1.5 소호 리액터 접지 방식

송전선의 대지 정전용량과 병렬 공진하는 인덕턴스값을 가진 리액터로 중성점을 접지하는 방식인데, 이것을 소호 리액터 또는 창시자의 이름을 따서 페테르젠 코일(Petersen coil)이라고 한다. 이 방식의 장점은 1선 지락 사고가 일어나도 고장점에서 대지에 흐르는 지락 전류가 격감되어, 고장점에서의 아크의 재발생이 완전히 억제되므로, 이상 전압의 발생을 막아서, 다른 방식에서는 고장점을 선택 차단하여 정전으로 되는 사고도, 이것에 의하면 수시로 회복되어 운전에 지장을 주지 않는 경우가 많다.

(1) 소호 원리

그림 7-4에서 $\dot{X}_L$을 소호 리액터의 리액턴스, $\dot{X}_c$를 각 상의 대지 정전용량에 의한 리액턴스, 소호 리액터의 자기 인덕턴스를 L, 각 상의 대지 정전용량을 C_s라 하면 $X_L = \omega L$, $X_c = 1/\omega C_s$이다.

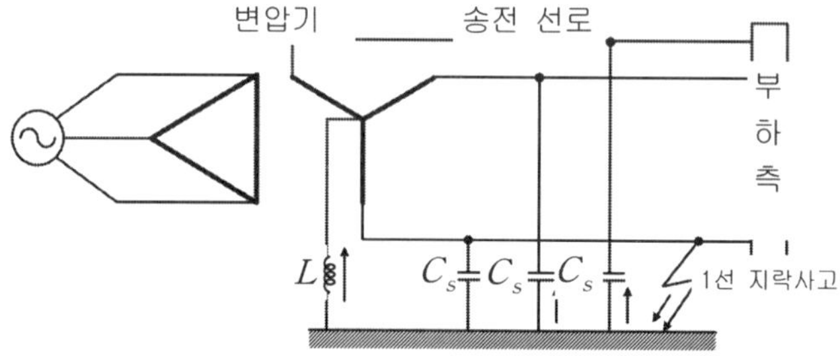

그림 7-4 소호 리액터 접지 방식

소호 리액터의 병렬공진 조건을 만족하는 X_L의 값은

$$X_L = \omega L = \frac{1}{3\omega C_s} [\Omega] \tag{7-1}$$

로 되고 소호 리액터의 인덕턴스 L은 다음과 같다.

$$L = \frac{1}{3\omega^2 C_s} [\mathrm{H}] \tag{7-2}$$

그런데 실제의 계통에 있어서는 소호 리액터와 3선 일괄 정전용량이 완전히 공진하고 있다 하더라도 선로 저항, 누설 저항, 지락점 저항, 대지 저항, 변압기나 소호 리액터의 손실, 코로나손 등이 있기 때문에 지락 전류를 영으로 하는 것은 불가능하며, 반드시 잔유 전류가 흐른다. 이 잔유 전류가 적을 때는 아크를 유지할 수 없어서 소호 작용에 영향을 주지 않지만, 이것이 크게 되면 소호 리액터의 효과를 잃게 된다.

(2) 합조도

소호 리액터 계통의 1선 지락시의 소호 현상에 영향하는 것으로는 지락 전류의 크기, 잔류 전류, 고조파분, 선로 전압, 기상 상태 등 외에 공진의 벗어남의 정도, 즉 합조도가 크게 작용한다. 소호 리액터는 다수의 전류탭을 마련하여 그 인덕턴스값의 조정이 될 수 있도록 하고 있는데, 사용하고 있는 전류 탭의 정격 전류와 전대지 충전 전류와의 공진의 정도를 나타내는 합조도 P는 사용 탭전류를 I, 전대지 충전전류를 I_c라고 한다면 다음과 같이 표시된다.

$$P = \frac{I - I_c}{I_c} \times 100[\%] \qquad (7\text{-}3)$$

합조도가 (+)일 때는 소호 리액터에 흐르는 뒤진 전류가 전대지 충전 전류보다 큰 경우로서, 이것을 **과보상상태**($\omega L < 1/3\omega C_s$)라 하고, (−)인 경우는 리액터 전류가 충전 전류보다 적은 경우로서, 이것을 **부족보상상태**($\omega L > 1/3\omega C_s$)라 한다. 물론 공진탭이면 합조도는 영이다. 그리고 합조도는 일반적으로 10[%] 정도 이내이면 지락 전류는 소호된다.

(3) 소호 리액터 용량

소호 리액터는 사고점을 통과하는 대지 충전전류를 없애는 것이므로 용량을 결정하려면 먼저 송전선의 대지 정전용량을 정확히 실측 또는 계산에 의해서 구하여야 한다.

송전선의 대지 정전용량은 제2장에서 말한바와 같이 선로의 길이, 전선의 굵기, 배치, 가공지선의 유무 등에 따라서 다르다.

지금 1선의 대지 정전용량은 C[μF], 선로의 선간전압과 상전압을 각각 V[V], E[V], 주파수를 f[Hz]라 하면 소호 리액터의 용량은 다음과 같이 구해진다.

$$\left.\begin{aligned} &\text{전압 : 계통의 상전압} = E = \frac{V}{\sqrt{3}}[\text{V}] \\ &\text{전류 : 전대지 충전전류} = E \cdot 3\omega C[\text{A}] \\ &\text{용량 : 전압×전류} = E^2 \cdot 3\omega C \times 10^{-3}[\text{kVA}] \\ &\qquad\qquad = V^2 \omega C \times 10^{-3}[\text{kVA}] \end{aligned}\right\} \qquad (7\text{-}4)$$

(4) 소호 리액터의 적용

소호 리액터는 전압이 낮은 계통, 특히 1회선 송전선과 같이 고장이 생겨서 차단하면 공급에 지장을 초래하는 계통에서는 더욱 효과가 있고, 또 통신선이 근접해 있는 계통에서는 소호 리액터의 설치 위치를 적당히 선정함으로써 전자 유도 장해가 경감되는 점에서 많이 쓰여져 왔다. 그러나 운전・보수의 번잡성, 이상 전압 발생의 위험성, 고장에 따른 열화 애자의 판별이 어려운 결점이 있기 때문에, 근래에는 리액터 단독 사용을 피하고 저항과 병용함으로써 이들의 결점을 보완하여, 지락 고장의 제거를 확실히 하는 방식이 채용되는 경향이 있다. 그리고 고전압 계통에서는 송전 선로 및 기기의 절연 기술과 경제면에서 이것을 채용하는 것은 불리하기 때문에, 220[kV] 정도가 소호 리액터 채용의 한도라고 한다. 그런데 우리 나라에서는 66[kV] 선로의 일부에 이 방식이 적용되고 있다.

예 제 1상의 대지 정전 용량 0.5[μF], 주파수 60[Hz]인 3상 송전선이 있다. 이 선로에 소호 리액터를 설치하기 위한 소호 리액터의 공진 리액턴스를 구하시오.

해설 $\omega L = \frac{1}{3\omega C_s} = \frac{1}{3 \times 2\pi \times 60 \times 0.5 \times 10^{-6}} = 1768[\Omega]$

7.1.6 저항·리액터 병렬 접지 방식

도시의 급격한 전력 수요 증가에 대처하여 근래 채용하게 된 방식인데, 고저항 접지 방식의 경우와 같은 정도의 고저항과 고리액턴스와를 병렬로 접속하는 방식이다. 즉 도시의 케이블 계통이 늘어나서, 이것이 가공선 계통과 연계되면, 계통의 대지 정전용량이 대단히 커지므로, 지락 고장 전류도 또한 커진다. 그러므로 통신선 장해를 피하려면 중성점의 접지 저항을 크게 할 필요가 있다. 그렇지만 고저항 접지만으로는 지락상에 대하여 위상이 90° 앞선 지락 전류의 억제 대상이 없다. 따라서 이러한 경우에 소호 리액터는 아니지만 어떤 크기의 뒤진 전류를 중성점에 흐르게 하도록 높은 리액턴스를 삽입하면, 진상의 지락 전류를 어느 정도 소거해 주므로 고장 전류가 적어져서 전자 유도를 경감하고, 또한 영상 회로로서의 용량성 리액턴스를 저하시키는 것이 되어 이상 전압 발생의 빈도를 적게 할 수 있다.

이 보상 리액터는 고장점의 소호에 의한 자동 복구가 목적이 아니므로 소호 리액터와 같이 100[%] 보상할 필요가 없고, 몇 [%] 보상하는가는 그 계통에 적응해서 결정하면 된다. 따라서 소호 리액터와 같이 선로의 개폐에 따르는 탭 전환 등의 조작을 필요로 하지 않고, 또 탭을 갖지 않는 것이 일반적이다. 단, 선로의 개폐에 의해서 이 보상 리액터가 계통에서 분리되는 일이 없도록 할 필요와 영상 페란티 효과를 억제하는 의미도 있어서, 소용량의 리액터를 분산 배치하는 것이 합리적이다. 따라서 5, 10, 20[MVA] 정도의 용량의 것이 많이 사용되고 있다.

📖 참고

우리나라 송전계통의 접지 방식 비교

① 직접 접지 : 154[kV], 345[kV]　　② 비접지 : 22[kV]

③ 중성점 다중 접지 : 22.9[kV]　　④ 소호 리액터 접지 : 66[kV]

7.2 접지 변압기

주변압기가 △결선 이어서 중성점을 얻을 수 없는 경우에 그림 7-5와 같이 중성점 접지를 하기 위해서 쓰이는 것이 접지 변압기이다. 계통이 건전할 때는 이것의 각 상의 임피던스가 대단히 크지만, 1선 지락 고장이 발생하면 각 코일에 영상 전류가 흘러서, 각 상의 철심각에서의 기자력이 상쇄되어 영상 임피던스가 대단히 낮게 된다.

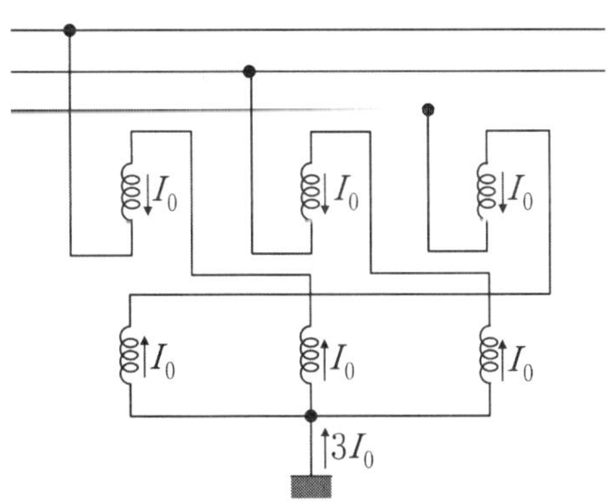

그림 7-5 접지 변압기

7.3 중성점 잔류 전압

송전선의 연가가 불완전하여 3상 각 전선의 대지 정전용량에 불평형이 있으면 중성점에 기본 주파의 잔류 전압이 나타난다. 특히 소호 리액터 계통에서는 이 전압이 크면, 상시 직렬 공진에 의한 이상 전압의 발생, 공진 전류에 의한 유도 장해 등의 우려가 있다.

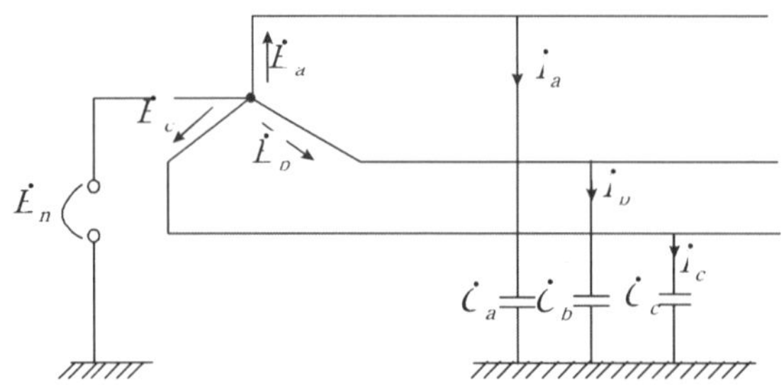

그림 7-6 중성점 잔류 전압

그림 7-6에서 중성점의 잔류 전압을 $\dot{E}_n$이라 하면 각 선전류는

$$\dot{I}_a = j\omega C_a(\dot{E}_a + \dot{E}_n),\ \dot{I}_b = j\omega C_b(\dot{E}_b + \dot{E}_n),\ \dot{I}_c = j\omega C_c(\dot{E}_c + \dot{E}_n)$$

이고, 중성점이 비접지점이므로 $\dot{I}_a + \dot{I}_b + \dot{I}_c = 0$이기 때문에 다음과 같이 된다.

$$\dot{E}_n = -\frac{C_a\dot{E}_a + C_b\dot{E}_b + C_c\dot{E}_c}{C_a + C_b + C_c} \tag{7-5}$$

전원 전압이 3상 평형이면 $\dot{E}_a = E,\ \dot{E}_b = a^2E,\ \dot{E}_c = aE$이므로

$$E_n = \frac{\sqrt{C_a(C_a - C_b) + C_b(C_b - C_c) + C_c(C_c - C_a)}}{C_a + C_b + C_c}E \tag{7-6}$$

이다. 따라서, $C_a = C_b = C_c$이면 $E_n = 0$으로 된다.

중성점이 임피던스 $\dot{Z}_n$으로 접지된 경우 그 중성점에 흐르는 전류 I_n은 중첩의 원리에 의해 다음과 같이 된다.

$$\dot{I}_n = \frac{\dot{E}_n}{\dot{Z}_n + 1/j\omega(C_a + C_b + C_c)} \tag{7-7}$$

따라서, 이 경우의 중성점 전압 $\dot{E}_{nz}$는 다음과 같이 된다.

$$\dot{E}_{nz} = \dot{Z}_n\dot{I}_n = \frac{C_a\dot{E}_a + C_b\dot{E}_b + C_c\dot{E}_c}{(C_a + C_b + C_c) - j\dfrac{1}{\omega Z_n}} \tag{7-8}$$

연 습 문 제

1. 우리나라 154[kV] 송전 선로의 중성점 접지 방식은?

① 비접지 방식 ② 직접 접지 방식

③ 소호 리액터 접지 방식 ④ 고저항 접지 방식

해설 22.9[kV] : 중성점 다중 접지

154, 345[kV] : 직접 접지

22[kV] : 비접지

66[kV] : 소호 리액터 접지 【답】 ②

2. 송전 선로의 중성점을 접지하는 목적은?

① 동량의 절감 ② 송전 용량의 증가

③ 전압 강하의 감소 ④ 이상 전압의 방지

해설 중성점 접지 목적은 다음과 같다.

㉠ 1선 지락시 전위 상승(이상 전압) 억제하여 기계기구(G, TR) 절연보호.

㉡ 단절연이 가능하므로 기기값 저렴.

㉢ 과도 안정도가 증진.

㉣ 보호 계전기의 동작을 신속히 이용. 【답】 ④

3. 중성점 직접 접지 방식에 대한 다음 기술 중 옳지 않은 것은?

① 지락시의 지락 전류가 크다.

② 계통의 절연을 낮게 할 수 있다.

③ 지락 고장시 중성점 전위가 높다.

④ 변압기의 단절연을 할 수 있다.

해설 직접 접지 방식의 장단점

[장점] ㉠ 1선 지락시에 건전상의 대지 전압이 거의 상승하지 않는다.

㉡ 피뢰기의 효과를 증진시킬 수 있다.

㉢ 단절연이 가능하다.

㉣ 계전기의 동작이 확실해진다.

[단점] ㉠ 송전 계통의 과도 안정도가 나빠진다.
㉡ 통신선에 전자 유도 전압을 유기시켜 장해를 주게 된다.
㉢ 기기에 큰 충격을 주어 손상을 준다.
㉣ 대용량 차단기가 필요하다.
㉤ 애자의 파손, 전선의 용단 등이 생긴다. 【답】 ③

4. 배전 선로에 3상 3선식 비접지 방식을 채용할 경우 장점에 해당되지 않는 것은?

① 1선 지락 고장시 고장전류가 적다.
② 1선 지락 고장시 인접 통신선의 유도 장해가 크다.
③ 고저압 혼촉 고장시 저압선의 전위 상승이 적다.
④ 1선 지락 고장시 건전상의 대지 전위상승이 적다.

해설 비접지 방식은 1선 지락고장시 건전상의 전위는 $\sqrt{3}$배 상승한다. 【답】 ④

5. 송전 계통의 중성점 접지 방식에서 유효 접지라 하는 것은?

① 저항 접지 및 직접 접지를 말한다.
② 1선 지락 사고시 건전상의 전위가 상용전압의 1.3배 이하가 되도록 중성점 임피던스를 억제한 중성점 접지방식을 말한다.
③ 리액터 접지 방식 이외의 접지 방식을 말한다.
④ 저항 접지를 말한다.

【답】 ②

6. 송전 선로에 있어서 1선 지락의 경우 지락 전류가 가장 적은 중성점 접지 방식은?

① 비접지 ② 직접 접지
③ 저항 접지 ④ 소호 리액터 접지

해설 직접 접지>고저항 접지>비접지>소호 리액터 접지 【답】 ④

7. 소호 리액터를 송전 계통에 쓰면 리액터의 인덕턴스와 선로의 정전 용량이 다음의 어느 상태가 되어 지락 전류를 소멸시키는가?

① 병렬 공진 ② 직렬 공진
③ 고임피던스 ④ 저임피던스

해설 소호 리액터의 인덕턴스는 송전선의 3선 일괄의 대지 정전용량(병렬 합성 계산한 정전용량)과 회로 주파수로 병렬공진하는 경우에 지락전류가 0이 된다.

즉, $\omega L = \frac{1}{3\omega C_s}$ 【답】 ①

8. 소호 리액터 접지 방식에 대한 설명 중 옳지 못한 것은?

① 전자 유도 장해가 경감된다.

② 지락 중에도 계속 송전이 가능하다.

③ 지락 전류가 적다.

④ 선택 지락 계전기의 동작이 용이하다.

해설 리액터 접지방식은 지락 전류가 최저이므로 계전기 동작이 가장 불확실하다.

【답】 ④

9. 소호 리액터 접지 계통에서 리액터의 탭을 완전 공진상태에서 약간 벗어나도록하는 이유는?

① 전력 손실을 줄이기 위하여

② 선로의 리액턴스분을 감소시키기 위하여

③ 접지 계전기의 동작을 확실하게 하기 위하여

④ 직렬 공진에 의한 이상 전압의 발생을 방지하기 위하여

해설 소호 리액터 접지 방법에서 단선고장일 때 직렬공진전류가 흘러서 이상전압이 발생할 우려가 많기 때문에 리액터의 탭을 완전공진 상태에서 약간 벗어나도록 한다.

【답】 ④

10. 소호 리액터의 인덕턴스의 값은? 3상 1회선 송전선에서 1선의 대지 정전 용량을 C_0[F], 주파수를 f[Hz]라 한다면?(단, $w=2\pi f$이다.)

① $3\omega C_0$

② $\frac{1}{3\omega^2 C_0}$

③ $3\omega^2 C_0$

④ $\frac{1}{3\omega C_0}$

해설 $\omega L = \frac{1}{3\omega C_0}[\Omega]$

$L = \frac{1}{3\omega^2 C_0}[\text{H}] = \frac{1}{3(2\pi f)^2 C_0}[\text{H}]$ 【답】 ②

코 로 나

제 8 장

송전 선로에서는 송전 전압을 높이기만 하면 전선이 굵지 않아도 그만큼 많은 전력을 전송할 수 있다. 그러나, 전압이 높게 되면 너무 가는 전선을 사용하는 것은 허용되지 않는다. 왜냐 하면, 전선 표면의 전위 경도가 커져서 코로나(corona)가 발생하기 때문이다.

이것은 공기를 절연물로 하고 있는 가공 송전선에서는 어쩔 수 없는 일이다. 공기중에는 1[cm^3]당 약 200~1000쌍의 이온(ion)이 포함되어 있어서, 극히 미약한 도전성을 갖고 있으나 송전공학에서는 보통 공기를 절연물로 보아도 좋다. 그렇지만 그 절연 내력에는 한도가 있어서 표준 온도 20[℃], 표준 기압 760[mmHg]에 있어서는 직류로 약 30[kV/cm]의 전위 경도가 되면 공기는 절연이 파괴된다. 이것을 정현파 교류의 실효치로 환산하면 21.1[kV/cm]정도로 되는데, 이 값을 **파열극한 전위 경도**(disruptive critical potential gradient)라 한다. 평판 전극 사이에 전압을 가한 경우에는 전 갭을 통하여 전위 경도가 균일하므로 이것이 상기의 한도를 넘으면 그 공간내의 절연성이 상실되어서 불꽃 방전을 일으킨다. 한편, 송전 선로의 전선 표면의 근방에서 전극간의 일부분에 있어서만 전위 경도가 위의 한도를 넘을 때는, 그 곳만의 공기 절연이 파괴되고, 전체로서는 섬락까지에 이르지는 않는다. 이와 같이 공기의 절연이 부분적으로 파괴되어서 낮은 소리나 엷은 빛을 내는 방전 현상을 **코로나**라 한다.

송전 선로에 코로나가 발생하면, 선로 근방에서의 라디오 수신에 장해를 주기도 하고, 또 전력 손실이 생겨서 송전 효율을 저하시키는 등 여러 가지 나쁜 영향을 가져 온다.

코로나는 또 전선이나 초호각, 클램프 등에서 발생하는 기중 코로나와 애자의 캡 및 핀의 쇠붙이와 자기의 접합부 사이에서 발생하는 연면 코로나로 나눌 수 있다.

일반적으로 고전압 송전 선로를 건설할 때에 상규 전압하에서는 코로나 방전이 발생하지 않도록 설계상 고려하고 있지만 건설중에 생기는 전선 표면의 손상이나 공간에 노출되어 있으므로 해서 받는 외적 영향 즉, 오손, 비, 눈 등에 의하여 전력 설비에서 코로나가 발생하는 경우가 많다. 이들의 발생원과 그 방전 종별 및 발생 원인을 살펴 보면 표 8-1과 같다.

표 8-1 전력설비에서 발생하는 코로나 방전

발 생 원	방전종별	발 생 원 인
전 선	기중 코로나	표면의 손상, 부착물, 비, 눈, 안개 등
애자, 애관	연면 코로나	과전압의 불평균, 전위 분포의 불균일, 오손, 비, 눈, 안개 등
애자 장치의 쇠붙이	기중 코로나	표면의 손상, 부착물, 비, 눈, 안개 등
스페이서, 슬리이브 등의 쇠붙이	기중 코로나	표면의 손상, 부착물, 비, 눈, 안개
기기의 과전단부의 쇠붙이	기중 코로나	표면의 손상, 부착물, 비, 눈, 안개

8.1 코로나 임계전압

코로나의 발생 조건은 전선의 표면에 있어서, 교류 실효치로서 21.1[kV/cm]인 전위 경도가 생겼을 때 코로나가 발생하므로, 전선에 얼마의 전압이 걸리면 이와 같은 경위 경도가 되는가, 즉 코로나 임계 전압으로 되는가를 알아보자.

그리고 코로나 임계전압은 전선의 굵기, 표면상태, 선간거리, 날씨상태 등에 따라 변동되며 다음 식과 같다.

$$E_0 = 24.3\, m_0 m_1 \delta\, d \log_{10} \frac{2D}{d} \,[\mathrm{kV}] \qquad (8\text{-}1)$$

여기서, m_0 : 전선의 표면계수, m_1 : 기후 조건 계수, δ : 상대 공기 밀도

d[cm] : 전선의 지름, D[cm] : 선간 거리

그리고 m_0는 전선의 표면 상태에 따라 정해지는 계수로서 연선수와 표면의 상태에 따라 정해지는 것이며 표 8-2에서 보면 연선수가 많을수록 또 표면이 고르지 않으면 코로나가 발생하기 쉽다는 것을 알 수 있다.

표 8-2 전선의 표면계수 m_0

전선 표면의 상태	m_0
닦은 단선	1
표면이 거친 단선	0.98~0.93
7본 연선	0.87~0.83
19본~61본 연선	0.85~0.80

그리고 m_1은 날씨에 따라 정해지는 계수로서 밝은 날은 1.0, 비오는 날은 0.8을 취한다. 또 δ는 온도와 기압에 의한 계수로서 상대 공기 밀도를 나타내며 보통 문제로 되는 범위에서는 기온 t[℃]에서 기압을 b[mmHg]라면

$$\delta = \frac{0.386b}{273+t}$$

로 나타나는데 기압 b[mmHg]는 높이에 관계되며 표 8-3과 같다.

표 8-3 표고와 기압과의 관계

표면에서의 높이[m]	기압[mmHg]
0	760
500	711
1,000	668
1,500	627
2,000	590

물론, 표준 기상 상태에서는 $\delta=1$이지만 온도가 올라가거나 기압이 내려가면 δ는 어느 정도 적어진다. 특히 송전 선로는 그 경과지에 표고(標高)가 큰 곳이 많이 있고 산악 지대를 지나는 송전 선로는 코로나 임계 전압이 낮아진다.

또한, 코로나의 임계 전압을 좌우하는 것은 전선의 굵기와 선간 거리인데, 선간 거리도 선로의 전압이 결정되면 경제적으로 정하여지기 때문에, 결국 코로나를 좌

우하는 것은 전선의 굵기이다. 그래서 고전압의 송전선에서는 ACSR이 많이 쓰이고, 또 중공 동선도 출현하게 되었다.

표 8-4는 송전선의 각종 전선에 대하여 맑을 때의 코로나 임계 전압 계산 결과이다.

표 8-4 코로나의 임계 전압

전선 종류	공칭단면적 [mm^2]	조 성 [소선수/mm]	지 름 [mm]	임계전압 $\sqrt{3}E_0$[kV]	선간거리 [m]
ACSR	410	61/3.1	27.9	249	5
	330	61/2.8	25.2	227	5
	240	37/3.2	22.4	205	5
	200	37/2.9	20.3	189	5
	160	37/2.6	18.2	172	5
경동연선	250	19/4.1	20.5	195	5
	200	19/3.7	18.5	179	5
	180	19/3.5	17.5	171	5
	150	19/3.2	16.0	158/153	5/4
	100	7/4.3	12.9	129	4
중공동선	200		26.0	247	6.7

<주> 선간 거리 5[m]는 154[kV]급, 4[m]는 110[kV]급
이 표의 임계 전압은 $m_1 = 1$, $\delta = 1$로 해서 계산한다.

위의 코로나 임계 전압의 산출식은 평상시와 평형 3상의 상전압에 대한 것이지만, 중성점이 고저항 또는 소호 리액터 접지 방식인 경우에 1선 지락이 생기면, 건전상의 대지 전압은 $\sqrt{3}$배의 선간 전압과 같은 정도로 상승하기 때문에 평상시에는 코로나가 발생하지 않더라도, 이러한 대지 전압의 상승에 의하여 대단한 코로나가 발생하는 경우가 많이 있다.

📖 참고

코로나 임계전압 ($d=2r$: 전선의 지름을 반지름으로 환산하면)

$$E_0 = 24.3\, m_0 m_1 \delta\, d \log_{10}\frac{2D}{d} = 24.3\, m_0 m_1 \delta\, d \log_{10}\frac{2D}{2r}$$

$$\therefore E_0 = 24.3\, m_0 m_1 \delta\, d \log_{10}\frac{D}{r}$$

8.2 코로나 장해

8.2.1 전력 손실

전선 표면의 전위 경도가 커져서 코로나가 발생하게 되면 이에 따른 코로나 손실이 나타난다. 미국의 F.W. Peek씨는 실험적으로 3상 3선식 정3각형 배치의 송전선의 코로나 손실 계산식을 다음과 같이 나타내었다.

$$P=\frac{241}{\delta}(f+25)\sqrt{\frac{d}{2D}}(E-E_0)^2\times10^{-5}[\text{kW/km/line}] \qquad (8\text{-}2)$$

여기서, E : 전선의 대지 전압[kV]　　D : 선간 거리[cm]

E_0 : 코로나 임계 전압[kV]　　d : 전선의 직경[cm]

f : 주파수[Hz]　　δ : 상대 공기 밀도

가공 송전 선로에 사용되는 여러 가지 전선의 맑은 날의 코로나 임계 전압은 표 8-5와 같다.

표 8-5 코로나 임계전압($m_1=1$, $\delta=1$)

전선의 종류	공칭 단면적 [mm^2]	조성 소선수 [mm]	외 경 [mm]	코로나임계선간 전압 $3E_0$[kV]	선간 거리 [m]
강심Al선	410	61/3.1	27.9	249	5
	330	61/2.8	25.2	227	5
	240	37/3.2	22.4	205	5
	200	37/2.9	20.3	185	5
	160	37/2.9	18.2	172	5
경강연선	250	19/4.1	20.5	195	5
	200	19/3.7	18.5	179	5
	180	19/3.5	17.5	171	5
	150	19/3.2	16.0	158/153	5/4
	100	7/4.3	12.9	129	4
	55	7/4.3	9.6	100/96	4/3
	22	7/2.0	6.0	64	3

송전 선로의 설계에서 임계 전압을 좌우하는 것은 선간 거리 D와 전선의 지름 d인데 D는 사용 전압에 따라 거의 정해지게 되므로 보통 d에 의하여 좌우된다고 볼 수 있다. 고지를 통과하는 부분의 전선을 특히 굵게 하고 또 초고압 전선로에서의 중공 동선이나 강심 연선을 사용하는 것은 이러한 이유 때문이다.

즉 송선 선로의 굵기를 결정하는데는 도체의 허용 전류, 전압 강하, 저항손 등을 고려하여 결정하는 것이 당연하지만 전선비를 절약하기 위하여 가는 전선을 사용하게 되면 평상시에 코로나가 발생하고 코로나 손에 의한 전력 손실 이외에 여러 가지 장해가 뒤따르게 된다. 그러므로 건설비와 평상시의 코로나손 등에 고려하여 가장 경제적인 전선의 굵기를 결정하여야 한다.

8.2.2 전파 방해

송전 선로에서 악천후 등의 경우에, 전선 또는 애자 쇠붙이의 첨단부로부터 순간적인 코로나 방전이 발생하면 급격한 방전 전류를 동반한다.

이때는 방전점 부근의 공간에 국부적인 전자계가 형성되고, 또 선로를 따라서 방전점의 좌우로 향하여 펄스(pulse)성인 진행파에 의한 전자계가 형성된다. 이와 같은 코로나 방전점이 선로에 많이 발생하면 시간적으로, 또는 송전 선로의 위치에 따라서 복잡한 전자파를 방사하는데, 대단히 넓은 범위의 주파수 스펙트럼(frequency spectrum)을 가지므로, 라디오나 텔레비젼의 시청에 장해를 주기 때문에, 이러한 코로나 방전에 의한 잡음을 **코로나 잡음**(corona noise)이라 한다.

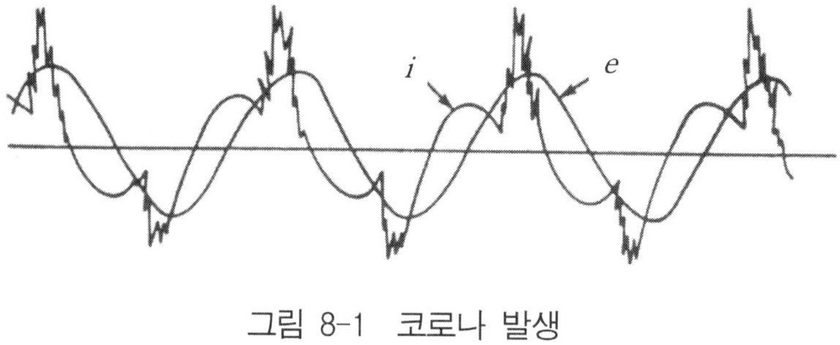

그림 8-1 코로나 발생

코로나·펄스는 상용 주파의 정의 반파에서 생기는 것이 부하 반파에서 생기는 것보다 파고치가 높고, 그림 8-1과 같이 보통 정파의 최대치에 이르는 직전에 많이 발생한다고 한다. 또, 도체 직경이 클수록 그 도체상의 돌기한 1점에 대해서는, 그 부근의 전계의 저하가 느슨해지기 때문에 자기 전계에 의한 스트리이머(strea-mer)는 멀리 뻗치고, 코로나·펄스가 크게 되어서 장해도 심하게 된다.

코로나 잡음의 전계의 세기는 대체로 1[MHz] 이상에서는 저하한다고 한다. 따라서 주로 라디오 파대에 장해를 많이 주고, 단파대나 텔레비전대에 대한 영향은 비교적 적다고 볼 수 있다. 또 비, 눈, 안개 등의 천후에서는 맑거나 구름에 비해서 10~20[dB]정도 증가하여 최대 30[dB]까지도 변화한다. 비의 양이 0~20[mm/hr]의 범위에서 잡음이 급상승하고 그 뒤는 거의 포화하는 경향이 있다.

코로나 잡음의 방지 대책으로는 코로나의 발생을 억제하는 것이다. 그러므로, 그 첫째로 전선 코로나에 대해서는 전선 표면의 전위 경도를 적게 하기 위하여 전선 단면적을 크게 하는 것이지만, 초고압 이상의 송전 선로에서는 복도체가 채용되므로, 단도체의 경우보다 상당히 전위 경도를 저하시킬 수가 있어서, 코로나 잡음의 레벨을 적게할 수 있다.

그 다음은 애자 및 애자 쇠붙이에서의 코로나인데, 현수 애자연에 의하는 경우, 차폐각 또는 차폐환을 달아서, 애자에 가하여지는 전압 분포를 균등화하면 특정 애자의 전압이 상승하는 일이 없게 되므로, 쇠붙이에서의 코로나를 방지 할 수 있게 된다. 핀애자에서는 전선을 지탱하고 있는 자기편의 표면에 반도체 도료를 섞은 유약을 쓰는 등의 방법에 의하여 어느 정도 애자 코로나를 줄일 수 있다.

그런데, 고전압의 송전 선로가 배전 선로와 교차하거나, 또는 근접하게 되면 송전 선로에서의 코로나·펄스가 유도에 의하여 배전 선로에 전파하므로, 광범위하게 코로나 잡음의 영향을 미치기 때문에, 이러한 교차나 근접을 될 수 있는 대로 피하여야 한다.

코로나 잡음은 라디오 잡음이라 할 정도로 라디오나 텔레비전 수신에 장해가 크기 때문에, 방송 신호의 전압 S[dB]과 잡음 전압 N[dB]과의 차, 즉 S/N비를 적어도 30[dB] 이상으로 해야 하지만, S가 크면 라디오나 텔레비전의 시청에 지장을 주지 않게 된다.

8.2.3 소호 불능

중성점이 직접 접지되어 있으면, 1선 지락 사고가 일어나더라도 건전상의 전압 상승이 지극히 적으므로, 특별히 코로나 발생 문제에 유의할 필요는 없지만 고저항 또는 소호 리액터 접지에서는 건전상의 대지 전압이 급상승하게 되어, 전선의 전위 경도가 커지기 때문에 코로나 발생이 현저하게 일어나고 코로나손도 커진다.

특히 소호 리액터 접지 계통에서는 1선 지락시에 중성점 전압과 동상의 코로나 전류가 지락점을 통하기 때문에, 가령 소호 리액터가 완전히 병렬 공진을 시키고 있다 하더라도 이러한 전류를 소거할 수 있는 것이 없으므로, 고장 전류로서 잔류하여 아크가 꺼지지 않는 경우가 있고, 또 전력선 반송 계전기에 오동작을 일으킨다.

또, 코로나가 발생하면, 코로나 전류의 고조파분, 특히, 제3고조파는 중성선을 귀로로 하는 영상 전류이므로 유도 장해의 원인이 된다.

8.2.4 기기 및 전선의 부식

코로나에 의하여 오존(O_3) 및 산화 질소(NO)가 생기는데, 수분이 있으면 산화 질소는 초산(HNO_3)으로 되어서 전선이나 바인드선(bind wire)을 부식케 한다. 특히 핀애자를 쓰는 송전선에서는 주의할 필요가 있다.

끝으로, 송전 선로에는 여러 가지 원인으로 고전압의 진행파가 발생하는데, 이 때에는 언제나 코로나가 따르게 되므로, 뇌서어지에 대한 감쇠 효과는 대부분 코로나 방전에 의한 것이다. 이것이 코로나로 인한 하나의 장점이지만, 결점인 코로나손 및 코로나 잡음의 영향쪽이 더 커서, 코로나의 발생을 피하지 않으면 안된다.

8.3 코로나의 방지책

송전선의 코로나 방지에는 굵은 전선을 사용하는 것이 적절한 방법이기는 하지만 가능한 고전압 송전의 목표가 전선에 들어가는 경비 절감이라는 것을 감안하지 않으면 안된다. 그래서 ACSR은 경동연선에 비하여 가볍고 굵기 때문에 코로나 방지의 면에서 우수하다. 또한 다도체 방식으로 하면 단도체의 경우보다 전위 경도를 저하시킬 수 있어서 코로나 잡음의 레벨을 줄일 수 있게 된다. 이와 같이 코로나 방지를 목적으로 하여 전선의 코로나 개시전압을 높이는 것은 전선의 작용 정전용량은 증대되고, 작용 인덕턴스는 감소하는 것으로 되어 송전용량을 크게 하는 두가지의 효과가 있다.

선로전장에 걸친 전선 코로나는 우천시와 같은 특수한 상황을 제외하고는 그렇게 크지는 않다. 오히려 애자 쇠붙이나 차폐장치 등의 쇠붙이에서 발생하는 국부적인 코로나가 큰 장해 원인으로 되는 경우가 많다. 그러므로 무용의 돌기부를 제거하고, 만일 그렇게 할 수 없을 때는 차폐 쇠붙이를 붙이는 것 등으로 하여, 국부 코로나를 방지하는 것이 아주 중요하다.

연 습 문 제

1. 전선간에 가해지는 전압이 어떤 값 이상으로 되면 전선 주위의 전장이 강하게 되어 전선 표면의 공기가 국부적으로 절연이 파괴되어 빛과 낮은 소리를 내는데 이와 같은 현상을 무엇이라 하는가?

① 표피 작용　　② 페란티 효과

③ 코로나 현상　　④ 근접 현상

해설 전선간에 가해지는 전압이 어떤 값 이상으로 되면 전선 주위의 전장이 강하게 되어 전선 표면의 공기가 국부적으로 절연이 파괴되어 빛과 낮은 소리를 내는 현상을 코로나라고 하고, 이 전력 손실을 코로나손이라 한다. 【답】 ③

2. 코로나 방지 대책으로 적당하지 않은 것은?

① 전선의 바깥 지름을 크게 한다.

② 선간 거리를 증가시킨다.

③ 복도체를 사용한다.

④ 가선 금구를 개량한다.

해설 코로나 방지 대책은 다음과 같다.

㉠ 임계전압을 크게한다.

㉡ 전선의 직경을 크게한다.

㉢ 복(다)도체 채용한다.

㉣ 가선금구를 개량한다. 【답】 ②

3. 다음 중 가공 송전 선로의 코로나 임계 전압에 관계가 없는 것은?

① 전선의 굵기　　② 전선의 재질

③ 전선 표면의 상태　　④ 기상 조건

해설 가공 송전선의 표면으로부터 밖으로 갈수록 전위 경도는 전선의 표면에서 최대이다. 표면에서 떨어질수록 감소한다. 전위 경도가 대략 직류 30[kV], 교류 21[kV](파고치) / [cm]가 되면 주위의 공기층이 절연력을 잃어 이온화되고 엷은 빛을 발하게 된다. 이 현상을 코로나 방전이라 한다. 【답】 ②

4. 코로나손의 발생 조건과 관계가 적은 것은?

① 송전 전류 ② 송전 전압
③ 기상 조건 ④ 전선의 굵기

해설 코로나의 발생에 의한 빛·열 및 소리 등은 전기 에너지가 바뀌어 나타난 것이므로 전력 손실을 일으키게 되는데 이 전력 손실을 코로나손이라 한다.
코로나손은 기상 조건, 송전 전압, 전선의 굵기, 전선 상호간의 거리에 따라 다르나 일반적으로 전압이 높을수록, 전선이 가늘수록 크다. 【답】 ①

5. 송전선에 코로나가 발생하면 전선이 부식된다. 다음의 무엇에 의하여 부식되는가?

① 산소 ② 질소 ③ 수소 ④ 오존

해설 오존가스 (O_3)가 발생하여 수분과 결합해 전선을 부식 시킨다. 【답】 ④

6. 송전 선로의 코로나 임계 전압이 높아지는 것은?

① 기압이 낮아지는 경우
② 전선의 지름이 큰 경우
③ 온도가 높아지는 경우
④ 상대 공기 밀도가 작은 경우

해설 코로나 임계 전압식에서 알 수 있듯이 기압이 낮아지거나 온도가 높아지면 상대 공기 밀도가 작아지므로 코로나 임계전압은 낮아지게 되고 전선의 지름이 큰 경우만 코로나 임계전압이 높아진다. 【답】 ②

7. 다음 중 송전 선로의 코로나 임계 전압이 높아지는 경우가 아닌 것은?

① 상대 공기의 밀도가 작다.
② 전선의 반경과 선간 거리가 크다.
③ 날씨가 맑다.
④ 낡은 전선을 새전선으로 교체했다.

해설 임계 전압이란 전선로 주변의 공기의 절연상태를 말한다. 【답】 ①

8. 송전 선로에 코로나가 발생하였을 때 이점이 있다면 다음 중 어느 것인가?

① 계전기의 신호에 영향을 준다.
② 라디오 수신에 영향을 준다.

③ 전력선 반송에 영향을 준다.

④ 고전압의 진행파가 발생하였을 때 뇌서지에 영향을 준다.

해설 <코로나 장해>

㉠ 전선 부식 : 오존 및 산화질소가 발생하여 전선이 부식된다.

㉡ 전파 방해 : 코로나 방전에 의한 코로나 잡음으로써 전파 방해를 일으킨다.

㉢ 고주파 전압·전류의 발생 : 코로나 방전에 의해서 고조파가 포함되어 파형이 일그러지고, 제3고조파의 유도장해가 발생한다.

㉣ 전력 손실 발생 : Peek식에 의한 코로나 전력 손실이 발생한다.

㉤ 진행파의 파고값 감쇠 : 고전압의 진행파가 발생하여 서지 파고값을 감쇠시킨다.

㉥ 전력선 반송장치에 대한 영향 : 보호계전방식 등에 사용하는 전력선 반송파에 고조파가 영향을 미친다.

<코로나 방지 대책>

㉠ 전선의 지름을 크게 한다.

㉡ 복도체 방식을 채용한다.

㉢ 가선금구를 개량한다.

㉣ 전선 표면에 손상이 없게 한다. **【답】** ④

9. 코로나 현상에 대한 설명 중 옳지 않은 것은?

① 코로나 현상은 전력의 손실을 일으킨다.

② 코로나 손실은 전원 주파수의 2/3 제곱에 비례한다.

③ 코로나 방전에 의하여 전파 장해가 일어난다.

④ 선을 부식한다.

해설 코로나가 발생하면 다음과 같은 현상이 일어난다.

㉠ 전력 손실을 가져오면 그 크기는 Peek의 실험식에서

$P_c = \frac{241}{\delta}(f+25)\sqrt{\frac{d}{2D}}(E-E_c)^2 \times 10^{-5}$[kW/km/선]에서 전력손실은 $(f+25)$에 비례한다.

㉡ 소호 리액터 접지개소에서는 소호 불능의 원인을 준다.

㉢ 전선이 부식되고 전파 장해를 주게 된다. **【답】** ②

10. 송전 계통에 복도체가 사용되는 주된 목적은 다음 중 무엇인가?

① 전력 손실의 경감 ② 역률 개선

③ 선로 정수의 평형 ④ 코로나 방지

【답】 ④

유도장해 제9장

9.1 개 요

송전선과 통신선이 병행 또는 근접해 있을 때는, 통신선과 송전선 사이의 전기적·자기적 결합에 의하여 통신선상에 전압 또는 전류를 유도해서 통신에 여러 가지의 장해를 주는 수가 있다. 이것을 유도장해(inductive interference)라 한다.

이것에는 송전선의 전류가 상호 유도 작용에 의해서 일어나는 전자유도(magne-tic induction)와, 송전선과 통신선 사이의 정전용량을 통해서 생기는 정전유도(static induction)가 있다.

또한 상용 주파나 고주파에 의한 정상적인 것과, 지락 고장시 생기는 순간적인 것으로도 나눌 수 있다. 그 정도는 송전선 루우트의 선정이나, 중성점 접지 방식에 따라 많이 달라지는데, 이것이 크게 되면 통신 기기의 절연 파괴를 가져올 뿐만 아니라, 통신 기기 취급자에 위험한 전격을 주게 된다. 유도장해를 받는 통신선은 일반 공중용, 경찰, 철도용의 전신 전화선 외에 전력용 보안 통신선, 표시선식 보호 계전기 회로, 원방 감시 제어 회로 등이 있다.

9.2 전자 유도

송전선과 통신선 사이의 상호 인덕턴스에 의한 송전선의 기유도 전류로 인해 통신선에 전압이 유도되는 현상이다.

9.2.1 전자 유도 전압

그림 9-1에서 송전선에 병행하는 통신선에 유도되는 전자 유도 전압 $\dot{E}_m$은 양선 사이의 상호 인덕턴스를 M[H/km], 양선의 병행 거리를 l[km]이라 하면

$$\dot{E}_m = -j\omega Ml(\dot{I}_a + \dot{I}_b + \dot{I}_c) = -j\omega Ml \times 3\dot{I}_0 \qquad (9\text{-}1)$$

로 표시된다.

여기서 이 유도 전압을 생기게 하는 전력선의 전류 $3\dot{I}_0$를 **유도전류**(inducing current)라 하는데, 지락전류이기도 하다. 이 전류가 통신선에 장해를 일으키는 전류이다.

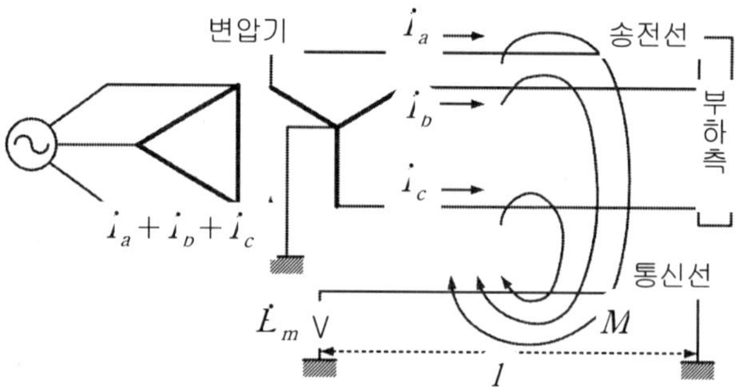

그림 9-1 전자 유도 회로

식 (9-1)의 상호 인덕턴스 M은 대지를 귀로로 하는 것이므로 대지의 도전율에 크게 영향을 받는데 널리 쓰여지고 있는 Carson-Pollaczek의 식에 의하면 대지의 도전율이 균일한 경우에는

$$M = 0.2\log_e \frac{2}{\gamma d\sqrt{4\pi\omega\sigma}} + 0.1 - j\frac{\pi}{20} \text{ [mH/km]} \qquad (9\text{-}2)$$

여기서, γ는 1.7811(Bessel의 정수), d는 양선간의 이격 거리[cm], $\omega = 2\pi f$, σ는 대지의 도전율 $(1\times10^5/\rho)\times10^{-4} = 1\times10^{-9}/\rho$, ρ는 대지의 고유 저항[Ω·cm]이다.

그리고 대지의 고유 저항 ρ는 우리나라에서는 10수[Ω·m]에서 1000[Ω·m]정도의 범위에 있는데 보통 200[Ω·m]정도를 취하고 있다. 또 $\dot{M}$은 복소수이므로 유도 전압은 기유도 전류 $3\dot{I}_0$에 대해서 90°의 위상차로는 되지 않는다.

9.2.2 전자 유도 전류

단선식 통신선에서는 그림 9-2와 같이 통신선의 전자 유도 전압과 대지 귀로 임피던스에서 전자 유도 전류를 구할 수 있다. 또, 복선식 통신선에서는 왕복 2선의 유도 전압이 거의 같다고 보면, 2선이 전기적으로 평형되어 있으므로 통신기를 통하는 유도 전류는 거의 흐르지 않는다. 그러나, 선로에 불평형이 있으면 불평형에 상당한 전류가 흐른다.

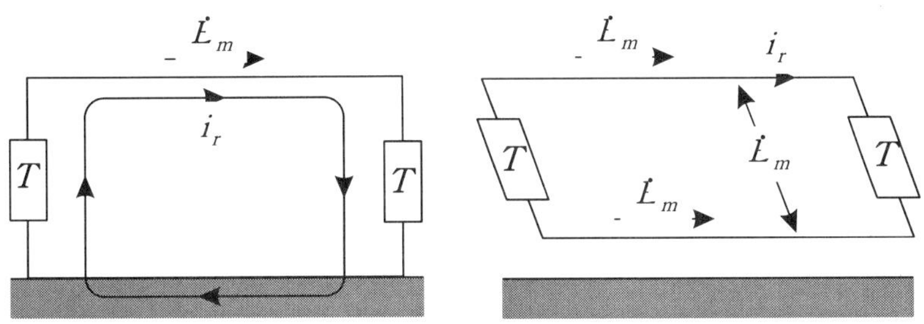

(a) 단선식 통신선　　(b) 복선식 통신선

그림 9-2 전자 유도 전류

> **예 제** 66[kV], 60[Hz] 3상 3선식 1회 송전선이 통신선과 병행하고 있다. 1선 지락사고로 영상전류가 60[A] 흐를 때 통신선에 유기되는 전자 유도 전압을 구하시오.(단 병행거리 $L=40$[km], 상호 인덕턴스 $M=0.05$[mH/km]
>
> **해설** $\dot{E}_m = -j\omega Ml(\dot{I}_a + \dot{I}_b + \dot{I}_c) = -j\omega Ml \times 3\dot{I}_0$
>
> $= -j2\pi \times 60 \times 0.05 \times 10^{-3} \times 40 \times 3 \times 60 = 136[\text{V}]$

9.3 정전 유도 전압

송전선의 영상 전압과 통신선과의 사이의 상호 정전용량의 불평형에 기인하여, 통신선에 정전적으로 유도되는 전압으로서, 고장시 뿐만 아니라 평상시에도 발생한다.

그림 9-3에서 송전선의 각상 전압이 평형되어 있고 통신선과 각 전선과의 상호

용량이 불평형되어 있을 때의 상전압을 $\dot{E}_a$, $\dot{E}_b$, $\dot{E}_c$라 하고, 전력선과 통신선간의 상호 정전용량을 $\dot{C}_a$, $\dot{C}_b$, $\dot{C}_c$ 및 통신선의 대지 정전용량을 역시 $\dot{C}_0$라 하면 통신선에 유도되는 전압은 다음의 관계가 성립된다.

$$\omega C_a(\dot{E}_a - \dot{E}_s) + \omega C_b(\dot{E}_b - \dot{E}_s) + \omega C_c(\dot{E}_c - \dot{E}_s) = \omega C_0 \dot{E}_s$$

$$\therefore \dot{E}_s = \frac{C_a \dot{E}_a + C_b \dot{E}_b + C_c \dot{E}_c}{C_a + C_b + C_c + C_0} \tag{9-3}$$

전원 전압은 3상 평형이므로 $\dot{E}_a = E$, $\dot{E}_b = a^2 E$, $\dot{E}_c = aE$로 놓으면

$$E_s = \frac{\sqrt{C_a(C_a - C_b) + C_b(C_b - C_c) + C_c(C_c - C_a)}}{C_a + C_b + C_c + C_0} E \tag{9-4}$$

로 되는데, 정전용량은 보통 [km]당의 값으로 주어지기 때문에, 병행구간의 거리를 l[km]이라 하면, 통신선의 접지점에 흐르는 전 전류의 크기는 $\dot{I}_s = \omega C_0 l E_s$[A]로 된다.

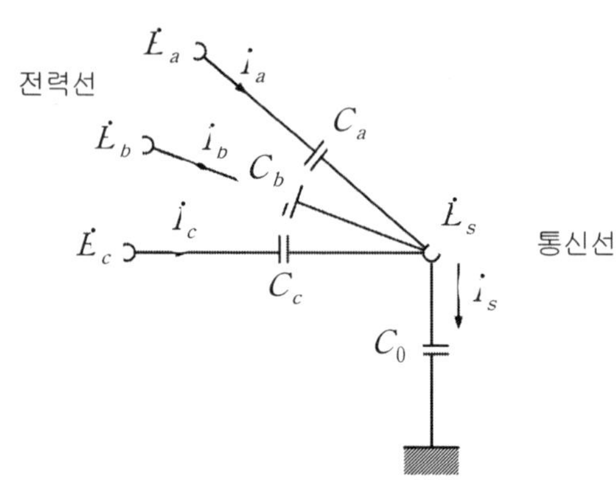

그림 9-3 정전 유도

그리고 식 (9-4)의 E는 상전압이므로 선간 전압 V일 때는 $E = V/\sqrt{3}$이므로 통신선에 유도되는 전압은 다음과 같다.

$$E_s = \frac{\sqrt{C_a(C_a - C_b) + C_b(C_b - C_c) + C_c(C_c - C_a)}}{C_a + C_b + C_c + C_0} \times \frac{V}{\sqrt{3}} \tag{9-5}$$

실제로 병행 구간은 그 떨어진 거리가 여러 가지이고 또, 기울어진 경우에 따라

서도 상호 정전용량의 값은 다르게 된다. 또한 상호 작용에 의한 결합의 정도는 무척 산만(loose)한 것이고, 서로 떨어져 있는 사이에는 수목이나 구릉 등이 있으므로 정전 유도 전압은 상당히 적게 되는데, 이것을 **차폐효과**(shielding effect)라 한다. 만일 통신선의 연피 케이블 등으로 되어 있으면 금속피는 차폐효과가 크다.

예 제 66[kV] 송전선에서 연가 불충분으로 각 선의 대지 용량이 $C_a=1.1$ [μF], $C_b=1$[μF], $C_c=0.9$[μF]가 되었을 때 잔류전압을 구하시오.

해설

$$E_s=\frac{\sqrt{C_a(C_a-C_b)+C_b(C_b-C_c)+C_c(C_c-C_a)}}{C_a+C_b+C_c}\times\frac{V}{\sqrt{3}}$$

$$=\frac{\sqrt{1.1(1.1-1)+1(1-0.9)+0.9(0.9-1.1)}}{1.1+1+0.9}\times\frac{66000}{\sqrt{3}}=2200[\text{V}]$$

9.4 고조파 유도

전력 계통에 발생하는 많은 고조파중에서 100~1000[Hz]의 것은 통신선에 잡음 장해를 준다.

전력 계통의 고조파 발생원은 회전기, 변압기, 코로나 등이다. 회전기에서 발생되는 고조파는 변압기에 의하여 영상 회로가 차단되기 때문에 큰 영향은 없지만, 변압기에서 발생되는 고조파는 선로 정수와 변압기의 임피던스값에 의하여 특정의 고조파가 공진하고 또 큰 전류를 발생하여 유도 장해를 일으키는 일이 있다. 그러나 여자 전류에 포함되어 고조파는 철심의 자속 밀도를 낮게 계산하여 감소시킬 수 있다.

9.5 유도 장해의 방지

유도 장해를 방지하는 근본적 방법은 전력선과 통신선의 이격 거리를 멀리하는 것이다. 실제로는 선로의 경과지의 자유 선택이 어려우므로 두 선의 접근은 어느 정도 불가피하다.

따라서 유도 장해의 방지를 위해서도 전력선측과 통신선측이 건설 방법, 건설 지점, 운전 방법, 보수 방법 등의 결정에 있어서 긴밀한 협조가 이루어져야 한다.

전력선측과 통신선측의 대책으로 다음과 같은 것을 들 수 있다.

9.5.1 전력선측의 대책

전력선측의 대책은 다음과 같다.

① 전력선과 통신선을 가급적 격리시킨다.
② 송전선의 중성점을 고저항 접지 방식을 채용하여 지락 전류를 적게한다.
③ 송전선의 중성점을 소호 리액터로 접지한다.
④ 고주파분의 발생을 방지한다.
⑤ 전력선과 통신선을 직각으로 교차시킨다.
⑥ 케이블을 사용한다.
⑦ 차폐선을 설치하여 유도 전압을 30~50[%] 정도 줄인다.
⑧ 중성점 잔류 전압 또는 잔류 전류를 적게 한다.

9.5.2 통신선측의 대책

통신선측의 대책은 다음과 같다.

① 복선식 통신선의 채용
② 통신 선로를 전력선의 연가와 같은 방법으로 교차한다.
③ 연피 케이블을 사용한다.
④ 피뢰기를 설치한다.
⑤ 배류 코일을 사용한다.
⑥ 차폐선을 설치한다.
⑦ 중계 코일을 전화 선로에 삽입한다.
⑧ 절연 변압기의 채용

9.5.3 차폐선

차폐선(shielding wire)이란 그림 9-4와 같이 송전선에 접근해서 대지에 대하여 단락한 전선을 가설한 것을 말한다.

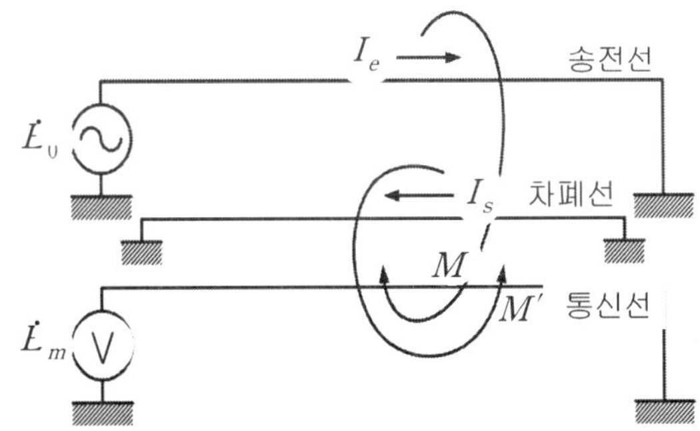

그림 9-4 차폐선의 저감 효과

만일 통신선에 큰 전압이 유도된다면, 차폐선에도 큰 전압이 유도될 것이므로, 차폐선은 단락되어 있기 때문에 이것에는 단락 전류가 흐르게 된다. 이렇게 되면 단락 전류에 의하여 생긴 자속과는 위상이 반대이므로, M'가 M을 저감시켜서, 통신선이 받는 유도 전압 $\dot{E}_m$은 차폐선 때문에 30~50[%]정도로 저하된다고 한다. 그래서 실제 문제로는, 송전선측의 차폐선으로는 가공 지선을 이용하는데 보통의 가공 지선은 철선이기 때문에, 이 목적을 달성하기 위한 차폐선으로 겸용하는 가공 지선에는 도전율이 좋은 ACSR 등의 전선이 쓰인다.

연 습 문 제

1. 송배전 선로의 지락 전류 및 전자 유도에 의한 유도 장해를 방지하는 방법이 아닌 것은?

① 접지 전류를 적게 하기 위해 중성점의 접지 저항을 크게 하거나 직접 접지 방식을 채용

② 전선로의 연가를 충실히 한다.

③ 송전 선로와 통신선의 거리를 멀리 한다.

④ 접지 방식을 소호 리액터 접지로 한다.

해설 유도 장해의 방지 대책

㉠ 전선로의 연가를 충분히 한다.

㉡ 송전선과 통신선과의 거리를 멀게 한다.

㉢ 지락 전류를 작게 하기 위하여 중성점의 접지 저항을 크게 한다.

㉣ 중성점을 접지시키는 장소를 적절하게 선택한다.

㉤ 고장이 났을 때에는 고장 구간을 빨리 차단한다.

㉥ 통신선에 피뢰기나 차폐선을 설치한다. 【답】 ①

2. 송배전 선로에서 발생하는 통신선에 대한 유도 장해의 방지책 중 틀린 것은?

① 연가를 충분히 한다.

② 중성점의 접지 저항을 작게 한다.

③ 소호 코일 접지 방식을 채택한다.

④ 통신선에 차폐선을 설치한다.

해설 지락 전류를 작게 하기 위해 중성점의 접지저항은 크게 한다.

<유도 장해 방지 대책>

㉠ 전력선측 대책

ⓐ 전력선과 통신선과의 상호 이격 거리를 크게하여 상호 인덕턴스를 줄인다.

ⓑ 연가를 충분히 한다(선로 정수를 평형시켜 중성점 잔류 전압을 적게 한다.)

ⓒ 케이블을 사용한다.

ⓓ 고주파의 발생을 방지한다.

ⓔ 통신선과의 교차부분을 직각으로 한다.

ⓕ 소호 리액터 접지 방식을 사용한다.

ⓖ 고장 회선의 고속도 차단

ⓗ 차폐선의 시설

㉡ 통신선의 대책

ⓐ 복선식 통신선의 채용

ⓑ 통신선의 교차(전력선의 연가 상당)

ⓒ 나선을 케이블화한다.

ⓓ 통신선과 통신 기기의 절연 향상

ⓔ 성능이 우수한 피뢰기의 사용

ⓕ 변류기의 사용, 절연 변압기의 채용 **【답】** ②

3. 각 전력 계통을 연락선으로 상호 연결하면 여러 가지 장점이 있다. 옳지 않은 것은?

① 각 전력 계통의 신뢰도가 증가한다.

② 경제 급전이 용이하다.

③ 배후 전력(back power)이 크기 때문에 고장이 적으며 그 영향의 범위가 적어진다.

④ 수파수의 변화가 적어진다.

해설 전력 계통의 연계방식의 장단점

[장점] ㉠ 전력의 융통으로 설비용량이 절감된다.

㉡ 건설비 및 운전 경비를 절감하므로 경제 급전이 용이하다.

㉢ 계통 전체의 공급 신뢰도가 증가한다.

㉣ 부하 변동의 영향이 적어져야 안정된 주파수 유지가 가능하고 전압 변동이 적다.

[단점] ㉠ 연계설비를 신설해야 하므로 시설비가 많이 소요된다.

㉡ 사고시 타 계통으로 파급 확대될 우려가 있다.

㉢ 병렬 회로수가 많아지므로 단락전류가 증대하고 통신선의 전자 유도 장해가 커진다. **【답】** ③

4. 유도장해의 방지책으로 차폐선을 사용하면 유도전압은 얼마 정도 줄일 수 있는가?

① 10 ~ 20[%] ② 30 ~ 50[%]

③ 70 ~ 80[%] ④ 80 ~ 90[%]

【답】 ②

5. 3상 송전 선로와 통신선이 병행되어 있는 경우에 통신유도장해로서 통신선에 유도되는 정전 유도 전압은?

① 통신선의 길이에 비례한다.

② 통신선의 길이의 자승에 비례한다.

③ 통신선의 길이에 반비례한다.

④ 통신선의 길이와는 관계가 없다.

해설 통신선에 유도되는 정전 유도 전압 $V_n = \frac{3CV_0}{3C+C_0}$[V]이므로 길이에 관계없고 이격거리와 영상전압에 관계 있다.

【답】 ④

6. 송전 선로에 근접한 통신선에 유도장해가 발생하였다. 전자유도의 원인은 다음 중 어느 것인가?

① 역상전압 ② 정상전압

③ 정상전류 ④ 영상전류

【답】 ④

7. 전력선과 통신선과의 상호 인덕턴스에 의하여 발생되는 유도 장해는?

① 정전 유도 장해 ② 전자 유도 장해

③ 고조파 유도 장해 ④ 전력 유도 장해

해설 전자 유도 장해 : 전력선과 통신선과의 상호 인덕턴스에 기인

정전 유도 장해 : 전력선과 통신선과의 정전 용량에 기인

【답】 ②

8. 통신 유도 장해 방지 대책의 일환으로 전자 유도 전압을 계산함에 이용되는 인덕턴스 계산식은?

① Peek 식 ② Peterson 식

③ Carson-Pollaczek 식 ④ Still 식

해설 Still식 : 송전 전압을 결정할 때, Peek식 : 코로나 손실 측정

【답】 ②

9. 유도장해를 방지하기 위한 전력선측의 대책으로 옳지 않은 것은?

① 소호 리액터를 채용한다.

② 차폐선을 설치한다.

③ 중성점 전압을 가능한 한 높게 한다.

④ 중성점 접지에 고저항을 넣어 지락전류를 줄인다.

【답】 ③

고장 계산법

제 10 장

가공 송전 선로나 또는 지중 송전 선로를 사고가 전혀 없게 한다는 것 즉, 신뢰도가 100[%]라는 것은 바랄 수 없다. 더욱이 가공 송전 선로는 직접 모든 기상 조건 하에 놓여 있으므로, 뇌격 등으로 인하여 사고를 일으킬 기회가 있기 마련이다.

그 중에서 가장 많은 것은 1선 지락이지만, 선간 단락, 2선 지락, 심한 경우에는 3선 지락 뿐 아니라, 단선 사고가 발생할 때도 있다. 따라서 송전 선로에 사고가 발생하면 계통에 큰 동요를 일으켜서 기기를 손상시키고, 송전을 불가능하게 할 뿐 아니라, 통신선에 유도 장해를 일으키므로 고장에 대한 보호 장치를 시설하여야 하는데 이렇게 하기 위해서는 전기 제량의 고장 계산이 필요하게 된다.

10.1 3상 단락 전류의 계산

송전 선로에서 3상 단락 사고는 극히 드물게 일어나는 일이지만, 단락 전류가 1선 지락이나 상간 단락에 비하여 크게 되므로 차단기의 용량 결정, 계전기의 정정(整定), 전자력에 의한 기계를 충격의 추정을 알기 위하여 3상 단락 전류를 계산해야 할 필요가 있다.

3상 단락은 회로가 단락된 후에도 계속 평형 3상 회로의 상태를 유지하고 있으므로 그 계산은 비교적 용이하다. 그리고 계산법에는 오옴법, 백분율법(percentage법), 단위법(per unit법) 등이 있다.

10.1.1 오옴법

오옴법은 발전기, 변압기, 선로 등 회로 각 부분의 임피던스(impedance)의 오옴값을 직접 사용하여 계산하는 방법이다. 회로의 성형 전압을 $\dot{E}$[V], 발전기의 임피던스를 $\dot{Z}_g$, 변압기의 임피던스를 $\dot{Z}_t$, 선로의 임피던스를 $\dot{Z}_l$라 하면, 3상 단락 전류 $\dot{I}_s$는 다음 식으로 계산된다.

$$\dot{I}_s = \frac{\dot{E}}{\dot{Z}_g + \dot{Z}_t + \dot{Z}_l} \text{[A]} \tag{10-1}$$

이 경우 각 부분의 임피던스 $\dot{Z}_g$, $\dot{Z}_t$, $\dot{Z}_l$은 기준 전압 E로 환산한 것을 사용하여야 한다.

이 방법은 회로의 도중에 변압기가 있으면 권수비의 제곱을 사용하여 기준 전압측으로 환산한 값을 사용하는 등 환산이 불편하므로 그다지 사용되지 않는다.

10.1.2 백분율법

백분율법은 발전기, 변압기, 선로 등 회로의 각 부분의 임피던스를 [%]로 표시한 $\%Z$를 사용하여 계산하는 방법이다. [Ω]으로 표시한 임피던스 Z와 $\%Z$사이에는 정격 전류(전부하 전류) I_n, 정격 전압(성형 전압)을 E라 하면

$$\%Z = \frac{Z[\Omega] \times I_n[\text{A}]}{E[\text{V}]} \times 100[\%] \tag{10-2}$$

E가 [kV] 단위라면

$$\%Z = \frac{ZI_n}{1000E} \times 100 = \frac{ZI_n}{10E}[\%]$$

분자, 분모에 E[kV]를 곱하면(여기서 V는 선간전압)

$$\%Z = \frac{Z[\Omega] \times EI[\text{kVA}]}{10 \times E^2[\text{kV}]^2} = \frac{ZP}{10E^2} = \frac{ZP}{10V^2}[\%] \tag{10-3}$$

이 된다. 식 (10-2)의 분모, 분자에 I_n를 곱하면

$$\%Z = \frac{ZI_n^2}{EI_n} \times 100[\%]$$

가 되고, 이 식에서 분자는 Z중의 피상 전력, 분모는 정격 용량을 표시하므로 $\%Z$의 값은 정격 전류가 흘렀을 때의 임피던스 중의 피상 전력이 정격 용량에 대한 비율을 표시한다.

식 (10-2)로부터 3상 단락 전류 I_s는

$$I_s = \frac{E}{Z} = \frac{E}{\frac{\%ZE}{100I_n}} = \frac{100I_n}{\%Z}[\text{A}] \qquad (10\text{-}4)$$

그러므로, 식 (10-4)의 관계로부터 $\%Z$의 값을 알면 정격 전압, 정격 전류를 모르더라도 정격 전류의 몇 배의 단락 전류가 흐르는가를 알 수 있다.

이와 같은 계산 방법을 **백분율법**(%법)이라 한다.

예 제 3상 송전 선로의 선간 전압을 100[kV], 3상 기준 용량을 10,000[kVA]로 할 때 선로 리액턴스(1선당) 100[Ω]을 %임피던스로 환산하시오.

해설 $\%Z = \frac{PZ}{10V^2} = \frac{100 \times 10000}{10 \times 100^2} = 10[\%]$

예 제 66[kV], 3상 1회선 송전 선로의 1선의 리액턴스가 20[Ω], 전류가 350[A]일 때 %리액턴스를 구하시오.

해설 $\%X = \frac{XI_n}{E} \times 100 = \frac{350 \times 20}{\frac{66 \times 10^3}{\sqrt{3}}} \times 100 \simeq 18.4[\%]$

10.1.3 단위법(Per Unit Method)

단위법(per unit method)은 임피던스를 표시하는데 있어서 백분율법에 있어서의 100[%]를 없앤 계산 방법이다.

$$Z[\text{p}\cdot\text{u}] = \frac{ZI_n}{E}[\%]$$

10.2 대칭 좌표법에 의한 발전기의 기본식

3상 단락과 같은 3상 평형 고장의 계산은 단상 회로로 할 수 있으므로 용이하다. 그러나 1선 지락, 2선 지락, 상간 단락, 단선 고장 등이나 고장점에 아크 등 고장점 저항을 생각할 때와 같이, 3상 불평형으로 되는 고장시의 계산은 대칭 좌표법(symmetrical components calculus)에 의하는 것이 일반적이다. 이 계산에서는 계통의 모든 선로 정수는 완전히 3상이 평형되어 있고, 단지 고장점만이 고장 때문에 선로의 불평형이 생기는 것으로 하여 취급한다.

대칭 좌표법은 불평형 3상의 전압, 전류를 그대로 계산하지 않고, 이것을 그 자신으로서는 3개의 성분, 즉 영상분, 정상분, 역상분의 3개의 대칭분으로 분해하여, 각 대칭분마다 독립된 각각의 회로에 대해서 필요한 계산을 하여, 이들 3개를 중첩해서 실제의 불평형 문제의 해를 구하는 방법이다.

임의의 불평형 전류 $\dot{I}_a$, $\dot{I}_b$, $\dot{I}_c$가 흐르고 있는 3상 회로에 대해서, 상회전을 a, b, c의 순서로 하고 a상을 기준으로 하면, 다음과 같은 3개의 대칭분 전류를 만들 수 있다.

$$\left.\begin{aligned} \dot{I}_0 &= \frac{1}{3}(\dot{I}_a + \dot{I}_b + \dot{I}_c) \\ \dot{I}_1 &= \frac{1}{3}(\dot{I}_a + a\dot{I}_b + a^2\dot{I}_c) \\ \dot{I}_2 &= \frac{1}{3}(\dot{I}_a + a^2\dot{I}_b + a\dot{I}_c) \end{aligned}\right\} \qquad (10\text{-}5)$$

식 (10-5)의 a, a^2은 벡터 오퍼레이터(vector operator)로서 다음과 같은 값을 가진다.

$$\left.\begin{aligned} a &= \varepsilon^{j\frac{2\pi}{3}} = -\frac{1}{2} + j\frac{\sqrt{3}}{2} \\ a^2 &= \varepsilon^{j\frac{4\pi}{3}} = -\frac{1}{2} - j\frac{\sqrt{3}}{2} \\ a^3 &= 1, \ 1 + a + a^2 = 0 \end{aligned}\right\} \qquad (10\text{-}6)$$

즉, 어떤 벡터에 a를 곱하는 것은 그 벡터의 크기는 변하지 않고, 위상만을

120° 앞서게 하는 것을 뜻하고, a로 나눈다는 것은 위상만을 120° 늦게 하는 것을 의미한다. 식 (10-5)에서 $\dot{I}_0$, $\dot{I}_1$, $\dot{I}_2$를 알고 $\dot{I}_a$, $\dot{I}_b$, $\dot{I}_c$를 구하면 다음과 같이 된다.

$$\left.\begin{aligned} \dot{I}_a &= \dot{I}_0 + \dot{I}_1 + \dot{I}_2 \\ \dot{I}_b &= \dot{I}_0 + a^2\dot{I}_1 + a\dot{I}_2 \\ \dot{I}_c &= \dot{I}_0 + a\dot{I}_1 + a^2\dot{I}_2 \end{aligned}\right\} \tag{10-7}$$

따라서, 어떠한 방법에 의해서 $\dot{I}_0$, $\dot{I}_1$, $\dot{I}_2$를 알 수 있다면, $\dot{I}_a$, $\dot{I}_b$, $\dot{I}_c$는 식 (10-7)에 의해서 쉽게 계산할 수 있다. 즉 $\dot{I}_0$, $\dot{I}_1$, $\dot{I}_2$를 아는 것은 $\dot{I}_a$, $\dot{I}_b$, $\dot{I}_c$를 알고 있는 것과 같다.

식 (10-7)의 우변 제1항을 보면 $\dot{I}_0$인 컴포넌트가 a, b, c 각 상에 공통으로 들어 있다. 이것은 분명히 각 상 동일의 동상 전류로서, 이것을 **영상전류**(zero phase sequence current)라 한다.

그리고, 제2항을 보면 a상에는 $\dot{I}_1$이 있고, b상에는 $\dot{I}_1$을 240° 앞선 즉, 120° 뒤진 $a^2\dot{I}_1$이 있으며, c상에는 $\dot{I}_1$을 120° 앞서게 한 $a\dot{I}_1$이 있다. 즉, 제2항은 각상에 대해서 생각해 보면, 대칭 3상 전류를 형성하고 있다. 이것을 **정상전류**(positive phase sequence current)라 한다.

다음에 제3항에 대해서 생각해 보면, b상에는 $\dot{I}_2$를 120° 앞서게 한 $a\dot{I}_2$가 있고, 또 c상에는 $\dot{I}_2$를 120° 늦게 한 $a^2\dot{I}_2$가 들어 있다. 즉, 제3항은 정상 전류와 반대 방향의 대칭 3상 전류를 형성하고 있다. 이것을 **역상전류**(negative phase seque-nce current)라 한다.

이상의 관계를 그림으로 그리면 그림 10-1과 같다.

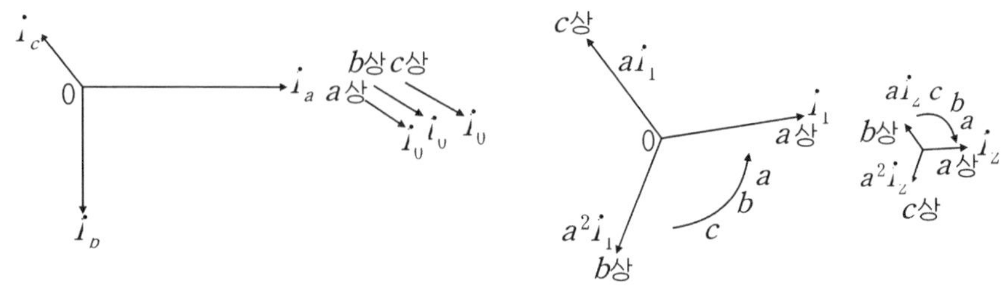

(a) 불평형　　(b) 영상 전류　　　　(c) 정상 전류　　(d) 역상 전류

그림 10-1 각 상에 흐르는 대칭분 전류의 벡터도

지금까지는 전류에 대해서 설명하였지만, 전압에 대해서도 이와 같은 관계가 성립된다.

그러면 3상 동기 발전기에 불평형 전류가 흐르고 있는 경우의 기본 방정식을 구해보자.

3상 교류 발전기는 각 상 대칭으로 만들어지므로 유도 기전력은 3상이 평형되어 있지만 불평형 부하나 불평형 고장이 발생한 경우에는 3상 불평형 전류가 발전기로부터 흘러 그 전류에 의한 전압 강하 때문에 발전기 단자 전압은 대칭으로 되지 않는다.

각 상의 유도 기전력을 $\dot{E}_a$, $\dot{E}_b$, $\dot{E}_c$, 단자 전압을 $\dot{V}_a$, $\dot{V}_b$, $\dot{V}_c$라 하고, 각 상 전류 $\dot{I}_a$, $\dot{I}_b$, $\dot{I}_c$에 의한 발전기 내부의 전압 강하를 $\dot{v}_a$, $\dot{v}_b$, $\dot{v}_c$라 하면, 발전기의 중성점이 완전히 접지되어 있는 경우에는 다음 식이 성립한다.

$$\left.\begin{aligned}\dot{V}_a&=\dot{E}_a-\dot{v}_a\\ \dot{V}_b&=\dot{E}_b-\dot{v}_b\\ \dot{V}_c&=\dot{E}_c-\dot{v}_c\end{aligned}\right\}\qquad(10\text{-}8)$$

$\dot{Z}_0$, $\dot{Z}_1$, $\dot{Z}_2$를 발전기의 영상, 정상, 역상 임피던스라 하면 각 상의 전압 강하는 다음과 같이 된다.

$$\left.\begin{aligned}\dot{v}_a&=\dot{Z}_0\dot{I}_0+\dot{Z}_1\dot{I}_1+\dot{Z}_2\dot{I}_2\\ \dot{v}_b&=\dot{Z}_0\dot{I}_0+a^2\dot{Z}_1\dot{I}_1+a\dot{Z}_2\dot{I}_2\\ \dot{v}_c&=\dot{Z}_0\dot{I}_0+a\dot{Z}_1\dot{I}_1+a^2\dot{Z}_2\dot{I}_2\end{aligned}\right\}\qquad(10\text{-}9)$$

지금, 식 (10-8)을 대칭분의 형으로 고쳐 쓰면,

$$\left.\begin{aligned}\dot{V}_0 &= \frac{1}{3}\{(\dot{E}_a+\dot{E}_b+\dot{E}_c)-(\dot{V}_a+\dot{V}_b+\dot{V}_c)\}\\ \dot{V}_1 &= \frac{1}{3}\{(\dot{E}_a+a\dot{E}_b+a^2\dot{E}_c)-(\dot{V}_a+a\dot{V}_b+a^2\dot{V}_c)\}\\ \dot{V}_2 &= \frac{1}{3}\{(\dot{E}_a+a^2\dot{E}_b+a\dot{E}_c)-(\dot{V}_a+a^2\dot{V}_b+a\dot{V}_c)\}\end{aligned}\right\} \qquad (10\text{-}10)$$

식 (10-10)에 식 (10-9)를 대입하면 다음과 같이 된다.

$$\left.\begin{aligned}\dot{V}_0 &= \dot{E}_0-\dot{Z}_0\dot{I}_0\\ \dot{V}_1 &= \dot{E}_1-\dot{Z}_1\dot{I}_1\\ \dot{V}_2 &= \dot{E}_2-\dot{Z}_2\dot{I}_2\end{aligned}\right\} \qquad (10\text{-}11)$$

그런데, 이미 서술한 바와 같이 발전기의 유도 기전력은 대칭 3상 전압이므로, $\dot{E}_0$ 및 $\dot{E}_2$는 영으로 된다. 따라서 식 (10-11)은 다음과 같다.

$$\left.\begin{aligned}\dot{V}_0 &= -\dot{Z}_0\dot{I}_0\\ \dot{V}_1 &= -\dot{E}_a-\dot{Z}_1\dot{I}_1\\ \dot{V}_2 &= -\dot{Z}_2\dot{I}_2\end{aligned}\right\} \qquad (10\text{-}12)$$

식 (10-12)를 3상 교류 발전기의 기본식으로, 발전기의 단자 전압과 전기자전류와의 관계를 나타낸 것이다. 즉, 발전기에 흐르고 있는 전류가 주어지면, 이것이 어떠한 불평형인 경우에도, 그것에 의하여 단자 전압은 어떻게 변화하는가를 알 수 있고, 또 반대로 발전기의 단자 전압의 상태가 주어지면, 그 때에 흐르는 전류의 상황을 알 수 있다.

📖 확인

대칭 좌표법의 대칭 전류

① 영상 전류 $I_0 = \frac{1}{3}(I_a+I_b+I_c)$

② 정상 전류 $I_1 = \frac{1}{3}(I_a+aI_b+a^2I_c)$

③ 역상 전류 $I_2 = \frac{1}{3}(I_a+a^2I_b+aI_c)$

10.3 무부하 발전기의 간단한 고장 계산

10.3.1 1선 지락

a상의 단자가 지락하고, b상 및 c상 단자는 개방되어 있는 것으로 한다. 이때는 그림 10-2에서도 알 수 있는 바와 같이 그 고장 조건은

$$\dot{V}_a = 0, \ \dot{I}_b = \dot{I}_c = 0 \tag{10-13}$$

이다. 그러므로, 식 (10-7)에서

$$\left.\begin{aligned} \dot{I}_b &= \dot{I}_0 + a^2\dot{I}_1 + a\dot{I}_2 \\ \dot{I}_c &= \dot{I}_0 + a\dot{I}_1 + a^2\dot{I}_2 \end{aligned}\right\} \tag{10-14}$$

로 된다. 이 식에서

$$\dot{I}_b - \dot{I}_c = (a^2 - a)\dot{I}_1 + (a - a^2)\dot{I}_2 = (a^2 - a)(\dot{I}_1 - \dot{I}_2) = 0$$

인데, $a^2 \neq a$이므로 $\dot{I}_1 = \dot{I}_2$로 되고, 이것을 $\dot{I}_b$식에 대입하여 정리하면 다음과 같다.

$$\dot{I}_0 = \dot{I}_1 = \dot{I}_2 \tag{10-15}$$

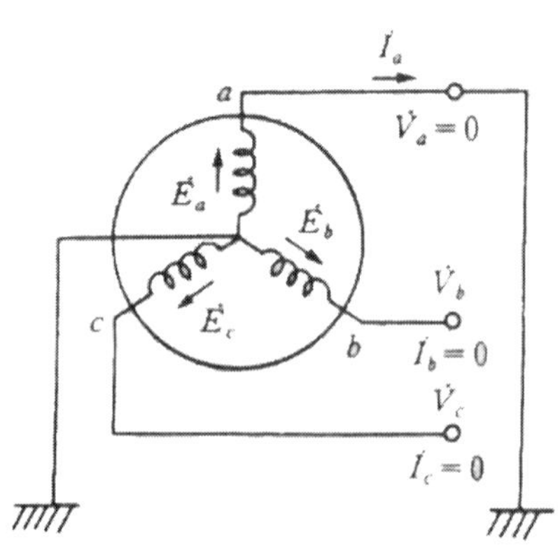

그림 10-2 1선 지락

또, 고장 조건에서 $\dot{V}_a=0$이므로

$$\dot{V}_a=\dot{V}_0+\dot{V}_1+\dot{V}_2=0$$

여기에 발전기의 기본식을 대입하면

$$\dot{V}_a=\dot{E}_a-(\dot{Z}_0\dot{I}_0+\dot{Z}_1\dot{I}_1+\dot{Z}_2\dot{I}_2)=0$$

로 되는데, 식 (10-15)을 여기에 대입하면

$$\dot{I}_0=\dot{I}_0=\dot{I}_2=\frac{\dot{E}_a}{\dot{Z}_0+\dot{Z}_1+\dot{Z}_2} \tag{10-16}$$

따라서, 1선 지락에 의한 고장 전류는

$$\dot{I}_a=\dot{I}_0+\dot{I}_1+\dot{I}_2=3\dot{I}_0=\frac{3\dot{E}_a}{\dot{Z}_0+\dot{Z}_1+\dot{Z}_2} \tag{10-17}$$

로 된다.

다음에, b 및 c상의 단자 전압 $\dot{V}_b$와 $\dot{V}_c$를 구해보자. 단자 전압의 각 대칭분은 식 (10-12)에 주어져 있으므로, 여기에 식 (10-17)의 관계를 대입하면 각 대칭분 단자 전압은 다음과 같이 된다.

$$\left.\begin{aligned}
\dot{V}_0&=-\frac{\dot{Z}_0}{\dot{Z}_0+\dot{Z}_1+\dot{Z}_2}\dot{E}_a\\
\dot{V}_1&=\frac{\dot{Z}_0+\dot{Z}_2}{\dot{Z}_0+\dot{Z}_1+\dot{Z}_2}\dot{E}_c\\
\dot{V}_2&=\frac{\dot{Z}_2}{\dot{Z}_0+\dot{Z}_1+\dot{Z}_2}\dot{E}_a
\end{aligned}\right\} \tag{10-18}$$

따라서, $\dot{V}_b$, $\dot{V}_c$는 다음과 같다.

$$\left.\begin{aligned}
\dot{V}_b&=\dot{V}_0+a^2\dot{V}_1+a\dot{V}_2=\frac{(a^2-1)\dot{Z}_0+(a^2-a)\dot{Z}_2}{\dot{Z}_0+\dot{Z}_1+\dot{Z}_2}\dot{E}_a\\
\dot{V}_c&=\dot{V}_0+a\dot{V}_1+a^2\dot{V}_2=\frac{(a-1)\dot{Z}_0+(a-a^2)\dot{Z}_2}{\dot{Z}_0+\dot{Z}_1+\dot{Z}_2}\dot{E}_a
\end{aligned}\right\} \tag{10-19}$$

10.3.2 2선 지락

그림 10-3에서와 같이 발전기의 두 단자 b, c가 지락했을 때 흐르는 b상 및 c상의 지락 전류 $\dot{I}_b$, $\dot{I}_c$와 개방 단자 a상의 전압 $\dot{V}_a$를 계산해 보자. 이 때 알아두어야 할 조건은

$$\dot{I}_a = 0, \quad \dot{V}_b = \dot{V}_c = 0 \tag{10-20}$$

이다. 지금, $\dot{V}_b$ 및 $\dot{V}_c$를 대칭분으로 나타내면

$$\dot{V}_b = \dot{V}_c + a^2\dot{V}_1 + a\dot{V}_2, \quad \dot{V}_c = \dot{V}_0 + a\dot{V}_1 + a^2\dot{V}_2$$

로 된다. 이들의 차를 구하면

$$\dot{V}_b - \dot{V}_c = (a^2 - a)(\dot{V}_1 - \dot{V}_2) = 0$$

$$\therefore \dot{V}_1 = \dot{V}_2$$

이 관계를 $\dot{V}_b = 0$의 식에 대입하면

$$\dot{V}_b = \dot{V}_0 + (a^2 + a)\dot{V}_1 = \dot{V}_0 - \dot{V}_1 = 0$$

$$\therefore \dot{V}_0 = \dot{V}_1 = \dot{V}_2 \tag{10-21}$$

로 된다. 즉, 1선 지락 고장일 때는 3개의 대칭분 전류는 어느 것이나 서로 같으나, 2선 지락 고장일 때는 식 (10-21)과 같이 3개의 대칭분 전압이 서로 같다.

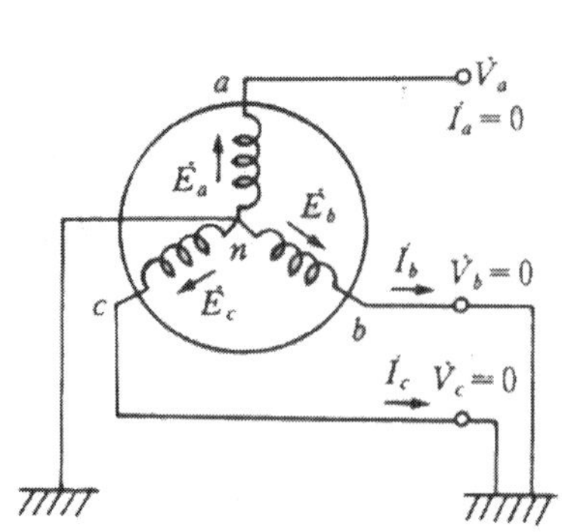

그림 10-3 2선 지락

그러면, 식 (10-12)와 $\dot{I}_a=0$ 의 관계에서

$$\dot{V}_0=-\dot{Z}_0\dot{I}_0=\dot{E}_a-\dot{Z}_1\dot{I}_1=-\dot{Z}_2\dot{I}_2$$

$$\dot{I}_a=\dot{I}_0+\dot{I}_1+\dot{I}_2$$

로 되는데, 이들을 연립 방정식으로 풀이하면

$$\left.\begin{aligned}\dot{I}_0&=-\frac{\dot{Z}_2}{\dot{Z}_0(\dot{Z}_1+\dot{Z}_2)+\dot{Z}_1\dot{Z}_2}\dot{E}_a\\ \dot{I}_1&=\frac{\dot{Z}_0+\dot{Z}_2}{\dot{Z}_0(\dot{Z}_1+\dot{Z}_2)+\dot{Z}_1\dot{Z}_2}\dot{E}_a\\ \dot{I}_2&=-\frac{\dot{Z}_0}{\dot{Z}_0(\dot{Z}_1+\dot{Z}_2)+\dot{Z}_1\dot{Z}_2}\dot{E}_a\end{aligned}\right\}\tag{10-22}$$

로 되고, 실제의 지락 전류를 $\dot{I}_b$, $\dot{I}_c$ 및 a상의 전압 $\dot{V}_a$는 다음과 같이 된다.

$$\left.\begin{aligned}\dot{I}_b&=\dot{I}_0+a^2\dot{I}_1+a\dot{I}_2=\frac{(a^2-a)\dot{Z}_0+(a^2-1)\dot{Z}_2}{\dot{Z}_0(\dot{Z}_1+\dot{Z}_2)+\dot{Z}_1\dot{Z}_2}\dot{E}_a\\ \dot{I}_c&=\dot{I}_0+a\dot{I}_1+a^2\dot{I}_2=\frac{(a-a^2)\dot{Z}_0+(a-1)\dot{Z}_2}{\dot{Z}_0(\dot{Z}_1+\dot{Z}_2)+\dot{Z}_1\dot{Z}_2}\dot{E}_a\end{aligned}\right\}\tag{10-23}$$

$$\begin{aligned}\dot{V}_a&=\dot{V}_0+\dot{V}_1+\dot{V}_2=3\dot{V}_0=-3\dot{Z}_0\dot{I}_0\\ &=\frac{3\dot{Z}_0\dot{Z}_2}{\dot{Z}_0(\dot{Z}_1+\dot{Z}_2)+\dot{Z}_1\dot{Z}_2}\dot{E}_a\end{aligned}\tag{10-24}$$

10.3.3 선간 단락

그림 10-4와 같이 3상 교류 발전기의 2상이 단락되었을 때의 선간 단락 고장을 계산해 보자. 이 경우의 지락 조건은

$$\dot{I}_a=0,\quad \dot{I}_b=-\dot{I}_c,\quad \dot{V}_b=\dot{V}_c\tag{10-25}$$

이다. 전류의 조건에서

$$\dot{I}_0 = -\frac{1}{3}(\dot{I}_a + \dot{I}_b + \dot{I}_c) = 0$$

$$\therefore \dot{I}_b = a^2\dot{I}_1 + a\dot{I}_2,\ \dot{I}_c = a\dot{I}_1 + a^2\dot{I}_2$$

이들의 합을 구하면, $\dot{I}_b + \dot{I}_c = 0$ 이라는 조건에서

$$\begin{aligned} &\dot{I}_b + \dot{I}_c = (a^2 + a)(\dot{I}_1 + \dot{I}_2) = 0 \\ &\therefore \dot{I}_1 = -\dot{I}_2 \end{aligned} \tag{10-26}$$

로 된다. 또, $\dot{I}_0 = 0$이므로 식 (10-12)에서 전압의 영상분 $\dot{V}_0$도 영이 된다.

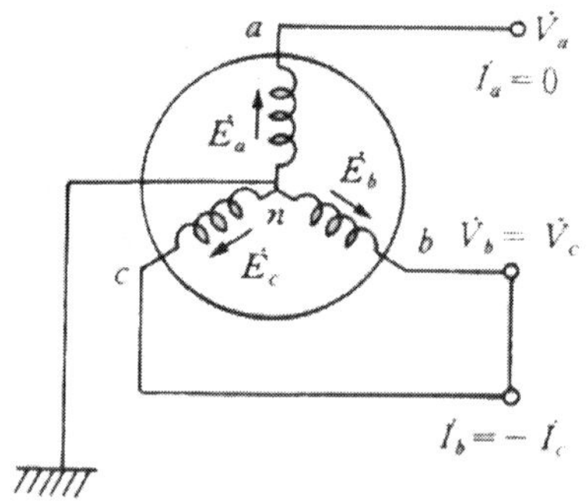

그림 10-4 선간 단락

따라서, 전압의 대칭분 $\dot{V}_b$, $\dot{V}_c$는 다음과 같이 된다.

$$\dot{V}_b = a^2\dot{V}_1 + a\dot{V}_2,\ \ \dot{V}_c = a\dot{V}_1 + a^2\dot{V}_2$$

위의 두 식의 차를 구하면, $\dot{V}_b - \dot{V}_c = 0$이라는 조건에서

$$\begin{aligned} &\dot{V}_b - \dot{V}_c = (a^2 - a)(\dot{V}_1 - \dot{V}_2) = 0 \\ &\therefore \dot{V}_1 = \dot{V}_2 \end{aligned} \tag{10-27}$$

여기에 식 (10-12)의 관계와 식 (10-26)의 관계를 대입하면 다음과 같이 된다.

$$\begin{aligned} &\dot{E}_a - \dot{Z}_1\dot{I}_1 = -\dot{Z}_1\dot{I}_1 \\ &\therefore \dot{I}_1 = \frac{\dot{E}_a}{\dot{Z}_1 + \dot{Z}_2} = -\dot{I}_2 \end{aligned} \tag{10-28}$$

이것으로서 대칭분 전류가 구해졌으므로 실제의 단락 전류 $\dot{I}_b$는

$$\dot{I}_b = -\dot{I}_c = a^2\dot{I}_1 + a\dot{I}_2 = (a^2 - a)\dot{I}_2 = \frac{(a^2 - a)}{\dot{Z}_1 + \dot{Z}_2}\dot{E}_a \qquad (10\text{-}29)$$

다음은 a상, b상 및 c상의 전압 $\dot{V}_a$, $\dot{V}_b$ 및 $\dot{V}_c$는 각각의 전압의 대칭분의 식에 $\dot{V}_b = \dot{V}_c$, $\dot{V}_0 = 0$, $\dot{V}_1 = \dot{V}_2$ 및 식 (10-12), 식 (10-28)의 관계를 대입하면

$$\left.\begin{aligned} \dot{V}_a &= \dot{V}_1 + \dot{V}_2 = 2\dot{V}_1 = 2\dot{V}_2 = \frac{2\dot{Z}_2}{\dot{Z}_1 + \dot{Z}_2}\dot{E}_a \\ \dot{V}_b &= \dot{V}_c = (a^2 + a)\dot{V}_1 = -\dot{V}_1 = -\dot{V}_2 = -\frac{\dot{Z}_2}{\dot{Z}_1 + \dot{Z}_2}\dot{E}_2 \end{aligned}\right\} \qquad (10\text{-}30)$$

즉, b상 및 c상의 전압은 건전상의 전압 V_a의 $\frac{1}{2}$로 된다.

예 제 3상 발전기의 a상이 지락한 경우 지락전류를 구하시오.(단 Z_0 : 영상 임피던스, Z_1 : 정상 임피던스, Z_2 : 역상 임피던스)

해설 대칭 좌표법의 발전기 기본식 이용

$$I_0 = I_1 = I_2 = \frac{E_a}{Z_0 + Z_1 + Z_2}$$

$$I_a = I_0 + I_1 + I_2 = 3I_0 = \frac{3E_a}{Z_0 + Z_1 + Z_2}$$

10.4 3상 송전 계통의 고장 계산

송전 선로가 아무리 복잡한 계통이더라도 고장 계산은 다음과 같이 간단히 할 수 있다. 즉 고장점에 있어서 3상의 전선상에 세 개의 단자를 생각하여, 여기에서 인출선을 그림 10-5와 같이 마련하고, 그 선단에 단자 a, b, c를 만들어서, 그 단자의 뒤쪽에 칸막이를 세워 송전 선로측을 보이지 않는 것으로 한다.

그렇게 하면 단자 a, b, c만이 보일 뿐으로, 거기에는 3상 평형 전압은 존재하지만 그 단자에서 유출하는 전류는 없다. 칸막이 뒤에는 발전기가 있거나 송전망이 있거나, 전동기가 있거나, 그러한 것은 조금도 생각할 필요가 없다. 단지 보이

는 것은 3상의 단자 뿐으로서, 거기에는 전류는 존재하지 않고 평형 3상 전압이 있을 뿐이므로 이것은 마치 1대의 발전기의 무부하 운전 상태에서의 단자 상황과 조금도 다를 바 없다.

다음에 이 단자에서 갖가지 고장에 상당하는 회로를 만들어 주면 된다. 예컨대, a상만의 1선 지락 고장이면 a단자만을 대지에 접지하면 되고, b, c상의 2선 지락 고장이면 b 및 c단자에서 전선을 인출해서 접지하면 된다. 또 b, c상의 선간 단락 고장이면 b 및 c단자를 접속하면 고장 회로가 된다.

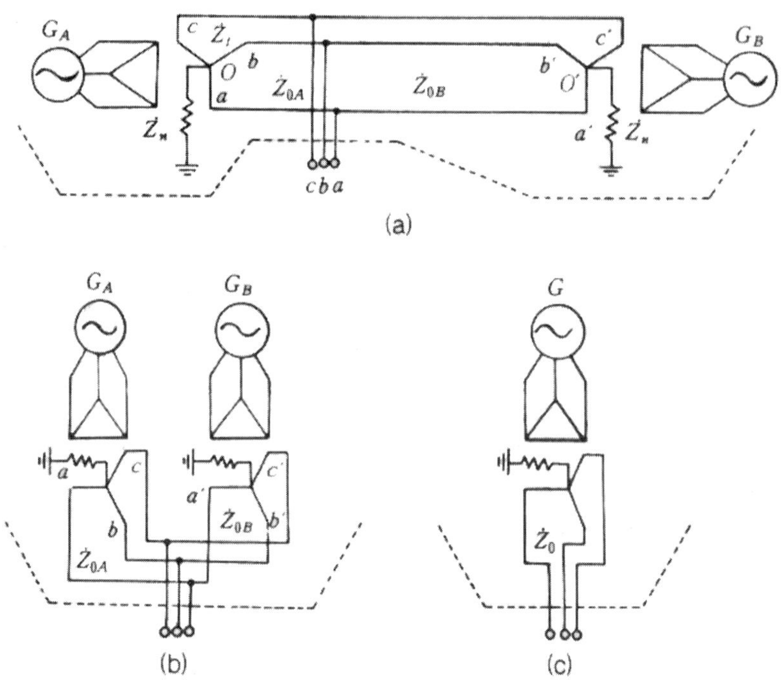

그림 10-5 3상 송전 계통의 고장 계산을 생각하는 법

따라서, 송전망의 고장 계산은 칸막이 뒤쪽의 회로망 전체를 하나의 등가 발전기로 생각해서, a, b, c를 그 등가 발전기의 단자라 생각하면 10.3절의 계산법이 그대로 송전망의 고장 계산에 응용된다. 예컨대, 1선 지락 고장이면 고장 전류나 건전상의 전압 등은 식 (10-17), 식 (10-19)에서 계산할 수 있게 된다. 단, $\dot{E}_a$는 고장점에 있어서의 고장 전의 a상의 상전압이고, $\dot{Z}_0$, $\dot{Z}_1$, $\dot{Z}_2$는 단자 a, b, c에서 바라 본 이 등가 발전기의 대칭분 임피던스이다. 그러므로 필요한 것은 이 고장점에서 바라본 이들의 대칭분 임피던스의 산정이다. 다른 고장에 대해서도 이와

같이 하면 된다.

10.4.1 대칭분 회로

고장점에서 바라본 회로망 전체의 대칭분 임피던스를 구하려면 대칭분 회로를 만들어야 한다.

(1) 영상 회로

그림 10-5와 같은 3상 송전선상의 1점에서 사고가 생겼다 하고, 계통내의 전 발전기의 기전력을 영으로 하여, 고장점에서 각 상 단자를 일괄하여 이것과 대지 사이에 단상 교류 전압 $\dot{V}_0$를 가했을 때, 이 단상 교류가 흐르는 범위로써 영상 회로를 만들면 된다. 이 그림의 계통에서는 송수 양단 변압기는 Δ-Y, Y-Δ결선이고, 또 선로측 Y결선의 중성점은 접지되어 있으므로, 영상 전류는 중성점을 통하여 대지로 흐르며, Δ결선 내부에는 이 기자력을 상쇄하는 전류가 3상 환류하지만, 각 상이 같은 동상 전류이기 때문에 Δ결선의 외부에는 유출하지 않는다. 따라서 발전기 회로 및 부하 회로는 영상 회로에 포함되지 않는 것으로 되어, 이것을 그림 10-6과 같은 임피던스 회로로 나타낼 수 있다. 단, $\dot{Z}_{l0}$는 선로의 영상 임피던스이고 $\dot{Z}_t$, $\dot{Z}_n$은 변압기 및 중성점 접지 임피던스이다.

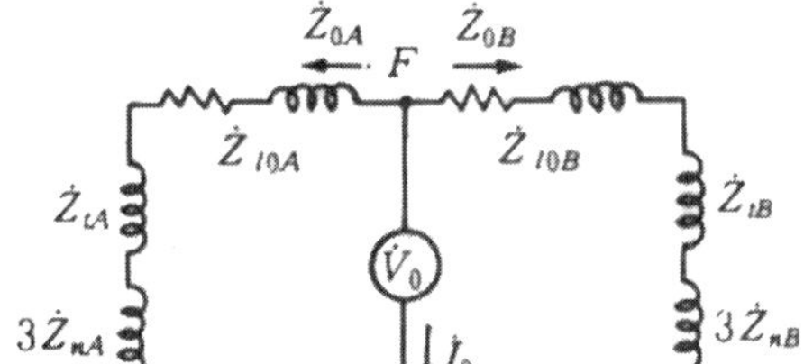

그림 10-6 고장점에서 바라본 영상 회로

그러므로 고장점 F에서 바라본 전원측 및 부하측의 임피던스 $\dot{Z}_{0A}$, $\dot{Z}_{0B}$는

$$\left.\begin{aligned}\dot{Z}_{0A}&=\dot{Z}_{l0A}+\dot{Z}_{tA}+3\dot{Z}_{nA}\\ \dot{Z}_{0B}&=\dot{Z}_{l0B}+\dot{Z}_{tB}+3\dot{Z}_{nB}\end{aligned}\right\} \tag{10-31}$$

또한 F점에서 바라본 전 계통의 영상 임피던스 $\dot{Z}_0$는

$$\dot{Z}_0 = \frac{\dot{Z}_{0A} \cdot \dot{Z}_{0B}}{\dot{Z}_{0A} + \dot{Z}_{0B}} \tag{10-32}$$

(2) 정상 회로와 역상 회로

고장 단자 F에 정상분 대칭 3상 전압을 가한 경우의 3상 전류가 흐르는 범위를 **정상 회로**라 부른다. 이것에는 중성점 접지 임피던스 및 대지 회로는 포함되지 않고, 정상 상태의 부하 전류가 흐른 범위의 회로이다. 정상분을 취급하는 대칭 3상 회로의 계산은 그림 10-7과 같은 회로에서, F점에서 바라본 전 계통의 정상 임피던스 $\dot{Z}_1$을 영상 회로의 경우와 같이 해서 구할 수 있다. 여기서 $\dot{Z}_{g1}$, $\dot{Z}_{L1}$은 발전기 및 부하의 정상 임피던스이다.

역상 전압은 대칭 3상 전압이지만 그 상회전이 상호 전압과 반대 방향이므로, 회전기인 발전기 및 부하 임피던스가 정상분과 다를 뿐이고, 변압기와 선로 임피던스는 서로 같다. 그러므로 F점에서 바라본 역상 임피던스 $\dot{Z}_2$도 위와 같이 해서 구할 수 있다.

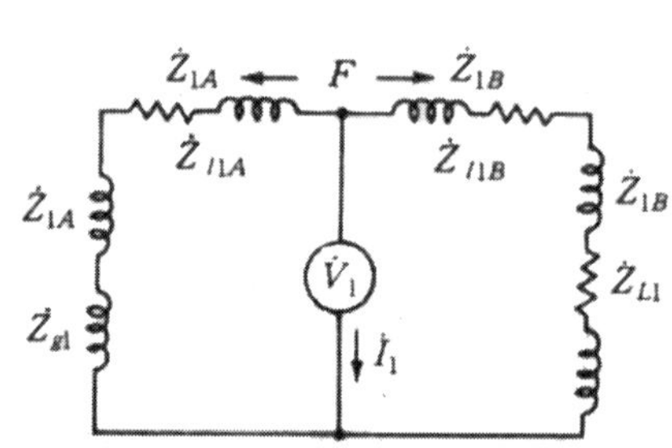

그림 10-7 고장점에서 바라본 정상 회로

10.4.2 단선 고장

그림 10-5에서 a상만이 단선되었다고 하고, 단선 단자 사이에 나타나는 전압을 $3\dot{V}$라 하자. 단선점에서 부하측 각 상의 대지 전압을 $\dot{V}_a$, $\dot{V}_b$, $\dot{V}_c$라 하면, 전원측의 대지 전압은 $\dot{V}_a + 3\dot{V}$, $\dot{V}_b$, $\dot{V}_c$로 된다. 이 점에서의 대칭분 전류를

$\dot{I}_0$, $\dot{I}_1$, $\dot{I}_2$라 하고, 전원측의 대칭분 임피던스를 $\dot{Z}_{0A}$, $\dot{Z}_{1A}$, $\dot{Z}_{2A}$라 하면, 고장점의 전원측 대칭분 전압은

$$\left.\begin{aligned}\dot{V}_{0A} &= \frac{1}{3}(\dot{V}_a + 3\dot{V} + \dot{V}_b + \dot{V}_c) = \dot{V}_0 + \dot{V} = -\dot{Z}_{0A}\dot{I}_0 \\ \dot{V}_{1A} &= \frac{1}{3}(\dot{V}_a + 3\dot{V} + a\dot{V}_b + a^2\dot{V}_c) = \dot{V}_1 + \dot{V} = \dot{E}_a - \dot{Z}_{1A}\dot{I}_1 \\ \dot{V}_{2A} &= \frac{1}{3}(\dot{V}_a + 3\dot{V} + a^2\dot{V}_b + a\dot{V}_c) = \dot{V}_2 + \dot{V} = \dot{Z}_{2A}\dot{I}_2\end{aligned}\right\} \quad (10\text{-}33)$$

또 단선점에서 부하측을 본 대칭분 임피던스를 $\dot{Z}_{0B}$, $\dot{Z}_{1B}$, $\dot{Z}_{2B}$이라 하고, 부하측에 기전력이 없다고 하면 부하측 고장점 각 상의 단자에서 본 대칭분 전압은 $\dot{V}_0 = \dot{Z}_{0B}\dot{I}_0$, $\dot{V}_1 = \dot{Z}_{1B}\dot{I}_1$, $\dot{V}_2 = \dot{Z}_{2B}\dot{I}_2$이며, 단선 상전류 $\dot{I}_a = \dot{I}_0 + \dot{I}_1 + \dot{I}_2 = 0$이므로, 이들과 식 (10-33)의 관계에서

$$\left.\begin{aligned}\dot{I}_0 &= -(\dot{Z}_{2A} + \dot{Z}_{2B})\dot{E}_a/\Delta \\ \dot{I}_1 &= (\dot{Z}_{0A} + \dot{Z}_{0B} + \dot{Z}_{2A} + \dot{Z}_{2B})\dot{E}_a/\Delta \\ \dot{I}_2 &= -(\dot{Z}_{0A} + \dot{Z}_{0B})\dot{E}_a/\Delta \\ \dot{V} &= (\dot{Z}_{0A} + \dot{Z}_{0B})(\dot{Z}_{2A} + \dot{Z}_{2B})\dot{E}_a/\Delta\end{aligned}\right\} \quad (10\text{-}34)$$

단, $\Delta = (\dot{Z}_{0A} + \dot{Z}_{0B})(\dot{Z}_{1A} + \dot{Z}_{1B}) + (\dot{Z}_{1A} + \dot{Z}_{1B})(\dot{Z}_{2A} + \dot{Z}_{2B})$
$\quad + (\dot{Z}_{2A} + \dot{Z}_{2B})(\dot{Z}_{2A} + \dot{Z}_{0B})$

이 식으로 고정점에서의 대칭분 전류를 알 수 있으므로, 각 상 전류나 고장점 전후의 각 상의 전압을 구할 수 있다.

연 습 문 제

1. 3상 회로에서 Y전압을 E, 정격 전류를 I_n,[%]임피던스를 Z_p라 할 때 3상 단락 전류는?

① E/Z_p ② EI_n/Z_p

③ $100 I_n/Z_p$ ④ $100 EI_n/Z_p$

해설 $I_S = \frac{100}{\%Z} I_n = \frac{100}{Z_p} \cdot I_n$ 【답】 ③

2. 10000[kVA]기준으로 합성 임피던스가 0.5[%]인 발전소에 시설할 차단기에 필요한 차단 용량은 몇 [MVA]인가?

① 1500 ② 2000 ③ 3000 ④ 6000

해설 $P_S = \frac{100}{\%Z} P_n = \frac{100}{0.5} \times 10,000 \times 10^{-3} = 2000[\text{MVA}]$ 【답】 ②

3. 3상 송전선으로 선간 전압을 100[kV], 3선 기준 용량을 10,000[kVA]로 할 때 선로 리액턴스(1선당) 100[Ω]를 임피던스로 환산하면 얼마인가?

① 1[%] ② 10[%] ③ 0.33[%] ④ 3.33[%]

해설 $\% X = \frac{PX}{10 V^2} = \frac{10000 \times 100}{10 \times 100^2} = 10[\%]$ 【답】 ②

4. 송전 선로에서 가장 많이 발생되는 사고는?

① 단선 사고 ② 단락 사고

③ 지지물 전도 사고 ④ 지락 사고

해설 송전 선로 사고는 1선 지락, 2선 지락, 3선 지락, 단선 등의 순서로 발생 빈도가 많다. 【답】 ④

5. 송전 선로의 정상 임피던스는 역상 임피던스에 비하여 몇 배인가?

① 4배이다. ② 2배이다.

③ 같다.

④ $\frac{1}{2}$배이다.

해설 정상 임피던스와 역상 임피던스는 같고 영상 임피던스는 1회선인 경우 정상 임피던스의 4배 2회선인 경우는 7배 정도 된다. 【답】 ③

6. 1선 접지 고장을 대칭 좌표법으로 해석할 경우 필요한 것은?

① 정상 임피던스도 및 역상 임피던스도

② 정상 임피던스도

③ 정상 임피던스도 및 역상 임피던스도

④ 정상 임피던스, 역상 임피던스도 및 영상 임피던스도

해설 각 사고별 대칭 좌표법 해석

- 1선 지락 사고 : 정상분, 역상분, 영상분
  ($I_0 = I_1 = I_2 \neq 0$)
- 선간 단락 사고 : 정상분, 역상분
  ($I_0 = 0$, $I_1 \neq I_2 \neq 0$)
- 3상 단락 사고 : 정상분
  ($I_0 = I_2 = 0$, $I_1 \neq 0$) 【답】 ④

7. 송전 선로의 고장 전류 계산에서 변압기의 결선 상태($\Delta-\Delta$, $\Delta-Y$, $Y-\Delta$, $Y-Y$)와 중성점 접지 상태(접지 또는 비접지, 접지시에는 접지 임피던스 값)를 알아야 할 경우는?

① 3상 단락

② 선간 단락

③ 1선 접지

④ 3선 접지

해설 1선 지락 고장 계산에서는 영상, 정상, 역상 임피던스를 알아야 한다. 【답】 ③

8. 3상 송전 선로에서 선간 단락이 발생하였을 때 옳은 것은 ?

① 정상 전류와 역상 전류가 흐른다.

② 정상 전류, 역상 전류 및 영상 전류가 흐른다.

③ 역상 전류와 영상 전류가 흐른다.

④ 정상 전류와 영상 전류가 흐른다.

해설 선간 단락, 선간 지락시 정상, 역상 전류가 흐른다. 【답】 ①

9. 3상 단락 고장을 대칭 좌표법으로 해석할 경우 다음 중 필요한 것은?

① 정상 임피던스
② 역상 임피던스
③ 영상 임피던스
④ 정상, 역상, 영상 임피던스

해설 3상 단락은 정상분만 존재하고, 영상분, 역상분은 0이다. 【답】 ①

10. 3상 동기 발전기 단자에서의 고장 전류 계산시 영상 전류 $\dot{I_0}$, 정상전류 $\dot{I_1}$ 및 역상 전류 $\dot{I_2}$가 같은 경우는?

① 1선 지락 ② 2선 지락
③ 선간 단락 ④ 3상 단락

해설 대칭 좌표법과 발전기의 기본식을 이용하여 풀면

$$I_0 = I_1 = I_2 = \frac{E_a}{Z_0 + Z_1 + Z_2}$$

$$I_a = I_0 + I_1 + I_2 = 3I_0 = \frac{3E_a}{Z_0 + Z_1 + Z_2}$$

【답】 ①

안 정 도

제11장

11.1 안정도

송전 선로를 통하여 전력을 보낼 때에는 한도가 있다. 장거리 송전선에서는 발전소의 발전 용량이 크더라도 어떤 한도를 넘으면 송전할 수 없는 것이고, 그 한도는 선로 양단의 전압, 선로 정수, 조상기 용량, 부하의 역률 등에 의하여 결정된다. 조사기 용량을 얼마든지 크게 할 수 있다면 양단 동기기 내부 유도 전압의 상차각을 점점 크게 해서 송전 전력을 늘릴 수 있지만 여기에도 한도가 있어서 상차각이 90°가 넘으면 양단 동기기는 동기를 유지하지 못하고 탈조(step out)하게 된다. 또, 이런 극한 전력 이하에서도 이에 가까운 상태에서 운전하면 매우 불안정하고 작은 교란(disturbance)에 대하여도 탈조가 일어나기 쉽다.

일반적으로 송전 계통이 불변 부하 또는 극히 서서히 변화하는 부하에 대하여 계속적으로 송전할 수 있는 능력을 **정태 안정도**(steady state stability)라 한다. 이에 대하여 송전 계통이 어떤 상태에서 안전하게 운전되고 있을 때, 갑자기 급격한 교란이 일어나더라도 다시 평형 상태를 회복하여 송전을 할 수 있는 능력을 **과도 안정도**(transient stability)라 한다.

정태시와 과도시에 안정도를 유지하면서 보낼 수 있는 극한의 송전 전력을 각각 **정태 안정 극한 전력**(steady power limit), **과도 안정 극한 전력**(transient power limit)이라 한다. 정태 안정 극한 전력은 선로 정수에 따라 일정하지만, 과도 안정 극한 전력은 교란의 조건에 따라 달라진다.

안정도의 문제를 생각할 때 자동 장치로써 안정도를 향상시키도록 작용할 때에는 그것을 밝혀야 하며, 자동 장치를 가진 경우의 정태 안정도를 **동적 안정도**(dyn-amic stability)라고 부를 경우가 있다. 여기서 자동 장치라는 것은 안정도를 향상시키기 위하여 교란 중은 물론, 교란의 전후에도 운전되는 장치만을 말하므로 전압 조정기는 포함되지만 계전기나 차단기 등은 여기에 포함되지 않는다.

안정도의 문제는 송전 계통에 포함되는 발전기 · 조상기 · 동기 전동기 등의 동기기가 안정하게 동기 속도로 운전될 수 있는가 하는 문제에 귀착된다. 즉 발전기에서는 기계적 입력과 전기적 출력, 전동기에서는 전기적 입력과 기계적 출력에 관계되는 모든 요소가 안정도에 영향을 끼친다. 안정도에 크게 관계되는 기계적 요소는 원동기의 출력, 조속기의 특성, 회전 부분의 관성 모우먼트 등이고, 전기적 요소는 발전기 · 조상기 · 전동기 · 변압기 · 송전 선로 및 정지 장치 등을 포함하는 회로의 임피던스 선로 정수 등의 전기적 특성, 보호계전기 및 차단기의 동작 등이 이에 포함된다.

11.2 정태 안정도

정태 안정도라 함은, 송전선의 부하가 서서히 증가할 때 계속적으로 송전할 수 있는 능력을 나타내는 것이므로, 이때의 최대 전력인 정태 안정 극한 전력은 다음과 같이 비교적 간단하게 구할 수 있다.

(1) 단거리 송전 선로의 경우

먼저 간단하게 그림 11-1과 같은 단거리 송전선에서 수전단은 무한대 모선이라고 생각한다. X_g는 발전기의 내부 리액턴스인데, 凸극 수차 발전기에서는 직축 과도 리액턴스로서 대략 30~35[%] 정도이고 터빈 발전기에서는 20[%] 정도이다. X는 변압기와 송전선의 리액턴스의 합으로 저항은 무시하고 있다.

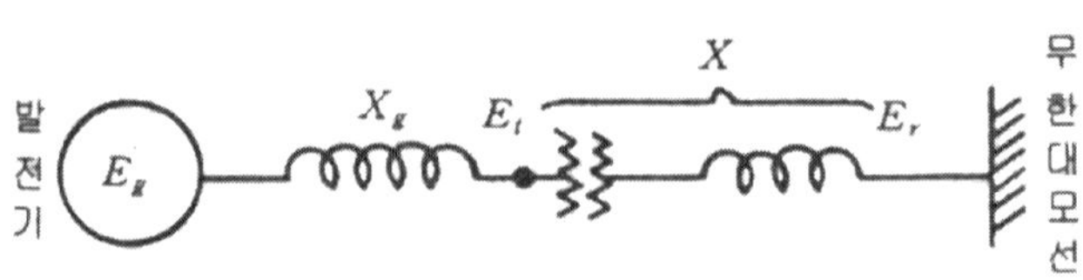

그림 11-1

E_g는 발전기의 내부 유도 전압으로서 발전기의 단자 전압 E_t에 내부 리액턴스 전압 강하 X_gI를 백터적으로 합한 것이다. 수전단의 용량이 훨씬 큰 때에는 무한

대 모선이라고 생각하여 E_R를 일정하게 잡을 수 있다. 부하 전류를 I, 그 역률각을 ϕ라 하면 전압과 전류의 벡터 그림은 그림 11-2와 같이 된다. θ는 E_g와 E_R 사이의 상차각이다.

이 때, 수전 전력 P는 다음과 같이 된다.

$$P = E_R I \cos\phi = \frac{1}{X_g + X} E_R I (X_g + X)\cos\phi \qquad (11\text{-}1)$$

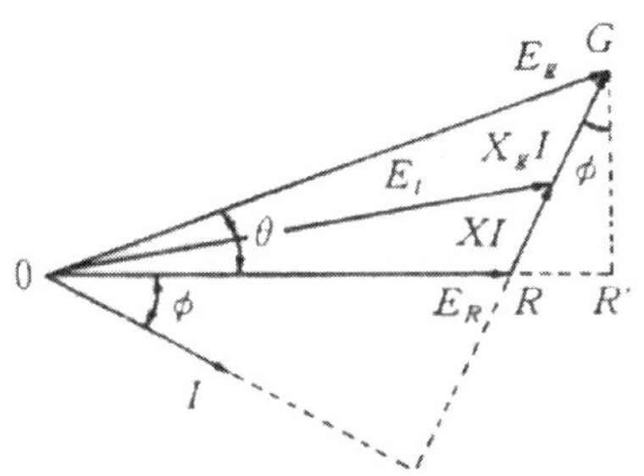

그림 11-2

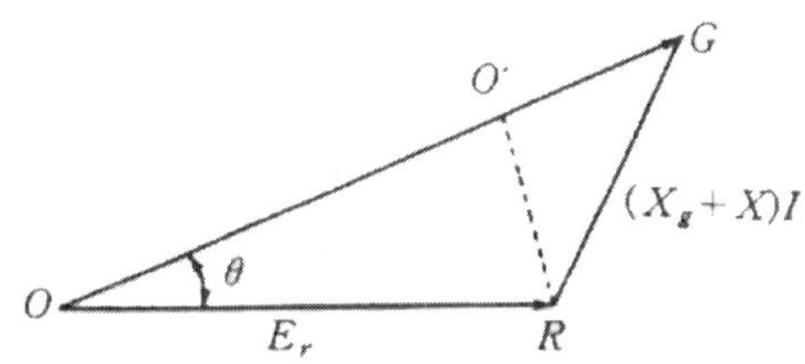

그림 11-3

식 (11-1)에서 $(X_g+X)I\cos\phi$는 그림 11-2에서 GR'로 되므로, $E_g I(X_g+X)\cos\phi$는 $\triangle ORG$의 면적의 2배로 된다.

$$\therefore P = \frac{1}{X_g + X}(\triangle ORG\text{의 면적}) \times 2 \qquad (11\text{-}2)$$

그림 11-3과 같이 R에서 OG에 수선 RO'를 내리면 $\triangle ORG$의 면적은 $\frac{1}{2}OG \times RO' = \frac{1}{2}E_g E_R \sin\theta$이므로 수전 전력 P는

$$P = \frac{E_g E_R}{X_g + X}\sin\theta = P_m \sin\theta \qquad (11\text{-}3)$$

여기서

$$P_m = \frac{E_g E_R}{X_g + X}$$

식 (11-3)이 전력 상차각 곡선을 나타내는 것으로서 $\theta = 0$인 때 $P=0$, $\theta = 90°$

인 때 P는 $P_m = \dfrac{E_g E_R}{X_g + X}$로서 최대가 된다. 즉 이때의 정태 안정 극한 전력은 $\dfrac{E_g E_R}{X_g + X}$이고, E_g와 E_R의 크기를 일정하다고 하면 전력은 $\sin\theta$에 비례한다.

식 (11-3)으로 실제의 계산을 할 때, 전압치에 [kV] 단위의 선간 전압치를 넣으면 P는 [mW] 단위로 3상 전력을 얻을 수 있으므로 편리하다.

그림 11-4는 식 (11-3)을 나타내는 것이다. 상차각 θ_0에서 정상 상태의 출력 P_0를 보낸다고 한다. 이 때 변동이 서서히 일어나서 θ가 θ_0보다 커졌다고 하면 발전기 출력은 증가한다. 그러나 원동기 입력이 일정할 때 발전기 출력이 증가하면, 이에 상당하는 에너지가 발전기의 회전 에너지에서 방출되고 발전기의 회전 속도는 내려가서 상차각이 처음의 θ_0로 회복되어 안정된 운전을 계속할 수 있다.

다음에 θ가 θ_0보다 작아질 때에는 발전기 출력은 감소하는데, 원동기 입력이 일정하면 발전기는 그 에너지의 차만큼 속도가 올라가서 처음의 θ_0로 회복되므로 역시 안정하다. 그러나 $\theta = 90°$에서 운전되고 있을 때에는 조금이라도 부하가 증가하여서 θ가 커진다고 하면, 원동기 입력이 일정할 때 발전기 출력은 도리어 감소하므로 회전 속도는 가속되어 θ는 점점 더 커진다. 그러므로 $\theta = 90°$인 때의 P_m점이 정태 안정 극한 전력을 나타내는 것이다.

11.3 동태 안정도

전력 설비의 건설에는 막대한 투자가 필요하므로 정태 안정도를 올려서 더 많은 전력을 보낼 수 있는 여러 가지 방법이 사용된다. 이에 대하여 가장 효과가 있는 것은 발전기의 내부 유도 전압을 높게 하는 것이다.

발전기의 내부 유도 전압을 급속히 높게 할 수 있으면, 그림 11-4의 전력 상차각 특성에서 표시한 바와 같이 발전기 출력이 증가하므로 안정 극한 전력이 크게 증가한다. 급속하게 발전기의 내부 유도 전압을 높게 한다는 것은 계자 전류를 급속히 늘리는 것인데, 이런 때의 안정도가 **동태 안정도**(dynamic stability)이다.

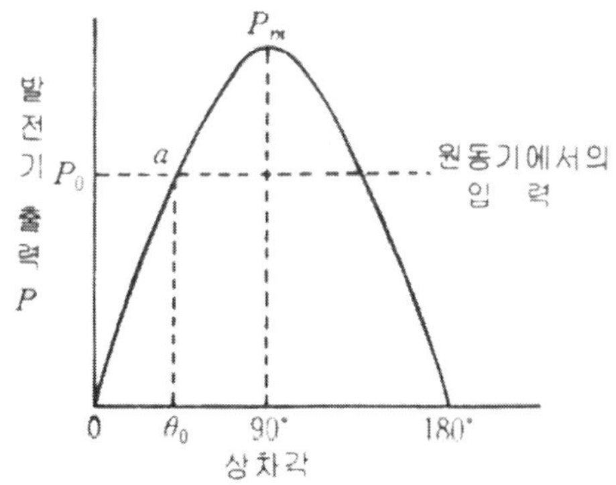

그림 11-4 전력 상차각 특성

발전기의 출력이 증가할 때, 발전기의 전압이 조금이라도 떨어지면 곧 검출하여 계자 회로에 대한 직류 전압의 여자를 늘리도록 자동 제어를 하는데, 최근에는 amplidyne · HT dyname · 자기 증폭기 등을 사용하는 속응 여자 방식(quick reponse excitation)이 점차로 사용되고 있다. 이런 속응 여자 방식을 사용하면 일정 내부 전압, 즉 일정 계자 전압의 경우에 비하여 안정 극한 전력이 지나치게 커진다. 이때의 최대 전력이 동태 안정 극한 전력이다.

이와 같이 속응 여자 방식을 사용해서 동태 안정 극한 전력까지 정태 안정 극한 전력을 높이는 것이 필요한 것은, 특히 전력 계통의 규모가 커지기 때문이다. 가령 대전력 계통에 연결된 기력 발전소에서 터빈 발전기의 용량이 커지면 계통이 경부하로 되면 계통의 전압은 올라간다. 이것을 막기 위해서 터빈 발전기의 전압을 어느 정도 떨어드려야 하므로 저여자 운전을 하여야 한다. 저여자 운전이 가능하더라도 부하가 다시 증가할 때에는 급속히 발전기의 내부 전압을 높이지 않으면 안정도가 떨어지므로, 동태 안정도를 높일 수 있는 조정 능력을 가진 속응 여자 방식이 필요한 것이다.

11.4 과도 안정도

송전 계통이 어떤 부하에서 안정하게 운전되고 있을 때에는 송전단의 발전기와 수전단의 전동기는 기계적 및 전기적 입출력이 평형되고, 동기기의 내부 유도 전압의 상차각은 송전 전력과 계통의 임피던스 등으로 결정되는 일정한 값을 유지한다. 이 때 갑자기 부하가 급변하든가 평행 2회선 중에서 1회선을 개방하든가 또는 단선·접지·단락 등의 고장으로 차단하든가 하면, 운전의 평형 상태는 깨져서 발전기의 전동기 또는 조상기의 입출력에는 차가 생기고, 이 차의 전력에 비례하여 회전자가 가속 또는 감속하여 동기기의 위상각은 새로운 평형 상태를 이룰 때까지 이동하게 된다.

그러나 회전자는 각각 관성을 가지므로 새로운 평형 상태로 이동하여 곧 그 상태에서 정착하여 안정된 운전을 계속할 수는 없고, 잠지 동안은 그 점을 중심으로 하여 전후로 전력 동요(power swing)를 한다. 따라서 동요 도중에 위상각이 불안정한 범위에 들어가서 다시 회복되지 않게 되면, 계통은 탈조되어 동기 운전은 불가능하게 된다. 과도 안정도는 이와 같이 회로의 상황을 급변시키는 교란이 일어날 때에도 안정하게 송전을 계속할 수 있는 능력을 나타내는 것으로, 이 때에 가능한 최대의 전력이 과도 안정 극한 전력이다.

그러므로 과도 안정 극한 전력은 전력 원선도 등에서 구할 수 있는 정태 안정 극한 전력보다는 매우 적은 것이다. 과도 안정도에 영향을 주는 것은 교란 이전의 회로 상태, 고장의 종류, 고장의 차단 시간, 회전자의 관성, 조속기의 동작 속도 등 여러 가지 요소이다.

종래에 과도 안정 극한 전력은 정태 안정 극한 전력의 50~60[%] 정도로 생각되어 왔으나 최근에는 고속도 계전기·고속도 차단기 및 재폐로 차단기 등의 발달로써 70~80[%]까지 보낼 수 있게 되었다. 과도 안정도에서 안정·불안정의 판별만이 필요한 경우에는 비교적 동작 속도가 느린 수차 조속기의 영향, 속응 여자 방식 이외의 전압 조정기의 영향 등은 무시할 수 있다. 즉 과도 안정도 문제를 생각하는 짧은 시간에 대하여는, 발전기 입력과 발전기의 유도 전압 또는 과도 내부 전압은 일정하다고 생각하여도 큰 오차는 나타나지 않는다.

11.5 안정도의 향상 대책

송전 계통의 안정도에 영향을 주는 요소는 많으므로 안정도의 증진 방법은 여러 가지로 생각할 수 있다. 이러한 방법에는 정태 안정도만을 증진케 하는 것, 과도 안정도만을 증진케 하는 것, 양자를 다 증진케 하는 것 등의 종류가 있고, 효과도 큰 것과 작은 것이 있는데, 그 중요한 방법을 다음에 설명하기로 한다.

(1) 직렬 리액턴스를 작게 한다.

① 발전기나 변압기의 리액턴스를 될 수 있는 대로 작게 한다. 발전기의 리액턴스를 작게 하면 단락비가 커지므로 발전기는 대형으로 가격은 증가하나 관성이 커져서 과도 안정도가 증가한다. 직접 접지 송전 방식에서는 단권 변압기를 사용할 수 있으므로 리액턴스가 현저하게 감소한다.

② 선로의 평행 회로수를 늘리거나 복도체 내지 다도체 방식을 사용한다. 가령 복도체를 사용하면 리액턴스는 20[%] 이상 줄고, 코로나 개시 전압은 높아진다.

③ 직렬 축전기를 삽입하여 선로의 리액턴스를 보상한다.

(2) 전압 변동을 작게 한다.

① 단락 고장의 경우 : 발전기는 역률이 낮은 지상 전류를 흘리므로, 그 전기자 반작용에 의하여 단자 전압은 현저하게 내려간다. 이 때 여자 전류를 갑자기 크게 하면 동기 화력을 늘리어 안정도를 높일 수 있다. 이것이 속응 여자 방식으로서 여자기의 전압 상승과 정상 전압이 크고, 발전의 전압이 변화하면 곧 응할 수 있는 자동 전압 조정 장치를 갖는다.

자동 전압 조정 장치로는 회전형(amplidyne 등) · 전자관형 · 자기 증폭기 등이 있다. 정격 전압 200[V]의 자동 여자기의 전압 상승률은 30[V/S] 정도인데, 속응 여자 방식을 채용하면 상승률은 300~700[V/S], 정상 전압은 350~700[V] 또는 그 이상으로 된다.

② 계통의 연계 : 여러 계통을 수전단, 그 밖의 적당한 곳에서 연락하는 것으로 계통의 용량이 그 만큼 증대하므로 고장시의 전압 변동이 작아지고 계통의 안정도는 증진된다. 반면에 고장의 영향 범위는 커진다.

③ 중간 조상 방식의 채용 : 전압의 지지점으로 되는 조상기를 선로의 중간점에 설치하는 방식이다. 이 방식을 사용하면 극한 전력의 증가는 일반적으로 조상의 설치 용량보다 적으므로 불경제적인 경우가 많다. 중간 조상 방식으로 특별히 조상기를 설치하지 않더라도 중간에 상단한 용량의 계통이 연결되는 경우에는 실질적으로 중간 조상기와 같도록 동작하여 안정도를 증진시킨다.

(3) 고장 전류를 줄이고 고장 구간을 신속하게 차단 한다.

① 적당한 중성점 접지 방식을 채용하여 지락 전류를 적게 한다. 소호 리액터 계통의 안정도가 가장 높다.

② 계전 방식을 완비하여 고장 구간의 양단을 신속하게 동시 차단 한다. 차단 시간이 길면 길수록 양단 동기기의 상차각은 커지고 과도 안정도는 내려간다.

③ 고속도 재폐로 방식을 채용한다. 고속도 재폐로 방식을 채용하면 과도 안정도가 크게 증진된다. 고장 구간을 차단한 후, 일정한 무전압 시간을 경과한 후에 다시 투입하면, 고장의 70~80[%]는 그대로 송전을 계속할 수 있다. 이 재폐로 방식에는 3상 재폐로 방식과 단상 재폐로 방식이 있는데 단상 재폐로 방식이 안정도가 높다. 이것은 단상 재폐로 방식에서는 1선 접지시에 고장상만을 차단 재폐로하는데 반하여 3상 재폐로 방식은 3선을 다 차단 재폐로시키기 때문이며 차단기도 단상 재폐로형이 고가이다. 그림 11-5는 1회선과 2회선 송전선에 3상 재폐로 차단기를 사용하는 경우의 전력 상차각 곡선을 나타내는 것이다.

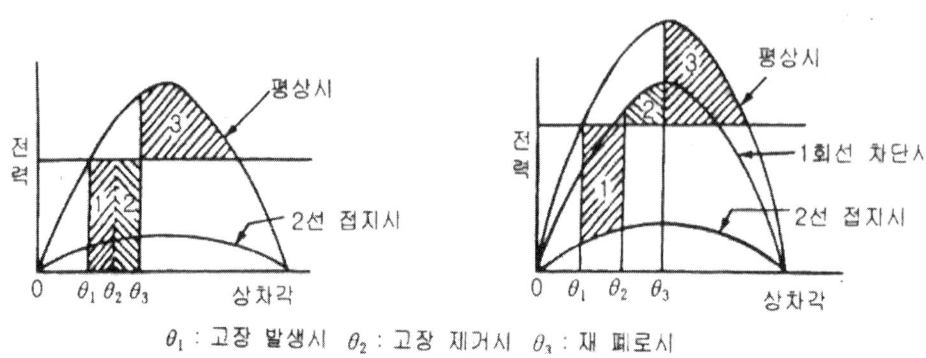

(a) 1회선 송전선의 경우
[안정조건 : 면적≥면적(1+2)]

(b) 2회선 송전선의 경우
[안정조건 : 면적(2+3)≥면적1]

그림 11-5 3상 재폐로 방식의 전력 상차각 회선

1회선 송전선의 과도 안정 극한 전력은 상당히 향상되고 1회선 송전선의 경우에는 현저하게 증진된다. 1회선의 경우 차단 중에는 송·수 양단이 완전히 절연되므로 재폐로의 경우에는 양단 전압의 위상을 비교할 필요가 있다. 단상 재폐로의 경우 단상 차단 중에는 건전한 2상은 불충분하나마 일부의 전력을 보내고 있으므로 위상의 변동이 적다. 따라서 이 때에는 위상을 비교할 필요 없이 간단하게 재투입할 수 있다.

(4) 고장시 발전기 입·출력의 불평형을 작게 한다.

① 조속기의 동작을 빠르게 한다. 일반적으로 원동기의 조속기는 부동 시간(dead time)과 동작 시간을 합하여 2~3초 정도인데, 과도 안정도의 판정은 최초의 1초 정도에서 결정되므로 조속기 동작의 영향은 보통 무시한다. 그러나 조속기의 동작이 빠르면 안정도 증진에 유효하다.

② 발전기 회로에 저항을 고장 발생과 동시에 직렬 또는 병렬로 삽입하여 발전기 입·출력의 불평형을 작게 한다. 발전소의 중성점은 저항 접지를 하고 변전소의 중성점은 리액턴스 접지를 하는 것도 한 가지 방법이다.

확인

안정도 향상 대책

① 직렬 리액턴스 감소 : 다회선 방식, 복도체 방식, 기기의 리액턴스 감소
② 전압 변동률 축소 : 속응 여자 방식, 계통의 연계, 중간 조상 방식
③ 계통에 충격 감소 : 적당한 중성점 접지, 고속 차단 방식, 재폐로 방식
④ 고장시 발전기 입·출력 불평형 축소 : 빠른 조속기 동작

연 습 문 제

1. 송전선의 안정도 향상에 도움이 되지 않는 것은?

① 제동 권선을 사용

② 고속도 차단기 사용

③ 단락비가 큰 발전기 사용

④ 리액턴스가 큰 변압기 사용

해설 송전계통의 안정도 향상책은 다음과 같다.

㉠ 보호 계전기, 차단기의 동작으로 고속화하여 발전기의 부담을 적게 한다.
㉡ 고속도 재폐로 방식을 채택한다.
㉢ 직렬 리액턴스를 줄인다.
㉣ 전압변동을 적게 한다.
㉤ 고장전류를 줄이고 고장구간을 조속히 차단한다.
㉥ 고장시 발전기의 입출력의 불평형을 줄인다.
㉦ 중간조상방식을 채용한다.

【답】 ④

2. 안정도 향상 대책으로 적당하지 않은 것은?

① 직렬 콘덴서로 선로의 리액턴스를 보상한다.

② 기기의 리액턴스를 감소한다.

③ 발전기의 단락비를 작게 한다.

④ 계통을 연계한다.

【답】 ③

3. 송전계통의 안정도를 향상시키기 위한 방법이 아닌 것은?

① 계통의 직렬 리액턴스를 감소시킨다.

② 속응여자방식을 채용한다.

③ 수개의 계통으로 계통을 분리시킨다.

④ 중간 조상방식을 채택한다.

해설 안정도를 크게 하려면 계통을 연계시킨다.

【답】 ③

4. 차단기의 고속도 재폐로의 목적은?

① 고장의 신속한 제거

② 안정도 향상

③ 기기의 보호

④ 고장전류 억제

해설 고속도 재폐로(recloser) 차단기는 고장 전류를 신속하게 차단 및 투입함으로써 안정도를 증진시킨다. 【답】 ②

5. 중간 조상 방식(intermediate phase modifying system)이란?

① 송전 선로의 중간에 동기 조상기 연결

② 송전 선로의 중간에 직렬 전력 콘덴서 삽입

③ 송전 선로의 중간에 병렬 전력 콘덴서 삽입

④ 송전 선로의 중간에 개폐소 설치, 리액터와 전력 콘덴서 병렬 연결

해설 전압 조정을 위해 송전 선로의 중간에 동기 조상기를 연결하는 중간 조상 방식을 사용한다. 【답】 ③

이상 전압과 그 보호 제 12 장

12.1 이상 전압의 종류

송전 계통에 발생되는 이상 전압은 그 원인이 내부적인 것과 외부적인 것으로 나눌 수가 있다.

내부적인 것은 그 종류가 많은데, 원인별로 분류하면 다음과 같다.

(1) 개폐 이상 전압

① 무부하 송전선의 충전 전류 차단

② 고장 전류의 차단

③ 변압기 여자 전류 차단

④ 3상의 비동시 투입

(2) 고장시의 과도 이상 전압

① 지락 고장점의 재점호

② 연속성 지락에 따른 과도현상

③ 충격성 지락에 따른 과도현상

④ 2중 지락

(3) 계통 조작 및 고장시의 지속 이상 전압

① 무부하 송전선의 Ferranti 효과

② 발전기의 부하 차단

③ 발전기의 자기 여자 현상

④ 중성점 고저항 접지 계통의 지락 사고

⑤ 소호 리액터 계통의 직렬공진과 1선 단선
⑥ 불평형 단락에 따른 고조파 공진
⑦ 철심 포화에 의한 중성점의 불안정 현상

이상과 같은 내부 이상 전압 중에서 송전 계통의 절연에 대하여 특히 고려하여야 할 것은 무부하 송전선의 충전전류 차단(개폐 surge)과 고장점의 재점호(arc지락)이다.

외부적인 것은 다음과 같이 분류된다.

(1) 유도뇌

(2) 직격뇌

(3) 다른 고압 송전선과의 혼촉

이들 중 뇌에 이한 이상 전압은 파고치가 대단히 높고, 그 경과지에 따라 발생 회수도 많으므로, 송전 계통에서 발생하는 이상 전압 중 가장 피해가 많다.

12.2 내부 원인에 의한 이상 전압

12.2.1 개폐 이상 전압(switching surge)

전선로의 차단기를 개폐할 때 발생되는 이상 전압은 선로의 전압에 급격한 변화를 주고 경우에 따라 큰 이상 전압이 될 때도 있는데 일반적으로 회로를 투입할 때가 개방할 때보다, 또 큰 부하를 걸고 있는 회로를 개폐하는 때보다 무부하시의 회로를 개방하는 경우에 높은 이상 전압을 발생하게 된다.

이 중 가장 큰 이상 전압이 발생되는 경우는 무부하 송전 선로의 충전 전류를 차단할 때이다. 이 경우 송전선을 콘덴서로 대치하여 등가적으로 단상회로로 표시하면 그림 12-1 (a)와 같다.

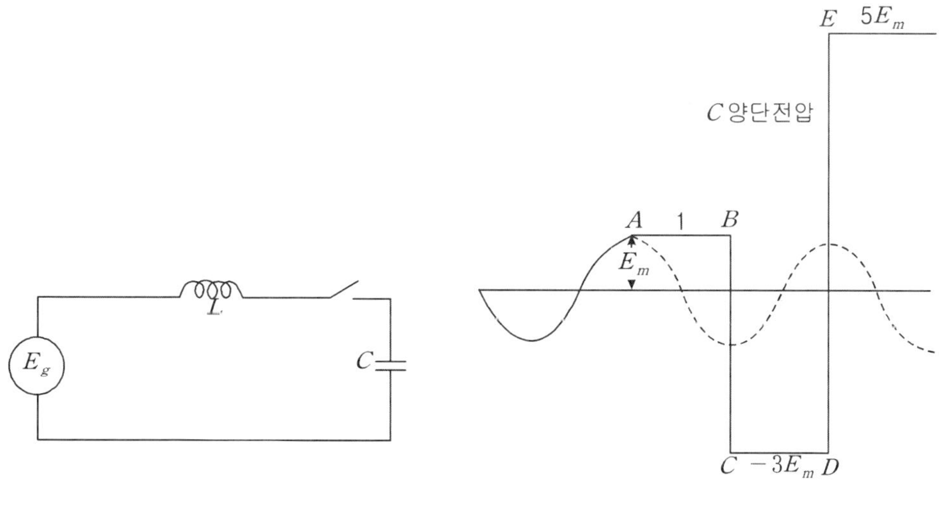

그림 12-1 개폐 이상 전압의 발생 구조

스위치가 투입된 정상적인 상태에서 콘덴서 C의 양단에서 점선의 발전기 전압 E_g가 가해진다. 점 A에서 스위치가 개방되면 A점 전압에 상당한 전하가 콘덴서에 남는다. 따라서 스위치 양난 선압은 발전기 전입과 콘덴서의 전히에 의한 전압과의 대수적 합이 된다. 예컨대, 스위치 개방후 반사이클 후에는 스위치 양극간 전압은 발전기 전압 첨두치(E_m)의 2배가 된다.

A에서 개방된 스위치를 B에서 투입하면 $+E_m$로 충전된 콘덴서 전압이 $-E_m$로 되려고 하지만 회로의 인덕턴스나 관성 때문에 이것을 지나치게 되고 다른 제동작용이 없으면 $-3E_m$까지 내려간다. 이때 스위치를 또 개방하면 콘덴서는 $-3E_m$에 상당하는 전하를 보유하게 된다. 스위치가 D에서 재차 투입되면 콘덴서 전압은 같은 이유로 $+5E_m$까지 이른다.

이상과 같이 스위치의 투입에 따라 전압은 1, 3, $5E_m$…… 로 증대되고 제동이 없으면 한없이 증가할 것이다.

일반적으로 차단기 내의 재점호 현상으로 차단기의 개방 서어지가 투입 서어지보다 크다. 또 부하회로의 무부하회로를 개방하는 것이 높은 이상 전압을 발생한다. 무부하 송전선에서는 차단시 충전 전류가 전압보다 약 90도 앞서고 있기 때문에 차단하여 전류가 영이 된 순간에 전압은 최대가 된다. 그래서 차단기의 개폐속도가 충분히 빠르지 않으면 차단기 양극간의 전압에 의해서 극간 절연이 파괴되어 재점호가 생긴다.

개폐 서어지 전압의 크기는 크리도노 그래프 또는 고속도 브라운관 오실로그래프에 의하여 측정되는데, 측정결과에 의하면 무부하 송전선의 투입시는 상규 대지 전압의 약 2배 이하가 많고, 무부하 송전선의 충전 전류를 차단할 때는 4배 이하이면 4.5배를 넘는 것은 대단히 적다.

12.2.2 고장 이상 전압

고장에 의한 이상 전압이 발생하는 경우는 여러 가지를 생각할 수 있겠지만 그 중 1선 지락의 빈도가 가장 높으며 이것을 **아크 지락**(전선과 철탑, 애자의 표면을 통하여 아크로 지락)이라고 한다.

비접지 회로에서 아크 지락이 발생하면 접지 전류는 다른 건전상 전선의 정전용량을 통하여 흐르게 된다. 따라서 접지 전류가 0일 때 아크는 소멸되지만, 이때 고장상의 대지 전압은 최대이므로 그 전압과 대지 정전용량에 의한 다량의 전하가 아크가 소멸되는 동시에 고장선에 남는다. 그리고 다음 반 주기 사이에 전원측의 전압은 전류 전압에 의한 전압과 전원 전압의 합만큼 높은 전압이 지락점에 가해져서 재차 아크로 지락되고 1/2 주기마다 아크 지락이 되풀이 되게 되며 이것을 **간헐 아크 지락**이라고 한다.

아크 지락에 의한 이상 전압의 발생은 충전 전류의 차단시에 있어서의 차단 내부 접점간의 재점호 현상과 같다. 즉 중성점 비접지 방식에서 1선 지락이 발생한 경우는 고장점과 대지가 양 접점에 해당되고 고장 전류는 반 주기마다 재점호의 현상을 되풀이 하기 때문에 건전상의 전압은 누가적으로 증가하게 된다. 실측에 의하면 상규 대지 전압의 약 7배 이상에 달한 때도 있다.

그러나 중성점이 고저항이라도 접지 방식이면 이상 전압은 상당히 낮아진다.

12.2.3 소호 리액터계의 직렬 공진에 의한 이상 전압

송전 선로에서 동일 철탑에 가선된 2회선이 다른 계통에 접속되고 양 계통이 전압, 주파수에 관계없이 독립적으로 운전되는 경우, 양 계통의 중성점이 저항 접지이면 문제가 없겠지만 한쪽 혹은 양쪽이 소호 리액터 접지일 때 소호 리액터 계통이 건전하고 다른 선로에 고장이 생겨 영상 전압이 나타나면 양 회선간의 상호 정전용량을 통하여 건전 회로에 정전 유도 작용에 의한 영상 전압을 유도하게 된다.

이 때 건전 회로인 소호 리액터 계통은 직렬 공진을 일으켜 이상 전압이 발생되고 또 이 경우 고장 회선의 전압이 높고 건전 회선의 전압이 낮으면 위험성이 커지게 된다.

예 제 효과적으로 개폐 서어지(SOV) 이상 전압 발생을 억제하는 방법은?
해설 개폐 저항기 사용

12.3 외부 원인에 의한 이상 전압

외부 원인에 의한 이상 전압이 발생하는 경우는 대부분 뢰에 기인하는 것인데 뢰의 선로에 대한 작용은 전자 유도, 정전 유도, 직격 등을 들 수 있다.

12.3.1 전자 유도에 의한 뢰전압

뢰운과 뢰운 간 또는 뢰운과 구름 간에 방전이 생기면 큰 전류가 흐르게 되는데 이 전류의 전자 유도 작용에 의하여 선로에는 전압이 유도된다. 그러나 이 전압은 아주 높지 않으므로 보통 고려하지 않아도 좋다.

12.3.2 정전 유도 작용에 의한 뢰전압

뢰운 가까이에 송전선이 있을 때 정전 유도 작용으로 선로 상에 그 뢰운과 반대 극성의 구속 전하가 유도된다. 또 동시에 구속 전하와 동량의 자유 전하가 뢰운에서 먼쪽의 선로에 생기는데 이 전하는 중성점의 접지 임피던스 또는 애자의 누설 저항 등을 통해서 대지로 흐른다. 이 때 뢰운이 방전해서 전하를 잃으면 도체 상의 구속 자유 전하로 되어 방전 상태에 따른 파고치의 진행파로 된다. 이 순간 도체의 최고 전압 V는 다음 식으로 표시된다.

$$V = agh[\mathrm{kV}] \qquad (12\text{-}1)$$

여기서

h : 도체의 높이[m]

g : 방전 이전의 송전선 이하의 전계 강도[kV/m]

a : 방전 상태 및 구속 전하의 분포에 의하여 정하여지는 정수(a d 1)

또 상기의 유도 전압의 파고 높이는 2등분되어 선로의 좌우에 빛의 속도로서 진행되어 간다. 유도뢰는 직격에 비하여 발생 회수가 많고 대부분 정극성이며 파형은 완만하다.

직격뢰에 비하여 유도뢰의 발생 회수는 훨씬 많으나 파고치는 200[kV]를 초과하는 것이 드물고 최고 500[kV] 정도이며 대부분은 수만[V] 정도이며, 66[kV] 이상의 송전선에서는 애자의 절연 파괴를 일으키지 않으므로 66[kV] 이상에서 섬락의 위험이 없다고 볼 수 있으므로 그 설계에 대하여는 직격뢰에 대해서만 대책을 강구하면 좋다고 볼 수 있다.

12.3.3 직격뢰 전압

송전 선로와 뢰운 사이에 뢰 방전이 일어나는 현상을 직격이라고 부르며, 이 경우에는 아주 큰 전류가 선로에 흐르게 되므로 그 전압치도 크고 이 때의 진행파의 파형은 충격파의 파형을 갖게 된다.

충격파는 파고치, 파두장 및 파미장으로 나타내는데 실제로는 충격파의 처음 부분과 파고치의 부분은 파형이 이그러져서 그 시간을 판정하기가 어려우므로 통상 그림 12-2와 같이 정하고 있다.

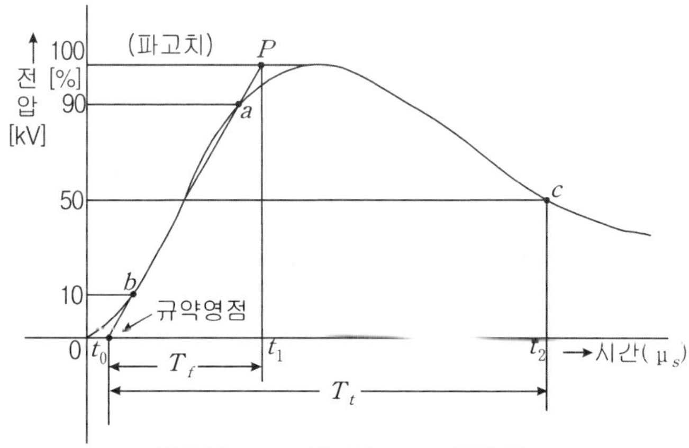

P : 파고치, T_f : 파두장, T_t : 파미장
파고치[kV], 파두장×파미장
예) 100[kV], 1×40[μs]

그림 12-2 충격 전압 파형 표시

만일, 1000[kV], 1×40[μS]파라고 하면 $E=1000$[kV], $T_f=1$[μS], $T_f=40$[μS]의 충격파를 나타내는 것이다. 국제적 표준 충격파는 $T_f=1$[μS], $T_t=40$[μS]인 파형인데 (1×40[μS])로 나타내고 있으며 이것은 뢰 전압의 선단이 피뢰기의 설치점에 도달하면 1[μS]에 유효하게 피뢰기가 동작하여 뢰 전압을 낮추지 않으면 변압기에는 뢰 전압의 파고치가 그대로 돌입하고, 또 침입한 후 40[μS] 사이를 절연물이 견디어 나면 전압은 반으로 내려간다는 뜻이다.

직격에 의한 진행파는 $T_f=1\sim40$[μS], $T_t=5\sim100$[μS] 정도이며, 유도에 의한 진행파는 $T_f=20\sim30$[μS] $T_t=$수백[μS] 정도이다.

직격에 의한 뢰 전압은, 뢰 고유의 전압 보다는 훨씬 낮고 선로의 절연 강도에 의하여 정해지게 되는데 절연을 높게 한 송전 선로에서도 애자의 섬락은 어쩔 수 없게 된다. 목재는 충격 전압에 대한 상당한 절연 내력을 가지고 있으므로 목주에 의한 송전 선로의 직격뢰 전압은 같은 애자 절연의 철탑의 경우 보다는 상당히 높게 된다.

뢰 전류를 측정하는 가장 간단한 방법은 엷은 강판을 적층한 자강편을 철탑의 각부에 부착시키는 것이며, 이것은 철탑을 통하여 방전 전류에 의하여 자화되므로 그 자기 모우먼트의 측정으로부터 뢰 전류의 극성과 또 파고치를 얻어 낼 수가 있는 것이다.

철탑을 흐르는 전류는 대부분 60[kA] 정도이고 100[kA]를 넘는 것은 극히 드물다.

12.4 이상 전압으로 부터의 보호

12.4.1 가공 지선의 설치

가공 지락(ground wire)은 그림 12-3과 같이 철탑의 꼭대기에 선로와 평형하게 가설한 강연선으로 된 것이며, 각각의 철탑에서 접지되는 도선이고 이것은 주로 유도 뢰에 대한 정전 차폐 효과 및 직격뢰에 대한 차폐 효과의 목적으로 설치된다.

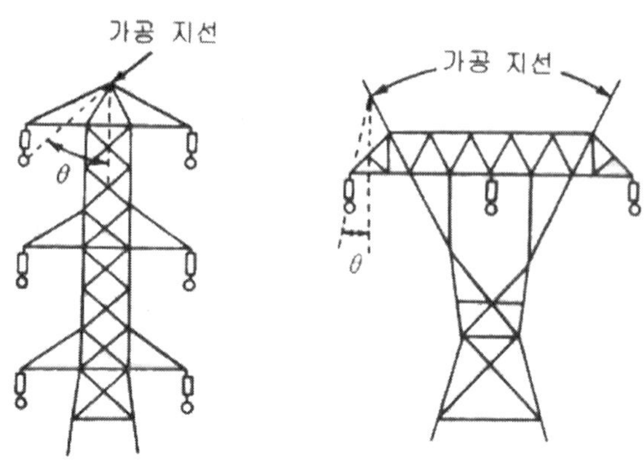

그림 12-3

그림에서 가공 지선과 연결하는 직선이 가공 지선의 연직선과 만나는 각도를 **차폐각**(shieding angle)이라고 하고, 이 각도가 적을수록 차례 효과는 크게 된다. 보통 차폐각 θ는 약 45도로 한다. 가공 지선을 두 줄로 하면 θ는 적어지게 되고 따라서 차폐률이 높아지므로 뢰가 많은 지방의 가공 선로나 중요한 발변전소에서 5, 6[km] 사이의 선로에서는 2줄의 가공 지선을 설치한다.

가공 지선의 또 하나의 설치 목적은 전자 차폐 효과이다.

가공 지선과 도체는 전자적으로 결합되어 있으므로 도체에 이상 전압 진행파가 발생하면 가공 지선에도 유도 진행파가 나타나게 된다. 유도 진행파는 가공 지선의 접지점에서 반사가 일어나는데 이에 따라 도체의 진행파에도 반사가 일어나고 이상 전압 진행파의 파고치를 감소시키는 작용이 있는데 이것이 가공 지선의 전자 차폐 효과이다.

또 이밖에 1선 지락 사고 때 지락 전류의 일부는 대지를 통하지 않고 가공 지선을 통하게 되므로 부근의 통신선에 미치는 전자 유도 장해를 경감시킬 수 있다.

> 🕮 확인
>
> **가공 지선 설치 목적**
>
> ① 직격뢰에 대한 차폐 효과
>
> ② 유도뢰에 대한 정전 차폐 효과
>
> ③ 통신선에 대한 전자 유도 장애 경감 효과

12.4.2 피뢰기(lightning arrester)

피뢰기는 송전선에 병렬로 접속하여 이상 전압의 파고치를 저감시켜 기기의 절연 파괴를 방지하는 장치이다.

피뢰기는 그림 12-4와 같이 기기의 단자와 대지의 사이에 접속되어 이상 전압이 발생하였을 때 선로와 대지 사이에 도전로를 이루어 손상과 섬락을 방지하는 구실을 한다.

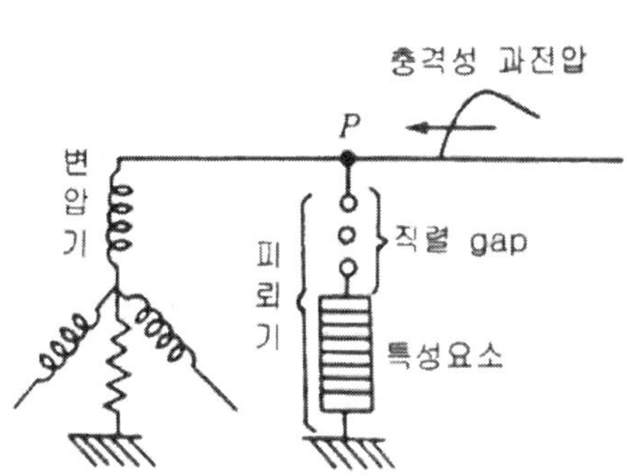

그림 12-4 피뢰기의 구조

즉, 피뢰기는 평상시에는 조금도 전류를 흘리지 않으나 방전 개시 전압보다 높은 이상 전압의 습격을 받으면 이 전압을 대지로 방전하고 그 단자 전압을 기기의 내전압 이하의 낮은 값으로 내린다.

피뢰기가 방전을 개시할 때의 단자 전압의 순시치를 **방전 개시 전압**, 방전 중의 단자 전압의 파고치를 **제한 전압**이라고 한다. 방전이 끝나고 전압이 상규 상태로 된 후에는 신속히 피뢰기를 차단하지 않으면 이것을 통하여 속류(following cur-rent)가 흘러 피뢰기 자신의 손상 뿐 아니라 정전 사고를 일으키게 된다.

(1) 피뢰기의 구조

현재 사용되는 교류용 피뢰기는 특성 요소와 직렬 갭으로 되어 있다.

(가) **특성요소** : 이것은 피뢰기의 주체이고 그 동작에 의하여 방전 전류를 흘르며 습래 진행파의 파고치를 저감시켜 다른 기기를 보호하고 속류를 억제한다.

탄화 규소를 주체로 하고 결착 재료와 같이 소성된 특성 요소는 그 저항의 비직선성을 이용한 것이다. 특성 요소로 되는 소성품에는 다공질의 것과 치밀질의 것 등이 있다. 그 모양은 원판 또는 원통상이며, 필요한 매수만큼 쌓아 가지고 습기 침입에 의한 사고를 방지하기 위하여 자기 애관에 넣어서 밀봉한다. 방전 전류가 클 경우에는 원형 단면이 큰 것을 사용하는데 전류가 고르게 분포 되어야 한다.

(나) **직렬 갭(gap)** : 직렬 갭은 상규 상태에서는 방전하지 않고 피뢰기 특성 요소를 선로에서 절연시켜 상용 주파 전류의 통과를 방지하며 뢰 서어지(surge)가 들어오면 즉시 방전하여 뢰 전류를 대지에 방류하고 속류 차단, 즉 소호의 구실을 하는 것이다. 따라서 직렬 갭의 상용 주파 방전 개시 전압은 될 수 있는 대로 높고, 충격 방전 개시 전압은 낮은 것이라야 된다. 또 서어지에 대하여 방전의 늦음이 적을 것, 즉 방전 개시의 전압 시간 특성($V-\mathrm{t}$ 곡선)(파형이 일정하고 파고치가 다른 여러 가지 충격 전압을 가할 때 방전 개시 전압과 충격 전압을 가한 후 방전 개시까지의 시간과의 관계를 나타내는 곡선)이 평탄하게 되어야 한다.

갭의 소호 작용은 전극의 형상·재질, 봉입 가스의 종류 및 압력에 관계된다.

(2) 피뢰기의 종류

(가) **갭 저항형 피뢰기** : 저항과 직렬 갭이 직렬로 된 것이다.

(나) **밸브형 피뢰기** : 특성 요소가 일정한 임계 전압을 갖고 그 이상의 전압에서는 전압의 근소한 증가에 대해서 전류가 크게 증가한다.

전류가 감소할 때에는 일반적으로 증가할 때와 같은 특성을 나타내지 않고 그림 12-5와 같이 환선으로 된다.

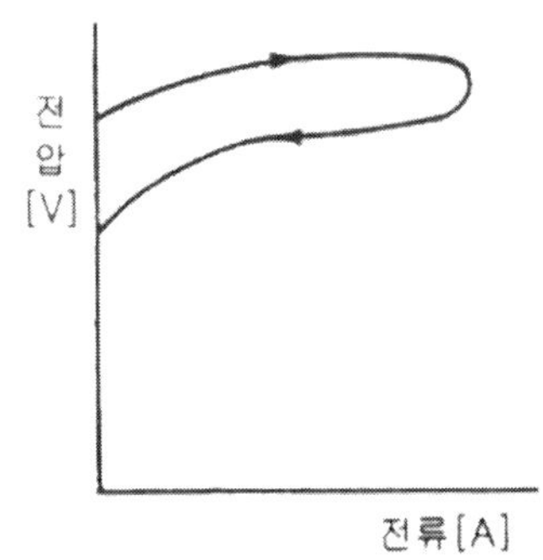

그림 12-5 판형 피뢰기의 특성 곡선

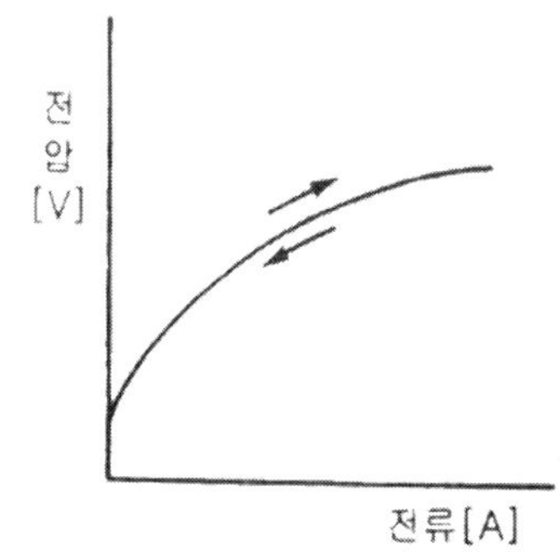

그림 12-6 판저항형 피뢰기의 특성 곡선

(다) 밸브 저항형 피뢰기 : 전류가 증가함에 따라 저항치가 크게 저하하는 저항체를 특성 요소로 하는 것이며, 그림 12-6은 그 전압·전류 특성 곡선이다.

이들에 속하는 피뢰기에는 표 12-1과 같은 것이 있다.

표 12-1 피뢰기의 종류

종 류	명 칭	비 고
간극저항형 피뢰기	각형 피뢰기	간형 긴극+저항
	자기 취소형 피뢰기	간극+저항+자기소호코일
	Bendmann 피뢰기	간극+저항+전자 릴레이
	다극 피뢰기	간극+저항
판형 피뢰기	알루미늄 피뢰기	알루미늄의 전해액 피막 이용
	oxide film 피뢰기	산화연의 화학변화 이용
	pellet 피뢰기	산화연의 화학변화 이용
	auto valve 피뢰기	글로우 방전 이용
	신 auto valve 피뢰기	다공질 중의 글로우 방전 이용
판저항형 피뢰기	thyrite 피뢰기	탄화 규소의 비직선성 이용
	resist valve 피뢰기	
	dry valve 피뢰기	
	auto valve 피뢰기	

① 각형 피뢰기 : 가장 간단한 것으로서 그림 12-7과 같이 각형 직렬 갭과 저항

을 직렬로 접속한 것이다. 저항으로써 속류를 어느 정도 이하로 제한하고 각형 갭으로 이것을 차단하는데 고저항이 필요하므로 제한 전압은 높게 된다.

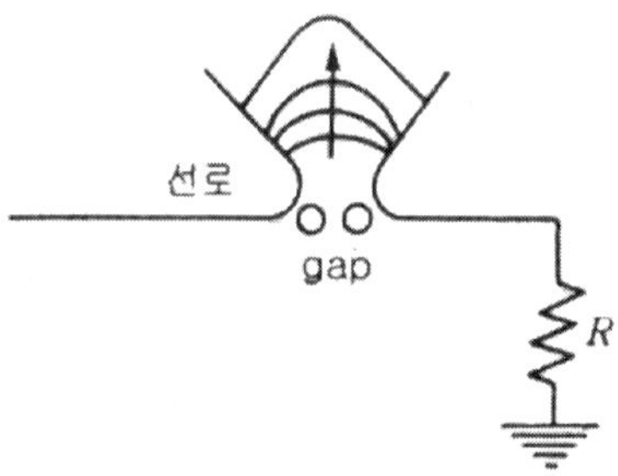

그림 12-7 각형 피뢰기

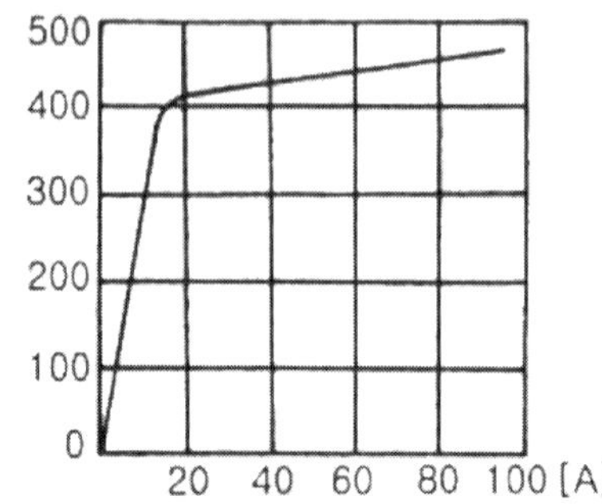

그림 12-8

② **알루미늄 cell 피뢰기** : 알루미늄을 전해액속에 넣고 전압을 가할 때 알루미늄의 표면에 형성되는 엷은 막의 특성을 이용한 것이다. 이 엷은 막의 한 예를 들면 그림 12-8과 같다.

이 cell의 성질로서 전압이 450[V](실효치 350[V])로 될 때까지는 극에서 전해액 쪽으로 전류가 거의 흐르지 않으나 이 전압을 넘으면 엷은 막이 파괴되어 저항이 급속히 감소하여 전류가 현저하게 증가한다. 또 전압이 이 값 이하로 떨어지면 다시 엷은 막이 생겨서 저항이 급속히 증가하여 전류를 차단한다. 이 전압을 **임계 전압**이라 한다. 이 피뢰기는 제한 전압이 낮고 속류가 작으므로 직렬 갭으로써 쉽사리 차단할 수 있다.

교류에 사용되는 것은 보통 전극판을 원추형으로 하여 절연 간극판을 사이에 두고 직렬로 둘러싸며 그 사이에 전해액을 넣고 전체를 기름통 속에 넣어서 그림 12-9와 같이 직렬 갭을 거쳐서 선로에 접속한다. 직렬 갭을 사용하는 이유는 장시간 계속하여 전압이 가해지면 엷은 막이 열화하기 때문이다.

매일 한 번씩 그림 12-9 A를 돌려 갭을 단락해서 저항 R를 거쳐 단시간 전압을 가하여야 한다. 이 작업을 **충전**이라 하는데, 충전을 하는 이유는 전압을 가하지 않고 오랫 동안 방전하면 엷은 막의 성질이 변화하고 임계 전압이 저하하기 때문이다. 이 피뢰기의 특성은 비교적 우수한데, 습식인 것과 충전 작업을 해야 하는 것이 결점이다.

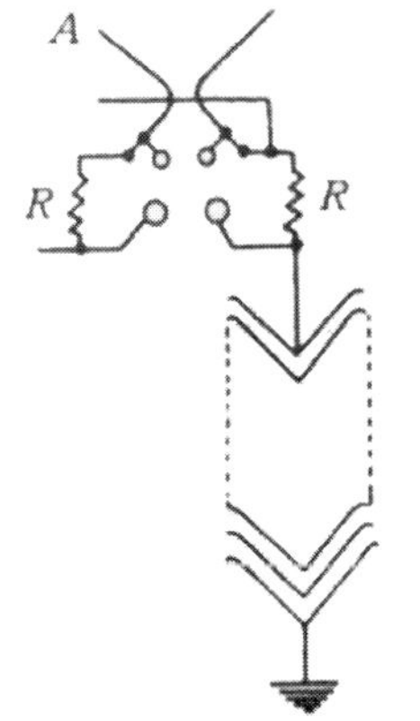

그림 12-9 알루미늄 피뢰기

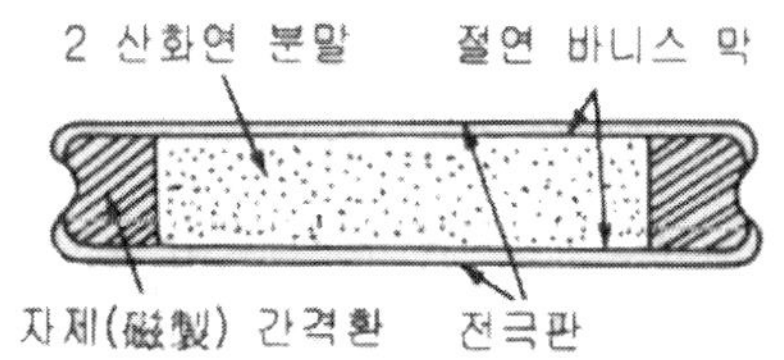

그림 12-10 Oxide film 피뢰기

③ **Oxide film 피뢰기** : 이것은 그림 12-10과 같이 표면에 바니스를 바른 두장의 금속 전극판과 자기제 갭환 사이에 2산화연(PbO_2)의 분말을 넣어 밀봉한 것을 cell로 한 것이다. 이것을 회로 전압에 따라 적당한 수만큼 직렬로 쌓아서 선로에 접속시킨다. 제작후 cell에 교번 전압을 가하고 그 값을 서서히 올리면, 바니스의 약한 곳에서 절연이 파괴 되고 그 점에 전류가 집중되어 흐른다. 그러면 그 부분이 고온으로 되어 2산화연은 절연성의 1산화연으로 되고 파괴된 부분을 봉쇄하여 전류를 차단한다. 따라서 어떤 값까지 전압을 올려가면 바니시 피막의 절연 내력이 그 전압 이하인 곳은 모두가 1산화연의 피막으로 된다. 이 작업을 **화성**이라 한다. 화성 전압은 보통 실효치 350[V]이다. 설치 직후 및 매월 한 번 정도 재화성을 한다. 이것과 같은 성질이 있으므로 이것을 선로에 접속시키면 어느 정도 이상의 이상 전압이 들어오면 피막의 절연이 파괴되어 방전되어 그 전압이 어떤 값 이하로 되면 절연을 회복하여 속류를 차단한다.

④ **밸브 저항형 피뢰기** : 이 피뢰기는 소량의 도전 재료를 가한 탄화규소(carbor-undum)에 진흙・장석과 같은 결합 분말을 가하고, 혼합 압축하여 고온도로 소성된 원판을 요소로 한다. 이 요소에 흐르는 전류 I와 저항과의 사이에는 $R = CI^{-\alpha}$인 관계가 있다. C와 α는 재질에 관한 정수이다. 전류가 증가하면 저항은 크게 저하한다. 이 종류의 전압・전류 특성은 그림 12-6과 같이 피뢰기로서 적당한 특성이며 가역적이고 루우프(loop)를 그리는 경향이 적다. 이것은 방전 현상을 이용하지 않으므로 잔류 이온(ion)의 영향을 받지 않기 때문이며, 그만큼 속류 차단 능력이 좋다. 이와 같은 특성을 지닌 요소를 선로 전

압에 따라 적당한 수만큼 직렬로 쌓는다. 이 피뢰기는 다소 속류가 흐르므로 직렬 갭을 거쳐서 선로에 접속한다.

> 📖 확인
>
> **피뢰기 일반**
>
> ① 제한 전압 : 피뢰기 동작으로 충격파 전류가 흐를 때 피뢰기의 단자 전압
>
> ② 정격 전압 : 속류 차단이 되는 교류의 최고 전압
>
> ③ 공칭 전압 : 상용 주파 허용 단자 전압
>
> ④ 충격 방전 개시 전압 : 충격 전압이 가해져 방전 전류가 흐를 때 최고 전압

12.4.3 탑각의 접지

탑각의 접지 저항을 감소시키는 것은 직격 뢰에 의한 역섬락을 방지하고 유도뢰의 파고치를 저감케하는 효과가 있으므로 선로의 내전설계상 대단히 중요하다.

전선이 가공 지선에 의하여 완전히 차폐되어 있어도 철탑의 접지 저항이 충분히 낮지 않으면 철탑 또는 가공 지선에 낙뢰되어 뢰 전류를 방류할 때가 있다. 이 때 철탑 자체의 전압은 상승하고 철탑의 아암(arm)에서 애자의 절연을 파괴하여 도체에 섬락이 생기는데 이것을 역섬락이라고 한다.

이 때 철탑의 전위는 뢰격 전류의 파형, 철탑의 높이, 탑각 접지 저항의 전압 특성과 주파수 특성에 따라 다르나 간단히 말하면 뢰 전류와 탑각 접지 저항의 곱에 비례한다.

따라서 뢰 전류의 크기를 아는 것이 제일 필요하게 되고 그에 따라 접지 저항이 정해지는 것이다.

예를 들면 220[kV] 선로의 일연의 애자의 수를 13개라고 하면 애자의 충격 섬락 전압은 약 1,200[kV]가 되므로 역섬락을 일으키지 않고 한계의 철탑 전류는 탑각 접지 저항을 R로 하면 약 $1,200/R$[kV]가 된다.

또 철탑을 흐르는 뢰 전류는 대체로 60[kV] 이하이므로 R이 약 $1,200/60 = 20$ [Ω] 이하라면 역섬락을 일으키지 않는 것이다.

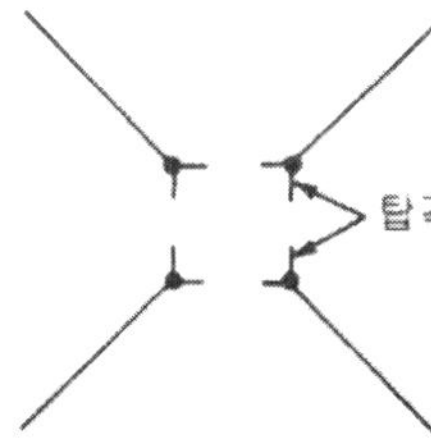

그림 12-11

탑각 저항의 저하에는 양호한 매설 지선(counter poise)을 사용하는 것이 좋으며 이것은 산지 등 지질상 낮은 접지 저항치를 얻을 수 없는 경우에 그림 12-11과 같이 아연 도금의 철연선을 길이 30~50[m] 정도로 탑각에 연결하여 지하 0.5~1[m] 깊이로 방사상 또는 선로에 평행하게 매설한 것이다.

또 수전이나 습지대에서는 구리나 철관 등을 박아 탑각과 접속하면 탑각 접지 저항은 수[Ω] 정도가 된다.

예 제 철탑의 탑각 접지 저항이 증가하면 발생할 수 있는 것은?
해설 탑각 접지 저항이 증가하면 철탑의 전위가 매우 높게 되어 철탑에서 송전선에 섬락을 일으키는 역섬락이 발생할 수 있다.

12.5 절연 협조

전력 계통에는 여러 가지의 전력 기기나 지지 애자가 이어져 있어서, 상용 주파의 상규 대지 전압 뿐만이 아니고 때때로 계통에 발생하는 지속성 과전압이나 뢰서어지를 맞기도 한다. 이들로부터 전력 계통을 방호하기 위하여 계통의 절연은 상용 주파의 과전압이나 개폐 서어지에는 충분히 견디고, 뢰 서어지에 대해서는 피뢰기의 보호 작용에 의하여 기기 절연을 확보하는 방법이 취하여지고 있다. 즉 하나의 전력 계통에 있어서 피뢰기의 제한 전압을 기준으로 이것에 대하여 어느 정도의 유도를 가진 기준의 절연 강도를 마련해서, 모든 기기에 이것과 같거나 혹은 그 이상의 내압을 갖도록 함과 동시에, 그 사이에 기기의 중요도, 특수성 및 피뢰기에서의 원근에 따라 합리적인 격차를 두어, 계통 전체로서 정연한 하나의 절연 체계를 갖도록 하고 있다. 이것을 **전력 계통의 절연 협조**(insulation coordinatio

-n)라 한다.

그러면 전력 계통 각 기기의 절연 강도를 어디에다 기준을 두느냐 하는 것은, 기기 사용자나 제작자나 다 같이 매우 중요한 사항이므로, 계통 기기의 채용상 경제성을 잃지 않고, 더욱이 소정의 운용에 지장이 없도록 하기 위하여, 절연 협조의 기준으로 되는 절연 강도를 정하는데, 이를 **기준 충격 절연 강도**(basic impulse insulation level, BIL)라 한다. 참고로 일본의 것으로서, 통칭 절연 계급이라는 것과 이것에 대응한 BIL을 제정한 것을 예시하면 표 12-2와 같다. 이 표의 공칭 전압은 우리 나라에서 채용하고 있는 것만의 것이며, 또 비유효 접지 계통에 대한 것이다. 또한 22[kV] 이상의 BIL은 V=(공칭 전압)/1.1이라고 하면, BIL = 5V + 50[kV]로 되어 있다는 것을 알 수 있는데, 이것을 **공칭 전압에 대한 전절연**이라 하고 있다. 보호 장치를 마련하지 않는 계통에서, 특히 필요한 경우에는 1급 상위 계급의 기기를 쓰는 일도 있다.

유효 접지 계통에서는 사고시에 발생하는 지속성 과전압이 낮기 때문에 정격 전압이 낮은 피뢰기를 적용할 수 있다. 그러므로 공칭 전압의 비율에서 계통 전체의 절연을 낮추어도 지장을 일으키지 않는다. 이와 같이 공칭 전압에 비해서 계통 절연을 낮추는 것을 **저감 절연**이라 한다. 그래서 초고압 계통은 예외 없이 유효 접지 계통으로 하여 저감 절연을 실시하고 있는데 우리 나라에서는 154[kV] 선로도 직접 접지 방식을 취하고 있다는 것은 이미 설명한 바와 같다. 그런데 우리 나라의 345[kV] 계통의 BIL은 10×5(3/4)″ 애자 20개련에 호온 갭 2.34[m]로 하여, 550×2.34+80=1367[kV]를 채용하고 있다.

표 12-2 절연 계급과 BIL, 시험 전압

공칭 전압[kV]	3.3	6.6	22	66	154	220
절연계급[호]	3A(3B)	6A(6B)	20A(20B)	60	140	170*
BIL[kV]	45	60	150	350	750	900
충격시험전압치[kV]	40(30)	60(45)	150(125)	350	750	900
상용주파시험전압치	16(10)	22(16)	50	140	325	395

<주> 절연 계급중 A는 표준 레벨, B는 저레벨

그리고 피뢰기의 제한 전압은 정격치로 BIL의 80[%] 전후가 되도록 하고, 충격 방지 개시 전압은 제한 전압의 거의 95[%] 정도로 설정되어 있다.

또한 기기의 시험 전압은 여러 가지의 변천은 있었지만, 현재에는 원칙으로 기종별에 차이를 두지 않고, 모든 기기에 대하여 충격 시험 전압치를 BIL과 일치시키고 있다. 충격 전압의 파형은 표준 파형 1×40[μS]로서, 이것을 **전파시험**이라 한다. 전력용 변압기의 내압은 BIL보다 높게 하는 것이 좋지만 경제적이 못되므로 권선 종단 절연의 검증을 목적으로 하는 1.1BIL치의 재단파시험을 추가함과 동시에 피뢰기를 근접해서 설치하는 것을 조건으로 하여 시험 전압치를 BIL로 하고 있다. 계기용 변성기나 차단기 등은 주수시에 섬락 전압이 저하하는 데서, 종래 1.1BIL의 시험 전압이 채용되는데, 이들의 외적 사용 조건을 고려하여 시험 조건은 다르게 하지만, 시험 전압치 자체는 BIL과 일치시키고 있다. 염진에 의한 외부 절연이나 애자의 오른손에 대해서도 같은 사고 방식을 취하고 있다. 단, 전력선 반송용의 결합 콘덴서 및 피뢰기의 보호 범위외에서 사용하는 콘덴서형 전압 변성기에 대해서는 1.2BIL의 시험 전압을 과하도록 한다.

연 습 문 제

1. 이상 전압의 발생 원인이 되지 않는 것은?

① 아크 접지　② 선로의 이상 상태

③ 부하의 급변　④ 중성점 접지

해설 송전 선로의 이상 전압에는 벼락과 같은 계통 외에 원인에 의한 외부 이상 전압과 아크 지락과 같이 계통 내의 사고나 전선로의 개폐에 의해서 발생하는 내부 이상 전압이 있다.

㉠ 내부 이상 전압 : 선로의 개폐, 아크 접지, 선로의 이상 상태, 부하의 급변 등

㉡ 외부 이상 전압 : 전자 유도뢰 전압, 정전 유도뢰 전압, 직격뢰 전압 등

【답】 ④

2. 송배전 선로의 이상 전압의 내부적 원인이 아닌 것은?

① 선로의 개폐　② 아아크 접지

③ 선로의 이상 상태　④ 유도뢰

해설 송배전 계통에 나타나는 이상 전압의 원인으로는

㉠ 내부적인 원인 : ⓐ 선로의 개폐, ⓑ 아아크 접지,
ⓒ 선로의 이상 상태, ⓓ 부하의 급변

㉡ 외부적인 원인 : ⓐ 유도뢰, ⓑ 직격뢰, ⓒ 다른 고전압 송전선과의 혼촉 또는 유도

【답】 ④

3. 송전 선로에서 이상 전압이 가장 크게 발생하기 쉬운 경우는?

① 무부하 송전 선로를 폐로하는 경우

② 무부하 송전 선로를 개로하는 경우

③ 부하 송전 선로를 폐로하는 경우

④ 부하 송전 선로를 개로하는 경우

【답】 ②

4. 선로의 전기적인 상수를 바꿔 이상 전압의 세력을 감소시키는 감쇠 장치가 아닌 것은?

① 쵸크 코일 ② 보호 콘덴서
③ 소호 코일 ④ 변성기

해설 송·배전 선로에 생기는 이상 전압의 세력을 감쇠시키기 위하여 쵸크 코일, 보호 콘덴서, 소호 코일 및 초호 리액터 등이 사용된다. 【답】 ④

5. 선로의 전기적인 상수를 바꿔 이상 전압의 세력을 감소시키는 감쇠 장치로서, 선로와 대지 사이에 접속하여 이상 전압의 세력을 일시적으로 감소시켜 선로 전압의 급변을 방지하는 것은?

① 쵸크 코일 ② 소호 코일
③ 보호 콘덴서 ④ 소호 리액터

해설 쵸크 코일(choke coil)은 선로의 전기적인 상수를 바꾸어 이상 전압의 상승을 감소시키는 감쇠 장치이다. 0.05~0.5[mH]의 인덕턴스를 가진 공심 코일로, 선로의 도중 또는 선로 상수가 다른 두 선로의 접속점에 선로와 직렬로 접속하여 전압의 급상승을 방지한다. 【답】 ①

6. 송전 선로에서 가공 지선의 설치 목적은?

① 코로나 방지 ② 뇌해 방지
③ 동손의 감소 ④ 철탑 보강

【답】 ②

7. 피뢰기 구조는 다음 중 어느 것인가?

① 특성 요소와 소호 리액터 ② 특성 요소와 콘덴서
③ 소호 리액터와 콘덴서 ④ 특성 요소와 직렬갭(gap)

해설 피뢰기의 구조

㉠ 직렬 갭 : 속류 차단, 소호 역할
㉡ 특성 요소 : 도선도 형성
㉢ 쉴드링 : 전기적, 자기적 충격으로부터 보호 【답】 ②

8. 피뢰기가 구비해야 할 조건으로 잘못 설명된 것은?

① 속류의 차단 능력이 충분할 것
② 상용 주파 방전 개시 전압이 높을 것
③ 방전 내량이 작으면서 제한 전압이 높을 것
④ 충격 방전 개시 전압이 낮을 것

해설 방전 내량이 크고 제한 전압은 낮아야 한다. 【답】 ②

9. 피뢰기의 공칭 전압으로 삼고 있는 것은?

① 제한 전압

② 상규 대지 전압

③ 상용 주파 허용 단자 전압

④ 충격 방전 개시 전압

【답】 ③

10. 피뢰기의 제한 전압이 728[kV]이고 변압기의 기준 충격 절연 강도가 1030[kV]라고 하면 보호 여유도는 약 몇 [%]인가?

① 29 ② 35 ③ 41 ④ 47

해설 $\text{여유도} = \frac{\text{기기의 절연 강도} - \text{제한 전압}}{\text{제한 전압}} \times 100 = \frac{1030 - 728}{728} \times 100 = 41.48[\%]$

【답】 ③

보호 계전기 및 개폐장치 제13장

13.1 보호 계전기

송전 계통에서 전선로나 전기기기에 고장이 발생했을 때에는 빨리 그 실태를 파악하여 적절한 처리를 하여야 한다. 즉, 고장의 위치, 상태, 정도 등을 판단하여 차단기를 자동적으로 동작시켜야 한다. 이러한 목적으로 사용되는 것이 보호 계전기(protective relay)이며, 이것은 발전소나 변전소의 기기에 고장이 났을 때, 고장 기기를 회로에서 자동적으로 분리하거나 전선로의 고장 구간을 선택, 차단하여 전력 계통을 안전하게 유지하는 등의 중요한 일을 한다.

따라서, 보호 계전기는 동작이 정확하고 감도가 예민하며, 고장 상태를 신속하게 선택할 수 있고, 동작에 필요한 소비 전력이 적어야 한다는 등의 성능이 있어야 한다.

13.1.1 보호 계전기의 원리와 구조

(1) 보호 계전기의 종류

보호 계전기에는 많은 종류가 있으며, 구조에 따라 나누어 보면 다음과 같다.

① 유도형 계전기 : 전자 유도 작용에 의하여 금속의 원판 또는 원통에 생기는 토크를 이용하는 것이며, 현재 널리 사용되고 있다.

② 가동 철심형 계전기 : 전자 코일 또는 자석이 철심 또는 철편을 흡인하는 힘을 이용한 것이며, 소용량이나 보조 계전기로 사용된다.

③ 가동 코일형 계전기 : 영구 자석의 자계와 전류가 흐르는 코일 사이에 작용

하는 힘을 이용한 것이며, 주로 직류용의 계전기에 쓰이고 있다.

④ **전류력계형 계전기** : 전류가 흐르는 2개의 코일 사이에 작용하는 힘을 이용한 것이며, 고속도로 동작할 필요가 있는 계전기에 쓰이는 경우가 많다.

⑤ **열형 계전기** : 바이메탈을 이용하여 동작시키는 것과 액체의 기화 압력을 이용한 것이 있으며, 온도 경보용이나 소용량의 계전기로 주로 쓰인다.

⑥ **정지형 계전기** : 가동 철편형 계전기나 유도형 계전기 등, 가동 부분이나 기계적 접점 회로에 반도체를 사용하여 정지형 무접점 회로로 대치한 두가지가 있다.

한 가지는 가동형 계전기와 함께 쓰이는 트랜지스터 계전기로서, 트랜지스터 회로로 보조 계전기를 구동하고, 계전기의 개폐는 가동 접점으로 하는 것이다.

다른 한 가지는 장치의 대부분이 트랜지스터 계전기만으로 구성된 전 트랜지스터 계전기이며, 계전기의 응동 부분은 트랜지스터 회로의 출력이 있는가 없는가에 따라서 정해지며, 차단기의 트립 코일 회로도 반도체를 조합시킨 논리 회로로 구성되고 있는 계전기이다. 그러나, 주로 유도형과 가동 철심형이 가장 많이 쓰이고 있으며, 정지형 계전기는 최근 관심의 대상이 되고 있다.

계전기를 동작 기능에 따라 나누어 보면 다음과 같다.

① **전류 계전기** : 보호할 회로의 전류가 어느 한도를 넘을 때, 동작하는 과전류 계전기와 부족할 때 동작하는 부족 전류 계전기가 있다.

② **전압 계전기** : 과전류, 부족 전류의 경우와 같이 과전압 계전기, 부족 전압 계전기가 있다.

③ **전력 계전기** : 이것도 과전력과 부족 전력 계전기가 있다.

④ **차동 계전기** : 같은 회로의 두 곳에서 전류가 같을 때에는 동작하지 않으나, 고장 때에 전류의 차가 생기면 동작하나 전류 차동 계전기와 전압의 차로 동작하는 전압 차동 계전기가 있다.

⑤ **방향 계전기** : 전압, 전류 및 전력 등의 방향이 정상 상태의 경우와 달라지고, 정상 때보다 넘거나 부족할 때 동작한다.

전력이 정상 상태와 반대 방향이고, 전류의 크기가 커졌을 때 동작하는 것을 역력 계전기라고도 한다.

⑥ **거리 계전기** : 계전기가 있는 곳에서 사고가 생긴 곳까지의 거리에 의해서 동작 시간이 정해지는 계전기이다. 여기에 방향성을 가지게 한 것을 방향 거

리 계전기라고 한다.

⑦ 접지 계전기 : 접지 사고의 보호에 쓰인다. 과전류 접지 계전기, 방향 접지 계전기, 고장난 회선을 선택하는 접지 계전기 등이 있다.

⑧ 주파수 계전기 : 과주파수 계전기 및 부족 주파수 계전기가 있다.

전선로나 기기에 고장이 생긴 순간부터 차단기를 열기까지의 시간은 고장의 정도, 위치, 상태 등에 따라 적절하게 정할 필요가 있으므로, 계전기에는 고장 전류가 흐르는 순간에 주 접점을 닫는 것과 몇 초 지난 다음에 주 접점을 닫는 것이 있다.

계전기의 주 접점을 닫기까지의 시간을 시한(time limit)이라 하고, 계전기를 시한에 따라 나누면 다음과 같다.

① 반한시성 계전기 : 계전기의 동작 전류의 값이 커질수록 동작 시한이 짧고, 전류가 적을수록 시한이 긴 계전기이다.

② 정한시성 계전기 : 동작 시한이 동작 전류의 크기에 관계 없이 일정한 계전기이다.

③ 순한시성 계전기 : 동작 전류가 흐르는 순간에 동작하는 계전기로, 2~0.5[Hz] 정도의 고속도로 동작하는 것을 순한시성 계전기, 또한 고속도 계전기라고도 한다.

④ 반한시 정한시성 계전기 : 어느 한도까지의 동작 전류에서는 반한시성이고, 그 이상의 큰 전류에서는 정한시성의 특성을 가지고 있는 계전기를 말한다.

그림 13-1은 계전기의 동작 전류와 동작 시간의 관계를 나타낸 것이다.

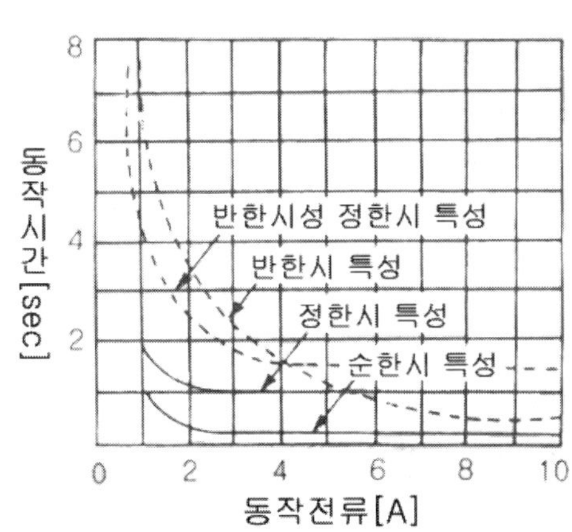

그림 13-1 계전기의 한시 특성

(2) 플런저형 계전기

가동 철심형 계전기의 일종인 플런저형 계전기(plunger type relay)는 구조가 간단하고, 값이 쌀 뿐 아니라 소용량이다. 그러므로 높은 정확도를 필요로 하지 않는 경우에 많이 사용된다.

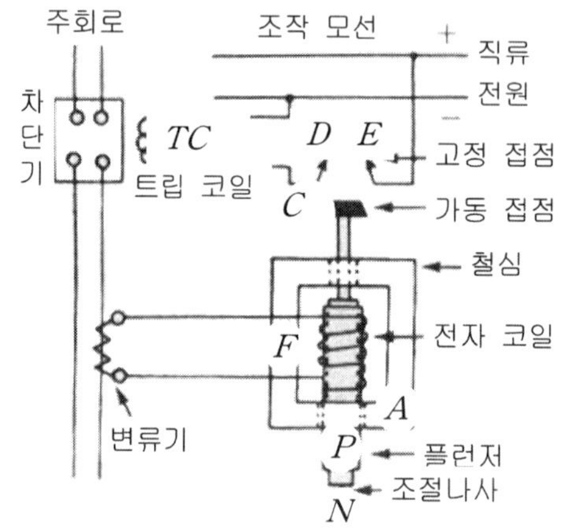

그림 13-2 플런저형 계전기

그림 13-2는 플런저형 계전기의 원리를 나타낸 것이다. 그림에서 전자 코일 A에 흐르는 전류가 커지면 플런저 P가 흡인되어 가동 접점 C에 의하여 고정 접점 D와 E가 단락된다. D와 E가 단락되면 조작 모선으로부터 차단기의 트립 코일 TC에 전류가 흘러 들어가므로 차단기가 동작하여 주 회로를 연다.

이 경우, 변류기를 써서 계전기의 전자 코일에 흐르는 전류가 주 회로에 흐르는 전류에 비례하도록 해 놓으면, 주 회로의 전류가 기준치보다 많게 될 때 계전기가 자동적으로 동작하고 차단기가 열려 회로가 끊어진다.

(3) 유도형 계전기

이 계전기는 과전류 계전기, 과전압 계전기, 역력 계전기, 접지 계전기 등 이용 범위가 매우 넓은 계전기이다.

그림 13-3은 유도형 과전류 계전기의 구조를 나타낸 것이다.

이 계전기는 토크 보상기, 전류 탭, 제동 자석, 철심, 코일, 회전 원판 등으로 되어 있으며, 일종의 소형 변압기인 토크 보상기의 1차 코일에 흐르는 전류가 어떤 일정한 값 이상이 되면 철심이 포화되고, 2차 코일에 유도되는 전류가 일정한 값이 되도록 조정해 놓는다. 이와 같이 하면 계전기에 정한시 특성을 줄 수 있다.

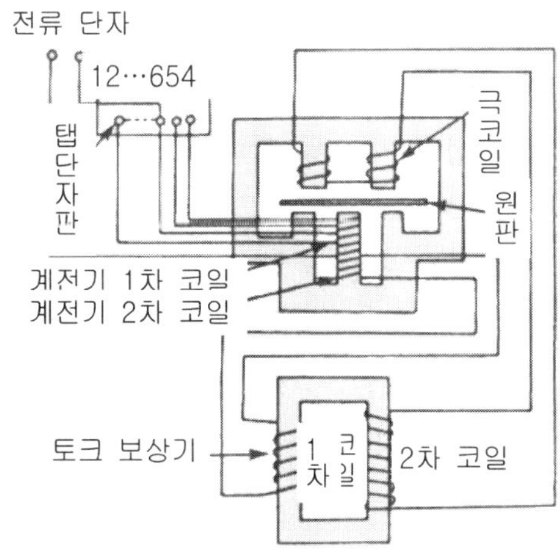

그림 13-3 유도형 과전류 계전기의 토크 보상기와 전류 탭

전류 탭은 그림 13-3과 같이 계전기의 1차 코일에서 몇 개의 탭을 인출하여 이것을 탭 단자판에 접속한 것이다. 이 탭 단자판에서 1차 코일의 권수를 바꾸면 계전기의 동작 전류를 조정할 수 있다.

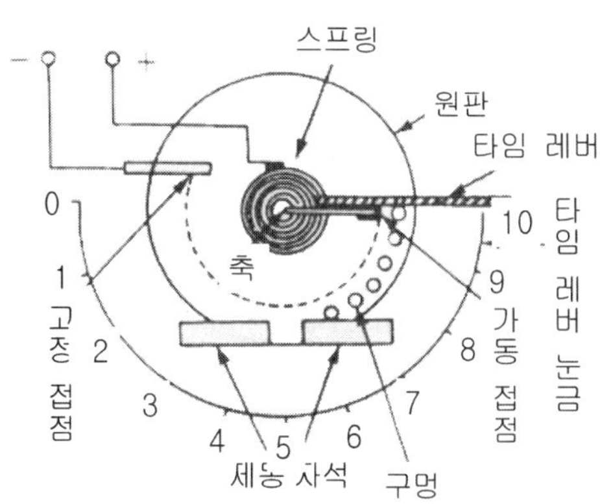

그림 13-4 회전부의 구조

회전부를 위에서 보면 그림 13-4와 같이 되어 있다. 계전기의 1차 코일에 동작 전류가 흐르면 원판은 축에 붙어 있는 스프링의 힘에 반항하여 회전한다. 원판에는 그림과 같이 가동 접점이 붙어 있으므로 어떤 각도만큼 회전하면 가동 접점과

고정 접점이 접촉하여 접점이 닫힌다.

그러면, 직류 전원에서 전류가 스프링에서 가동 접점을 거쳐 고정 접점을 지나 차단기의 트립 코일에 흐르므로 차단기를 동작시킨다. 또, 1차 코일의 전류나 동작 전류 이하가 되면 원판은 원래의 위치로 복귀하게 된다.

시한을 바꾸려면 타임 레버(time lever)의 위치를 타임 레버의 눈금에 맞추어서 이동시켜 가동 접점과 고정 접점 사이의 회전 각도를 변화시키면 된다. 타임 레버의 누금은 보통 0~10까지로 되어 있다.

과전류 계전기에 있어서는 1차 코일에 과전류가 순간적으로 흘러서 정상 상태로 복귀하여도 원판이 회전하여 접점이 닫히는 경우가 있다. 이와 같은 동작을 피하기 위하여 자석으로 된 제동 장치를 붙인다.

또, 원판이 회전하는데 따라 축에 붙어 있는 스프링이 감겨들어 죄어지므로 회전 속도가 떨어진다. 이것을 막기 위하여 원판의 적당한 위치에 구멍을 뚫어 놓고, 스프링이 감겨드는데 따라 제동 장치의 제동력을 줄이도록 하고 있다.

유도형 과전류 계전기의 전류 용량은 보통 5[A] 정도이고, 전압은 100[V] 또는 200[V]이다. 그러나, 실제의 송·배전 선로는 고전압이며, 평상시에는 수백 [A], 고장시에는 수천 [A]의 큰 전류가 흐를 때도 있다. 따라서, 이들 전류나 전압을 직접 계전기에 가할 수 없으므로 계전기에는 반드시 변류기나 계기용 변성기를 접속해서 사용한다.

그림 13-5는 유도형 과전류 계전기의 저속을 나타낸 것이다.

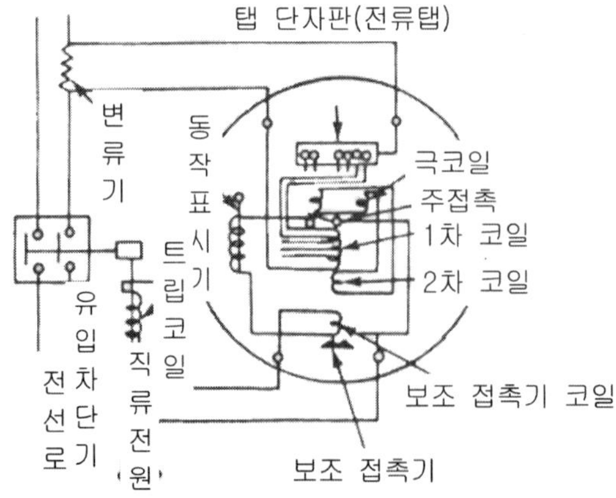

그림 13-5 유도형 과전류 계전기의 접속

13.1.2 송배전 계통의 보호 계전 방식

여기서는 앞에서 배운 각종 계전기를 써서 실제의 송배전 계통의 전기기기를 보호하거나, 또 송배전 선로를 보호하려면 어떻게 하면 되는가를 알아보자.

(1) 전기기기의 보호 방식

전기기기 중에서 발전기와 변압기의 보호 방식을 주로 다룬다.

(가) 발전기의 보호 방식 : 운전 중의 동기 발전기에 권선의 단락, 단선 및 상간 단락 등의 내부 고장이 생겼을 때, 이 발전기를 회로에서 분리하여야 한다.

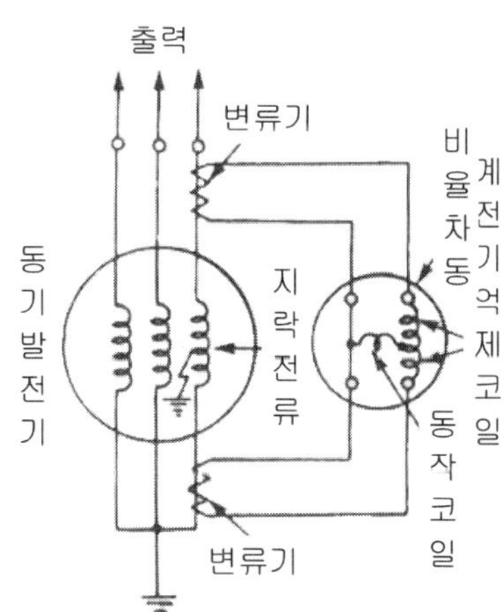

그림 13-6 비율 차동 계전기에 의한 보호 방식

그림 13-6은 동기 발전기의 보호에 비율 차동 계전기를 사용한 예로, 발전기 내부에 고장이 나면 즉시 동작하여 고장이 난 발전기를 회로에서 분리하는 기능을 가지고 있다.

비율 차동 계전기는 2개의 억제 코일의 자속과 1개의 동작 코일의 자속에 의하여 금속 원판을 회전시키도록 되어 있다. 그림에서 알 수 있는 바와 같이, 발전기의 외부 회로에 고장이 난 경우에는 2개의 억제 코일에 흐르는 전류의 세기는 거의 같으며, 억제력이 강하므로 계전기는 동작하지 않는다. 또, 내부에 고장이 나면 2개의 억제 코일의 전류값이 다르므로 억제력이 약해지고, 동작 코일에 의한 원판의 회전 동작이 예민하여진다. 이와 같이, 비율 차동 계전기는 발전기의 내부 고장에 대하여 예민한 동작 특성을 가지므로 대용량 발전기의 보호에 널리 사용되고 있다.

(나) 변압기의 보호 방식 : 변압기의 내부 고장에 대하여는 차동 전류 계전기, 비율 차동 계전기, 부흐홀쯔 계전기(Buchholtz's relay) 등을 사용한 보호 방식이 많이 사용되고 있다.

부흐홀쯔 계전기는 변압기 외함과 콘서베이터 사이에 설치, 변압기의 내부 고장이 났을 때에 나오는 기름의 분해 가스나 증기 기름의 흐름 등을 이용하여 경보벨을 울리거나 차단기를 동작시키는 것이며, 보통 차동 계전 방식과 병용된다.

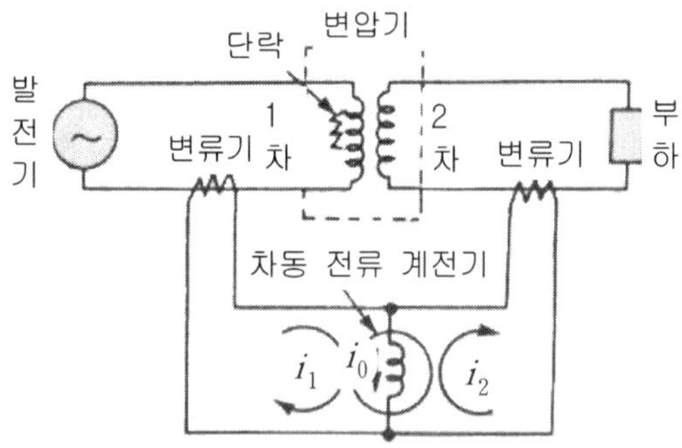

그림 13-7 차동 전류의 계전기에 의한 보호 방식

또, 차동 전류 계전기에 의한 보호방식은 그림 13-7과 같이 계전기에는 일종의 과전류 계전기(차동 전류 계전기)를 쓰고, 이 계전기의 동작 코일 C에는 2개의 변류기에 의하여 변압기의 1차측과 2차측의 전류에 비례한 전류가 유입하도록 한다.

그리고, 평상시에는 이 두 전류가 평형되고 코일에 전류가 흐르지 않도록 해놓고, 고장시에는 변압기의 1차 및 2차측의 고장 전류에 비례한 전류 i_1, i_2의 차 i_0이 흐르게 해 놓는다. 따라서, 전류 i_0의 세기가 설정치 이상이 되면 차동 전류 계전기가 동작하여 차단기를 동작시키게 되어 있다.

(2) 송전 선로의 보호 방식

가공 송전 선로의 고장은 보통 1선 지락 사고가 가장 많고, 2선 지락이나 2선 단락, 3선 지락 사고의 순이다.

(가) **지락에 대한 보호** : 그림 13-8은 영상 전류를 이용하여 접지 계전기를 동작시키는 접속 방법 세 가지를 나타낸 것이다.

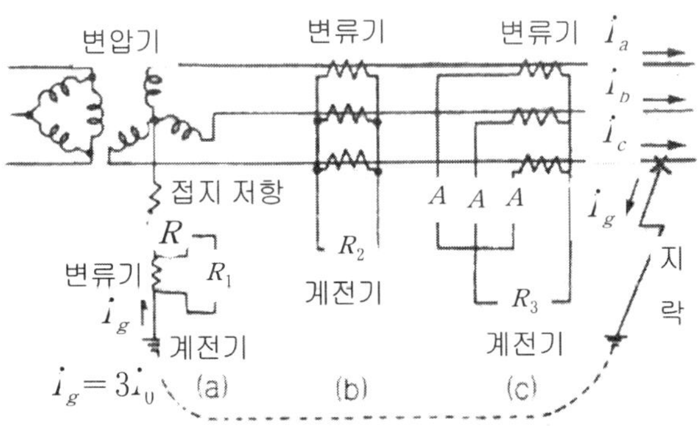

그림 13-8 영상 전류로 동작시키는 계전기의 접속

그림 13-8과 같이 접속하면 정상 상태에서는 각 상전류가 평형되어 있으므로 접지 계전기에는 동작 전류가 흐르지 않는다.

그러나, 지락 사고가 발생하면 지락 전류에 상당하는 영상 전류가 흘러 접지 계전기가 동작한다.

이외에 영상 전압을 이용하여 접지 계전기를 동작시기는 경우도 있다.

(나) **한 끝에만 전원이 있는 경우의 송전 계통의 보호 방식** : 그림 13-9는 한 끝에만 전원이 있는 송전 계통의 예를 나타낸 것이다.

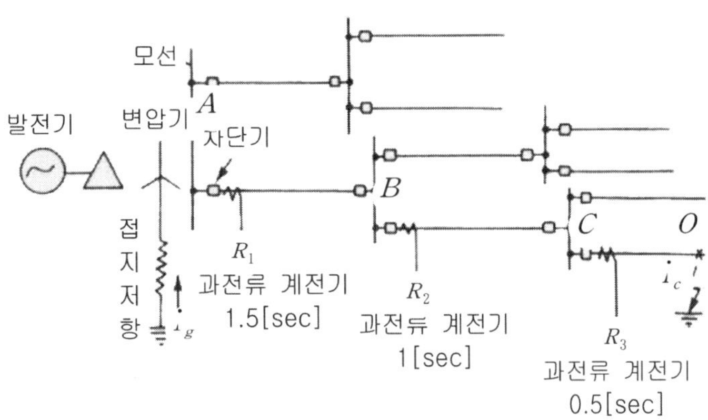

그림 13-9 한 끝에만 전원이 있는 경우의 송전 계통의 보호 방식

그림 13-9에서 모선 C에 접속된 한 송전 선로에 지락 사고가 발생하면 우선 지락점 e에 가장 가까운 계전기 R_3이 동작하여 지락 사고의 회선을 계통에서 분

리하고, 다른 회선은 고장에 관계 없이 송전이 계속될 수 있도록 하여야 한다.

이렇게 하기 위해서는 계통 내의 각 계전기의 동작 시한을 적절하게 설정해 놓아야 한다.

예를 들면, 계전기 R_1의 시한을 1.5초, R_2는 1초, R_3은 0.5초로 전원에서 가까울수록 동작 시한을 길게 해 놓는다. 이와 같이 하면 계전기 R_3이 동작하여도 다른 계전기는 동작하지 않으므로 고장 회선만을 계통에서 분리할 수 있다. 그리고, 이 경우에는 전원에 가까운 계전기일수록 동작 시한을 길게 하고 설정 전류치를 크게 해 놓아야 한다.

(다) 평행 2회선 송전 선로의 보호 방식

① **단락 사고의 경우** : 평행 2회선 송전 선로 중에서 어느 한 회선에 단락 사고가 생긴 경우에는 전류의 세기나 방향이 변화하므로, 이것을 이용하여 계전기를 동작시켜 고장 회선을 선택, 차단할 수 있다.

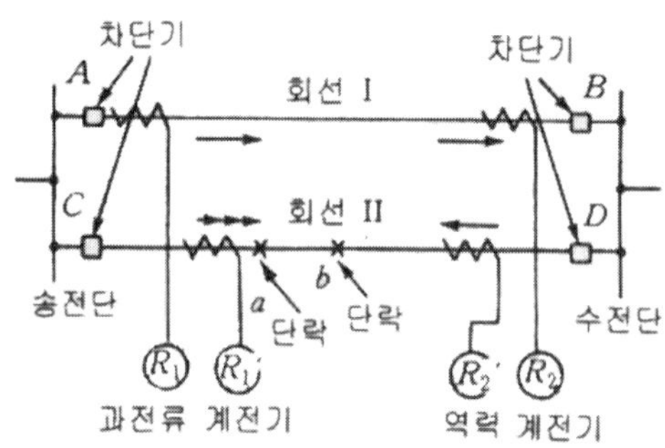

그림 13-10 역력 계전 방식의 보기

그림 13-10은 역력 계전 방식의 한 예이다. 그림 13-10에서의 송전단에 가까운 장소 a에서 단락이 생긴 경우에는 송전단측 회선 II에서는 화살표 방향으로 정상 상태보다 큰 값의 전류가 흐른다. 따라서, 과전류 계전기 R_1'가 동작하여 차단기 C를 연다. 다음에 회선 II의 수전단측에서는 송전단의 차단기 C를 열므로 전류는 정상 상태와는 반대 방향으로 흐른다. 그러면 역력 계전기 R_2'가 동작하여 차단기 D를 열므로 고장 회선을 완전히 분리할 수 있다. 또, 회선 II의 중앙 부분 b에 단락이 생긴 경우에는 수전단측에서는 전류가 반대 방향으로 흐르므로 역력 계전기 R_2'가 동작하여 차단기 D를 연다. 이 때, 송전단측의 전류는 큰 값이 되므로 과전류 R_1'가 동작하여 차단기 C를 열고

고장 회선을 분리한다.

② 지락 사고의 경우 : 그림 13-10과 같은 평형 2회선 송전 선로에서 회선 II의 중앙 부근에 지락이 생겼을 때에는, 회선 II의 송전단측에는 정상 상태와 같은 방향으로 정상 상태보다 큰 값의 전류가 흐르며, 또 수전단측에는 정상 상태와는 반대 방향으로 정상 상태보다 큰 값의 전류가 흐른다. 이것을 이용하여 고장 회로를 선택, 차단할 수 있다.

그림 13-11은 전력 평형 계전 방식의 한 예를 나타낸 것이다.

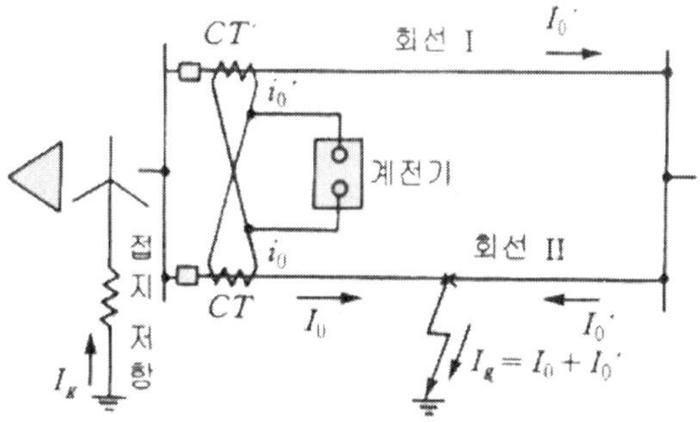

그림 13-11 전력 평형 계진 빙식의 보기

그림 13-11과 같이 변류기 CT, CT '의 교차 접속에 의하여 계전기에는 회선 II에 흐르는 영상 전류 I_0에 비례한 전류 i_0와 회선 I에 흐르는 영상 전류 I_0'에 비례하는 i_0의 벡터차의 전류가 흐르게 된다. 따라서, 지락 사고가 회선 I에 생겼는가 회선 II에 생겼는가에 따라서 차전류의 위상이 180° 반전하므로, 계전기의 방향 요소의 접점에 의하여 고장 회선을 선택, 차단할 수 있다.

(3) 재폐로 계전 방식

송전 선로에 발생하는 대부분의 사고는 일시적인 것이며, 빨리 고장 구간을 차단하면 사고의 원인이 많이 제거되며, 또 차단기를 투입하면 그대로 송전을 계속할 수 있다. 자동적으로 이러한 조작을 하는 것을 **재폐로 방식**이라 한다.

이 방식에는 단상 재폐로 방식과 3상 재폐로 방식이 있으며, 단상 재폐로 방식은 1회선 송전 선로, 3상 재폐로 방식은 평행 2회선 송전 선로에 주로 채용된다. 고장이 발생하여도 그 구간 양단에서 동시에 차단하고, 15~25[Hz]의 무전압 시간만큼 경과하여 재폐로로 된다. 만일, 재폐로에 실패하면 두 번째의 재폐로까지 할 수 있다.

13.2 개폐장치

전기회로를 개폐하기 위한 것으로서, 그 용도에 따라 적게는 가정용의 전등을 점멸하는 스위치에서, 크게는 수 10만볼트의 초고압계통의 개폐, 단락, 보호를 하는 것까지 실로 여러 가지의 것이 있다. 그래서 이 목적에 사용되는 기구 또는 장치를 총칭하여 **전력개폐장치**(switchgear)라 한다. 이것의 기본적인 것을 그 보유하는 개폐능력에 따라 대별하면 표 13-1과 같다. 그 밖에 교류와 직류, 기능 및 용도, 구조, 외형의 모양에 따라 구별된다. 또 동시에 개폐할 수 있는 선의 수에 따라 단극 · 3극, 혹은 1극의 투입할 수 있는 접촉의 조합에 따라 단투 · 쌍투로 분류된다.

표 13-1 개폐장치의 분류

기구 명칭	정상 전류			이상 전류		
	통전	개	폐	통전	투입	차단
차단기	○	○	○	○	○	○
개폐기	○	○	○	○	△	×
단로기	○	△	×	○	×	×
접촉기	○	○	○	×	×	×
퓨 즈	○	×	×	×	×	○

[주] ○ : 가능 △ : 때에 따라 가능 × : 불가능

13.2.1 차단기

송전 선로에서의 여러 가지 사고로 인한 고장을 방지하기 위하여, 사고 부분을 건전 부분으로부터 분리시키기 위하여 회로를 차단시키는 장치를 **차단기**(circuit breaker)라고 한다. 엄밀히 말하면 평상시에 있어서의 전압, 전류를 차단하는 것을 **개폐기**(switch)라고 말하고, 고장시의 이상 전류를 차단하는 것을 **차단기**라고 한다.

차단기가 가져야 할 기본적인 조건은 다음과 같다.

① 폐로시에는 양호한 도체로서, 평상시의 전류는 물론 단락 전류에 대해서도 열적·기계적으로 견딜 것.
② 개로시에는 양호한 절연성을 가져서, 정정·온손의 양 상태에서 대지 및 동상 단자간의 전압에 견딜 것.
③ 폐로 상태의 임의의 시점에 있어서, 정격 차단 전류 이하의 전류를 이상 전압을 발생하지 않고 가급적 빨리 차단할 것.
④ 개로 상태의 임의의 시점에 있어서, 난락 상태로 있는 회로를 접촉자의 용착 등을 수반하지 않고 빠르고도 안전하게 투입할 수 있을 것.

이들의 조건 중에서 서로 모순되는 요구가 있기 때문에 차단기의 개발에는 여러 가지 어려움이 있다.

13.2.2 소호이론

차단기는 단락 전류를 차단할 수 있는 것인데 반하여, 부하 개폐기나 전자 접촉기 등은 부하 전류 정도를 개폐할 수 있는 것이며 단로기는 무전류 상태의 회로를 무전압으로 하는데 사용하는 것이다.

계통의 단락 전류는 주로 기기와 선로의 인덕턴스로 제한되는 뒤진 전류이다. 지금 그림 13-12에서 단락 전류 i가 흐르고 있는 차단기를 개로하면 그림 13-13과 같이 t_0에서 접점이 열리어 곧 아크가 발생한다.

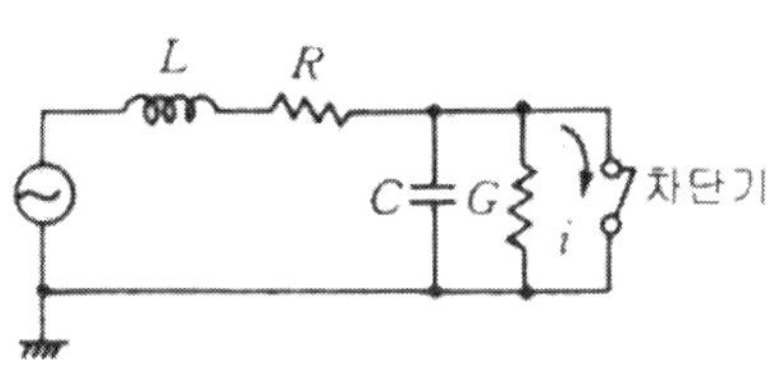

그림 13-12 단상 차단 회로

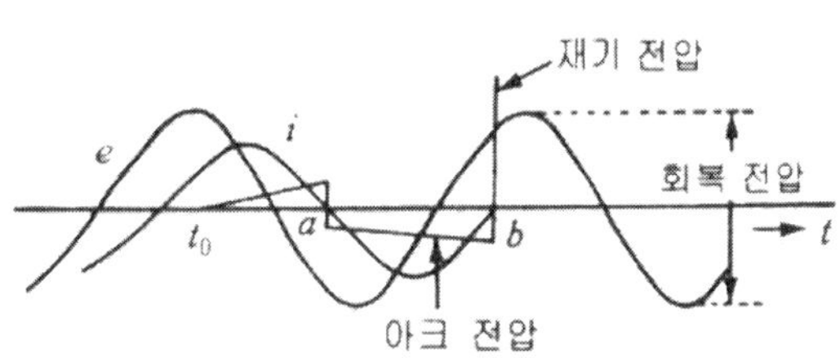

그림 13-13 단상 차단의 설명

이 아크는 적어도 최초로 전류가 영이 되는 a점까지 계속한다.

전류가 영이 되면 아크가 소멸하고 회로가 차단되려고 하나 차단기 접점의 열리는 운동 속도는 수 [m/s] 정도이기 때문에 그 점에서 차단 못하면 전류 방향은 반대가 되어 또 다시 아크가 계속하고 다음의 전류 영점까지 계속한다.

이와 같은 것이 되풀이 되면서 접촉자가 충분히 떨어진 후 예컨대, b점에서 차단되었다고 한다.

이 순간은 그 직전까지 접점간에 아크를 통하고 있었으나 접점간의 절연 내력이 접점간에 발생하는 전압에 이겨낸 순간이다.

전류가 차단된 순간에 접점간에는 과도 전압이 발생한다. 즉, 차단기 양단의 전압은 아크 소멸 직후 b점에서 정상 전압으로 복귀하려고 하나 전원측의 L, C, R때문에 지나쳐버려 잠시 과도 진동 현상이 일어난다. 차단기 전극간에 나타나는 이 과도 부분을 **재기전압**(restriking voltage)이라고 한다. 그러나 이것은 곧 소멸하고 전원 주파수에 의한 전압만이 나타나는데 이것을 **회복전압**(recovery voltage)이라고 한다.

소호 직후는 접점 간격에 잔류 이온이 존재하고 격렬하게 이온화된 고온의 아크 흔적이 남는다. 이것은 대단히 절연이 약하나 시간 경과에 따라 급속히 냉각되고 절연 내력도 회복되어 가는 성질을 가지고 있다.

만약 재기전압이 높고 접점간의 절연 회복이 충분하지 않으면 재점호(reignition of arc)를 일으킨다.

13.2.3 차단 용량 및 동작 책무

(1) 차단 용량(breaking capacity)

어떤 회복 전압하에서 어떤 차단 전류를 지장 없이 끊었을 때, 그 차단기의 차단 능력을 하나의 양으로 표현하기 위하여 다음과 같은 차단 용량을 쓸 때가 있다.

$$\text{차단 용량[MVA 또는 kVA]} = \sqrt{3}(\text{회복 전압}) \times (\text{차단 전류})$$

단, 단상용의 경우 $\sqrt{3}$ 을 없앤다.

이것은 전력 계통의 고장 계산에 쓰이고 있는 단락 용량과 같은 것이다. 종래 차단기의 차단 능력을 보증하는데, 정격 전압하에서 정격 차단 전류 이하의 전류가 안전하게 끊기는 것을 나타내기 위하여, 윗식의 회복 전압 · 차단 전류 대신에 차단기의 정격 전압과 정격 차단 전류의 값을 쓴 정격 차단 용량이 쓰여진 일이 있는데, 미국에서는 현재도 이것을 쓰고 있다.

(2) 동작 책무(operating sequence, duty cycle)

차단기는 차단 후 연이어 몇 번의 동작을 급전 조작상 필요로 한다. 이 차단기에 부과된 1회 혹은 2회 이상의 투입·차단 또는 투입 후 바로 차단 동작을 일정 시간간격을 두고 행하는 동작을 **동작 책무**라 하고 그 표준은 다음과 같다.

O－1분 －CO－3분 －CO

CO－15초 －CO

O－2분 －CO

여기서, O는 차단 동작, C는 투입 동작, CO는 투입 동작에 계속하여 곧 차단 동작을 하는 것을 나타낸다.

13.2.4 차단기의 종류

교류 차단기는 소호 매질, 구조, 사용 목적, 설치 방법 등에 따라 분류되는데, 가장 일반적인 것은 소호 매질에 의하여 분류한다.

즉, 차단 현상을 행하는 매질이 기름, 압축 공기, 특수 가스, 자계 또는 진공 등인가에 따라 유입 차단기, 공기 차단기, 가스 차단기, 자기 차단기 또는 진공 차단기 등이 있다. 이 밖에 다른 종류의 차단기도 있지만 여기서는 생략하고 위에 적은 것에 대해서만 간단히 설명하기로 한다.

(1) 유입 차단기

그림 13-14는 자연 소호 방식인 보통형 유입 차단기(oil circuit breaker, O.C.B)로서 절연유 속에서 회로를 차단하는 것이다. 이것은 가동 접촉자가 아래쪽으로 움직이도록 되어 있고 보통 1상에 대하여 좌우 2점에서 차단하도록 되어 있다.

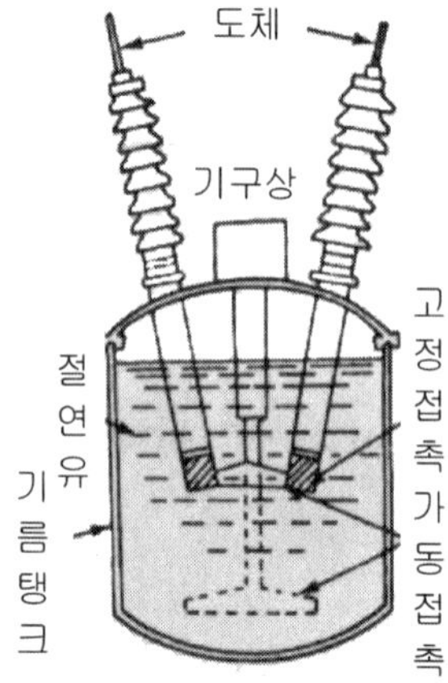

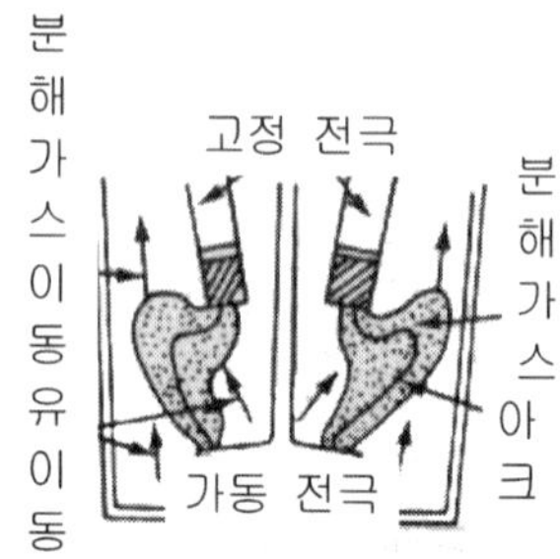

그림 13-14 유입 차단기

절연유의 절연 내력은 공기보다 수배나 높고 이것을 절연 매질로 사용하면 공기보다 소호하기가 쉽게 된다. 즉 기름중에서 아크가 발생하면 아크는 기름으로 분배하여 기화하기 때문에 가스를 발생한다. 이 때 발생된 가스의 약 70[%]는 수소이며 그 열전도률은 대단히 크고 아크를 냉각시키고 또 많은 열을 흡수한다. 아크는 대단히 고온이므로 수소 원자는 분자 상태로부터 원자 상태로 열해리를 하고 해리열을 취한 수소 원자가 저온인 기름으로 확산되어 방열하고, 재결합 한다. 즉 수소 가스가 분해할 때 많은 열을 취하는 것을 이용하여 강력한 냉각 작용을 시키는 것이며 아크가 빨리 발산되므로 공기 중의 경우에 비하여 차단이 쉽게 된다.

(2) 소호실부 유입 차단기(explosion chamber type, O.C.B)

이것은 보통형 유입 차단기의 고정 접촉부를 그림 13-15와 같이 절연체로 만든 소호실로 둘러싼 것이다.

가동 전극이 떨어지는 순간 아크가 발생하여 협소한 소호실 내는 고압력의 기름이나 가스가 충만하게 된다. 그리고 가동 전극이 아크를 수반하여 소호실에서 나가는 동시에 소호실 내의 고압유나 가스가 분출하여 아크에 돌입해서 소호를 촉진시키게 된다.

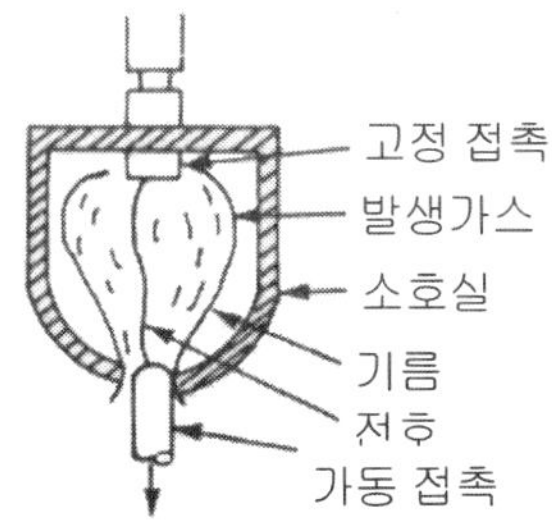

그림 13-15 소호실부 유입 차단기

(3) 유충 소호실부 유입 차단기(oil blast explosion chamber type, O.C.B)

소호실부 유입 차단기에서는 아크 주위에 고온 가스 층이 있으므로 절연성이 높은 냉유가 충분히 아크에 닿지 않게 되어 소호가 불충분하게 되며, 이것을 개량한 것이 그림 13-16과 같은 형의 차단기이다.

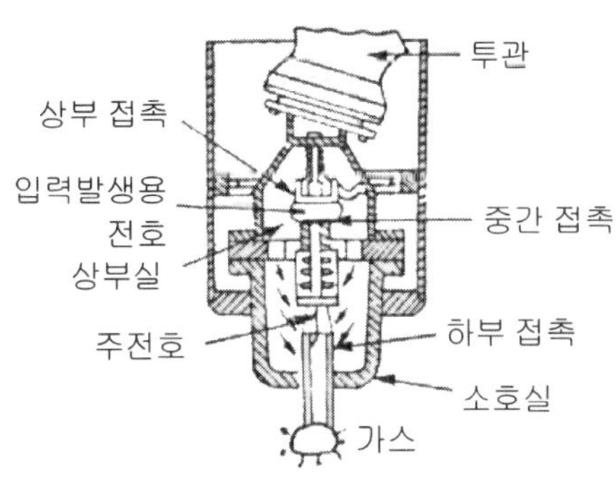

그림 13-16 유충 소호실부 유입 차단기

소호실은 작은 구멍으로 연결된 상하 2개의 실로 나누어져 있고, 상부실에 아크 접촉, 하부실에 주접촉이 있으며 이것들이 직렬로 연결되어 있다.

차단시에 하부 가동 접촉이 움직이면, 먼저 상부 접촉부에 압력 발생용의 보조 아크가 발생하여 상부실의 유압이 높아진다.

그 세력으로 기름이 하부실에 돌입하여 계속 발생하는 주 아크에 직접 기름을 충돌시켜 절연이 큰 새로운 기름으로서 아크를 중단시키게 된다.

(4) 공기 차단기(air blast breaker, A.B.B)

공기 자체는 양호한 소호 매질이 못되지만 수~수십 기압의 압축 공기는 기름보다도 절연 내력이 높아진다.

즉, 압축 공기를 소호실 내의 아크에 흡수하여 소호하는 것이 공기 차단기이다.

압축 공기는 소용량의 것에는 수기압, 초고압, 대용량의 것에는 15~20기압의 것이 사용된다.

차단부는 1개로 30~40[kV]의 차단이 가능하고 사용 전압에 따라 이것을 직렬로 적당한 수를 연결하여 사용하게 된다. 차단시에 소호용 압축 공기를 대기중에 방출하므로 큰 폭발음이 일어나지만 공기를 이용함으로 보수, 점검이 간단하고 경제적으로 또 화재의 위험이 적고 청결하며 차단 성능이 좋은 장점이 있다.

(5) 자기 차단기(Magnetic-blast circuit breaker, M.B.B)

1939년 미국에서 개발한 것인데, 이것은 소호실에 취소(吹消) 코일을 마련하여 차단 전류를 이 코일에 흘림으로써 만들어지는 자계를 이용해서, 아크를 아크·슈우트와 같은 소 이온 장치인 특수 내열 자기판으로 만든 좁은 홈에 밀어넣어 냉각시켜, 아크 전압을 높이면서 소호하는 기중 차단기이다. 차단 전류가 적어서 자기 취소 작용이 충분히 발휘되지 않는 소전류역에서의 아크 시간이 길어지는 것을 막기 위하여 보조의 공기 취소 피스톤을 갖춘 것이 많다. 현재 실용화되고 있는 것으로 34[kV]용의 것도 있지만, 보통은 12[kV]급까지의 것으로서 모두 옥내용, 특히 메탈 클래드에 내장해서 사용되는 것이 일반적이다.

(6) 진공 차단기(Vacuum circuit breaker, V.C.B)

기름, 공기나 가스 등의 매체를 쓰지 않고, 고진공의 절연성과 이온의 확산에 의한 소호 작용을 이용한 진공 개폐기의 가능성을 안 것은 상당히 오래 되었지만, 용기의 봉착 기술을 포함한 진공 기술 및 전극 재료의 미발달, 전류 재단에 의한 과전압 발생 등의 이유에서 실용화가 지연되어 오다가, 1961년 GE사가 15[kV], 12[kA]의 진공 차단기를 제품화하는데 성공한이래, 현재에는 36[kV], 1500[MVA] 정도까지가 일반적이다. 진공 차단기의 구조는 진공 밸브와 진공 밸브를 장치하여 가동 접촉자를 구동·제어하는 기구부로 크게 나누어지는데, 진공 밸브는 다른 차단기의 소호실에 상당하는 것으로서, 그림 13-17에 보이는 바와 같이, 구성부품으로는 접촉자 · 시일드 · 벨로우즈 · 진공 용기로 되어 있다.

진공 밸브는 소형 · 경량이고, 취급이나 보수가 간단하며, 기름을 쓰지 않아서 안전하므로, 이것을 응용한 배전용 진공 개폐기, 진공 전자 접촉기, 축소형 진공 개폐 장치 등도 제품화 되어 있다.

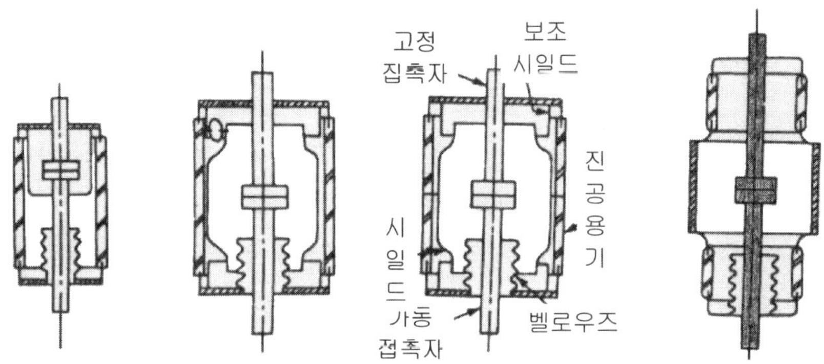

그림 13-17 진공 차단기

(7) SF_6가스 차단기

소호 매체로서 SF_6가스를 이용한 것이며 공기에 비해 소호 능력이 약 100배이다. SF_6가스 자체는 화학적으로 부활성이며 안정되고 있으며 무취 무독이며 1기압에서 공기보다 2~3배 절연 내력이 높다. 따라서 공기 중에서 보다 절연 거리를 적게 할 수 있어 차단기 전체를 소형, 경량화할 수 있다.

차단기의 접점이 떨어질 때 발생하는 아크는 SF_6가스의 취부로 냉각되고 소호된다.

13.2.5 단로기

단로기는 발 · 변전소 또는 개폐소에서 무전압 상태의 선로를 개폐하는 장치로서 송전 중의 폐로 상태에서는 단락 전류와 같은 큰 전류도 안전하게 흘릴 수 있어야 하고, 개로 상태에서는 이것에 의하여 구분된 양 계통에 고장이 발생되어도 충분한 절연 간격을 유지할 수 있어야 한다.

단로기라고 총칭되는 것에는 소위 단로기(discon)와 동시 조작으로 3상 개폐를

할 수 있는 선로 개폐기(line switch)가 있다. 특별 고압 계통에서는 주로 후자가 사용된다. 단로기는 10[kV] 이하에 사용되며, 돌발 과대 전류의 전자력에 의하여 자동적으로 개폐되지 않도록 되어 있고, 그 개폐는 수동으로 조작된다. 선로 개폐기는 전자 코일·압축 공기 등을 사용하여 원방 조작하도록 된 것도 있다.

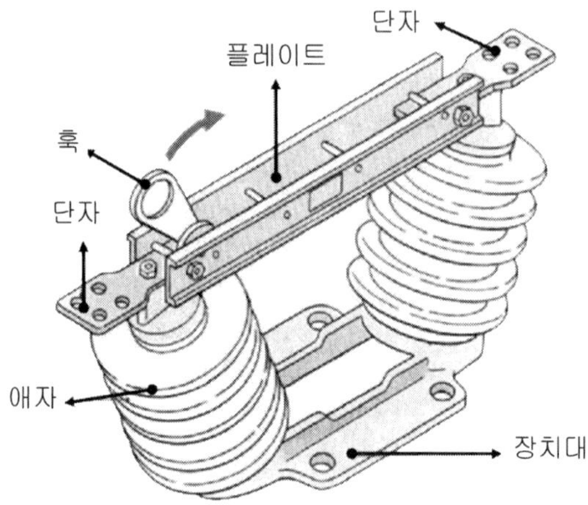

그림 13-18 단로기

발·변전소에서 계통의 분리, 무부하 선로 및 변압기의 개폐 등에는 경제적 견지에서 될 수 있는대로 차단기를 없애고 선로 개폐기만으로 조직하도록 하고 있다. 개폐기는 차단기와 같이 특별한 소호 장치가 없으므로 아크는 그 열작용과 외기의 자연 통풍에 의하여 연장되고, 전원에서 아크 전압의 공급을 할 수 없게 되었을 때 비로서 소호된다. 따라서 강제 송풍에 의하여 아크의 이온을 확산시키면 자연 소호의 경우의 1/2~1/4의 개리도(開離度)로써 소호시킬 수 있다. 단로기의 개폐 능력의 한도는 표 13-2와 같다.

표 13-2 단로기의 개폐 능력

정격 전압 [kV]	최소 상간 거리 [m]	개폐 한계[A]		평균 개극 속도 [m/s]
		여자 전류	충전 전류	
3.45	0.5	10	30	–
23	1.0	4	2	3.0
34.5	1.2	4	2	3.0
66∼80.5	1.8	4	2	2.0
154	3	3	1	2.5
287.5	5	3	0.5	2.8

연 습 문 제

1. 수전용 변전 설비의 1차측에 있어서의 차단기 용량은 주로 다음의 어느 것에 의하여 정해지는가?

① 수전 계약 용량

② 부하 설비의 용량

③ 수전 전력의 역률과 부하율

④ 공급측의 전원의 크기

해설 차단기 용량 계산은 단락 전류가 가지고 있다. 단락 전류 계산은 전원측(공급측)의 전원의 크기와 전기설비 용량을 가지고 계산한다. 【답】 ④

2. 다음 차단기들의 소호 매질이 적합하지 않게 결합 된 것은?

① 공기 차단기 – 압축 공기

② 가스 차단기 – SF_6가스

③ 자기 차단기 – 진공

④ 유입 차단기 – 절연유

해설 공기 차단기(A.B.B) : 압축 공기

가스 차단기(G.C.B) : SF_6

자기 차단기(M.B.B) : 전자력

유입 차단기(O.C.B) : 절연유

진공 차단기(V.C.B) : 진공 【답】 ③

3. 차단기의 차단 용량을 [MVA]로 나타낼 때에 고려해야 할 항목은?

① 차단 전류, 회복 전압

② 차단 전류, 회복 전압, 상계수

③ 회복 전압, 차단 전류, 회로의 역율

④ 회복 전압, 차단 전류, 주파수

해설 차단 용량=차단 전류[A]×회복 전압[V]×상계수[A] 【답】 ②

4. 차단기의 차단 시간은?

① 개극 시간을 말하며 대개 3~8사이클이다.

② 개극 시간과 아아크 시간을 합친 것을 말하며 3~8사이클이다.

③ 아아크 시간을 말하며 8사이클 이하이다.

④ 개극과 아아크 시간에 따라 3사이클 이하이다.

해설 차단기 차단 시간은 트립 코일이 여자되면 가동 접촉자가 떨어지는 개극 시간과 아아크가 완전히 소호될때 까지의 아아크 시간의 합으로 대개 3~8[c/s] 이다. **【답】** ②

5. 차단하기는 쉬우나 재점호를 여러번 발생하기 쉬운 차단은 다음 중 어느 것인가?

① $R-L$ 회로의 차단 ② 단락 전류의 차단

③ C 회로의 차단 ④ L 회로의 차단

해설 용량성 회로에서 재점호가 발생하기 쉽다. **【답】** ③

6. 인터록(interlock)의 설명으로 옳게 된 것은?

① 차단기가 열려 있어야만 단로기를 닫을 수 있다.

② 차단기가 닫혀 있어야만 단로기를 닫을 수 있다.

③ 차단기와 단로기는 제각기 열리고 닫힌다.

④ 차단기의 접점과 단로기의 접점이 기계적으로 연결되어 있다.

해설 회로 개방시 → 차단기 열고 단로기 연다.
회로 투입시 → 단로기 닫고 차단기 닫는다. **【답】** ①

7. 옥외용 변전소에서 옥외에서 주로 많이 사용되는 차단기의 종류는?

① O.C.B ② M.B.B

③ A.C.B ④ 애자용 차단기

해설 OCB는 Oil Circuit Breaker(유입 차단기)
MBB는 Magnetic Blast Circuit Breaker(자기 차단기)
ACB는 Air Circuit Breaker(기중 차단기)
PCB는 Porcelain-clad Circuit Breaker(애자형 차단기) **【답】** ①

8. 유입 차단기의 특징이 아닌 것은?

① 방음 설비가 필요하다.

② 부싱 변류기를 사용할 수 있다.

③ 소호 능력이 크다.

④ 높은 재기 전압 상승에서도 차단 성능에 영향이 없다.

해설 유입 차단기의 특징은 다음과 같다.

㉠ 소호 능력이 크다.

㉡ 방음 설비를 할 필요가 없다.

㉢ 부싱 변류기를 사용할 수 있다.

㉣ 보수가 어렵다.

자기 차단기의 특징은 다음과 같다.

㉠ 화재 위험이 없다.

㉡ 보수 점검이 쉽다.

㉢ 압축공기 설비가 필요없다.

㉣ 고유 주파수에 차단 성능이 좌우되는 일이 없다. 【답】 ①

9. SF_6가스 차단기의 설명으로 잘못된 것은?

① SF_6가스는 절연내력이 공기의 2~3배이고 소호능력이 공기의 100~200배이다.

② 아크에 의해 SF_6가스가 분해되어 유독 가스를 발생시킨다.

③ 밀폐구조이므로 소음이 없다.

④ 근거리 고장 등 가혹한 재기전압에 대해서도 우수하다.

해설 SF_6가스는 무색, 무취, 무해 가스이므로 유독 가스는 발생되지 않는다. 【답】 ②

10. 단로기에 대한 다음 설명중 옳지 않은 것은?

① 소호 장치가 있어서 아아크를 소멸시킨다.

② 회로를 분리하거나, 계통의 접속을 바꿀 때 사용한다.

③ 고장 전류는 물론 부하 전류의 개폐에도 사용할 수 없다.

④ 배전용의 단로기는 보통 디스커넥팅바로 개폐한다.

해설 단로기는 선로를 개폐하는데 쓰이나, 부하 전류를 차단할 목적으로 쓰지 않는 것이 단로기이다. 점검, 수리 등을 목적으로 기기를 회로에서 떼고, 예비 변압기와 절환하거나 회로의 차단, 접속의 변경 등에 쓰인다. 보통 발변전소의 인출구, 모선, 주요기기 등에 쓰인다. 단로기에는 소호 장치가 없고 아아크 소멸 능력이 없다. 【답】 ①

배전계통

제 14 장

배전용 변전소까지 수송된 전력을 수용가에 분배 공급하는 것을 **배전**(distribu-tion)이라 한다.

배전은 송전에서 다룬 이론과 본질적인 차이는 없으나 수용가에 전력을 공급하는 것이 목적이므로 되도록 정전이 없어야 하고, 전압의 변동이 적고, 수요의 증가에 용이하게 응할 수 있으며, 안전한 설비를 갖추어, 운용이 용이하고 경제적이어야 한다.

따라서 배전 계통은 일반적으로 선로가 짧고, 전압이 낮으며, 부하는 분산되어 있다.

따라서 전압 강하, 전로 손실, 전선로의 계통 등도 복잡하게 된다

14.1 배전 방식

(1) 부하의 종류에 의한 분류

전등, 전열기, 소형 전동기, 기타 가정용 전기기기에 공급하는 전등선과 일반 전동기에 공급하는 동력선이 있다. 저압 배전선에서는 이 양자를 구별하여 설치하고 있다.

(2) 공급 전압에 의한 분류

공급 전압에 따라 분류하면 저압 공급, 고압 공급, 특별 고압 공급으로 구별이 된다.

(3) 수급 계약에 의한 분류

전기 요금 산정의 기준을 사용 전력량과 부하의 계약 용량에 두는 종량 요금제(meter rate)에 의한 종량 공급과 전력량에 관계없이 설비 용량에만 두는 정액 요금제(flat rate)에 의한 정액 공급이 있다.

(4) 전용선과 일반선

대동력 고압 수용가나 무정전 공급이 필요한 곳에 전용 고압 선로를 시설하는 수도 있다. 이것을 일반 수용가에 공급하는 일반선과 구별하여 전용선이라 한다.

14.2 전기 방식

배전 방식을 전기 방식에 의하여 분류하면, 부하의 접속 방법에 의한 분류, 직류식, 교류식으로 크게 나눌 수 있다. 이것을 상세하게 나타내면 다음과 같다.

- 전기 방식
  - 부하의 접속 방법에 의한 분류
    - 직렬식 ※
    - 병렬식
  - 직류식
    - 2선식
    - 3선식
  - 교류식
    - 단상 교류식
      - 단상 2선식
      - 단상 3선식
    - 2상 교류식
      - 2상 3선식 ※
      - 2상 4선식 ※
    - 3상 교류식
      - 3상 3선식
      - 3상 4선식
      - 3상 6선식 ※
      - 3상 7선식 ※

※ 표는 우리 나라에서는 사용하지 않는다.

14.2.1 부하의 접속 방법에 의한 분류

(1) 직렬식

부하 전류는 항상 같으나 부하의 변동에 따라 단자 전압이 증감한다. 이것을 정전류식이라고도 하며 부하 전류가 큰 가로등 회로에 유리하다.

(2) 병렬식

부하를 병렬로 접속하여 배전하는 방식이고 일반적으로 가장 많이 쓰이고 있는 방식이다. 병렬식에서는 부하의 단자 전압은 거의 같고 시간적으로도 일정하게 유지되어 이것을 정전압식이라고도 한다.

14.2.2 직류식

축전지, 전동 발전기 등을 병용할 때 전압이 안정하고 공급이 확실해서 외국의 대도시에서 일시 사용된 일이 있지만 현재는 거의 사용되지 않고 있다. 그러나 전차의 운전이나 정전을 방지하여야 할 장소 또는 전기 분해 공장 등에 배전할 경우에는 직류식 배전 방식이 유리하다.

14.2.3 교류식

전력 계통의 각 부분에서 적당한 전압으로 경제적으로 손쉽게 변감시킬 수 있고 전력 손실이 적으며 선로 시설비도 적어 많은 장점이 있으므로 일반적으로 사용되고 있다.

(1) 단상 교류식

단상 교류 방식에는 2선식과 3선식이 있다.

(가) 단상 2선식 : 전등용 저전압 배전에 많이 사용되는 것으로 보수와 공사가 간단하므로 공사비가 적게 드는 것이 특징이다. 그림 14-1은 단상 2선식을 나타낸 것이다.

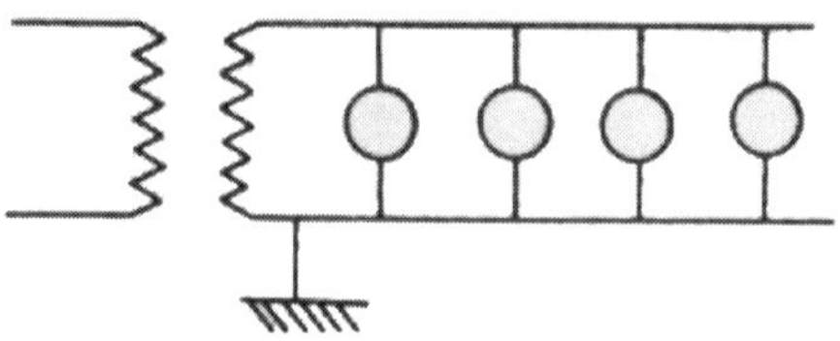

그림 14-1

(나) 단상 3선식 : 단상 100[V]와 200[V]를 사용하는 수용가에서 전선을 4선을 쓰지 않고 3선만을 써서 그 중의 1선을 중심선으로 하여 두 회선을 공용하는 방식이다.

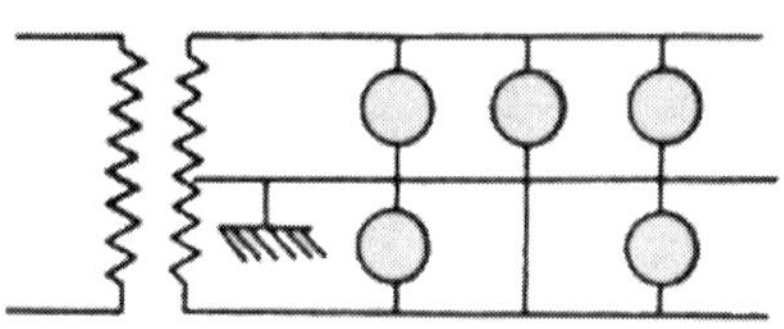

그림 14-2

즉 그림 14-2와 같이 전원이 되는 단상 변압기의 중성점에서 중성선을 끌어 내어 양외선과 함께 3개의 전선으로 부하에 공급하는 방식이다. 이 경우 중성선과 양외선과의 전압은 100[V]이고 양외선 사이의 전압은 200[V]이다. 이 방식의 한 가지 결점은 양측의 부하가 불평형일 때, 만일 중성선이 전원 가까이에서 단선되었다고 하면 양측의 부하에는 동일한 전류가 흐를 것이므로 경부하측의 전압 분담은 높아지고 중부하측의 분담 전압은 낮아져서 부하 기기를 손상시키는 일이 있다.

그러므로 단상 3선식의 중성선에는 자동 차단기를 절대로 시설하는 일이 없도록 하여야 한다.

단상 3선식에서는 선로의 말단에 그림 14-3과 같이 밸런서(Balancer)를 설치하여 중성선이 단선되었을 경우, 부하에 심한 불평형 전압이 걸리는 것을 방지한다.

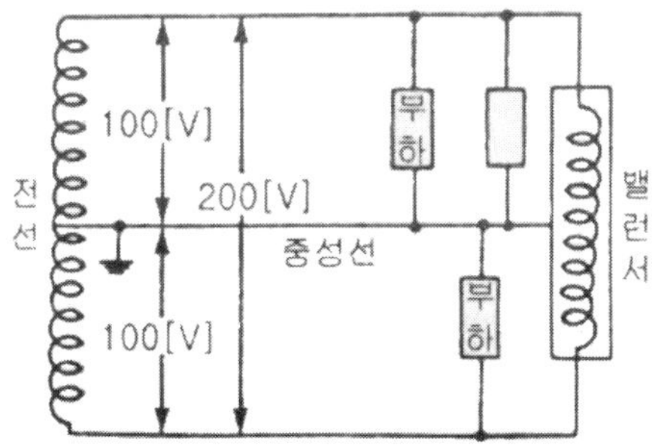

그림 14-3

(2) 3상 교류식

이 방식은 일반적으로 가장 많이 사용되는 배전 방식인데 여기에는 3선식, 4선식, 6선식, 7선식 등이 있으나 3선식과 4선식이 보통 사용된다.

(가) 3상 3선식 : 그림 14-4와 같이 3상 변압기에서부터 3선의 전선에 의하여 전력을 부하에 공급하는 방식이다. 전원 변압기의 2차측의 결선에는 그림 14-5와 같은 종류가 있다. 비교적 용량이 큰 경우에는, 즉 저압 동력선에서는 단상 변압기 3개를 그림 (a)와 같이 △결선하여 사용하는 수도 많지만 (b)와 같은 V결선이 많이 사용되고 있다. 또 고압 배전 선로에서는 변전소의 주변압기는 대게 3각 결선 즉 △결선을 하며 V결선으로도 하는데 이때 접지는 하지 않는다. (c)의 Y결선은 예외적인 것이라 할 수 있다.

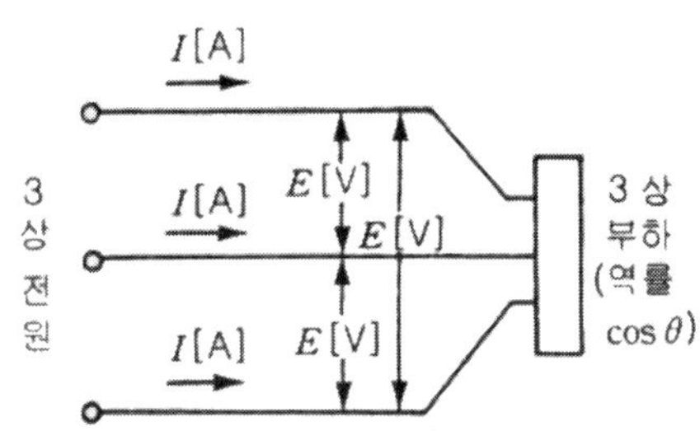

그림 14-4

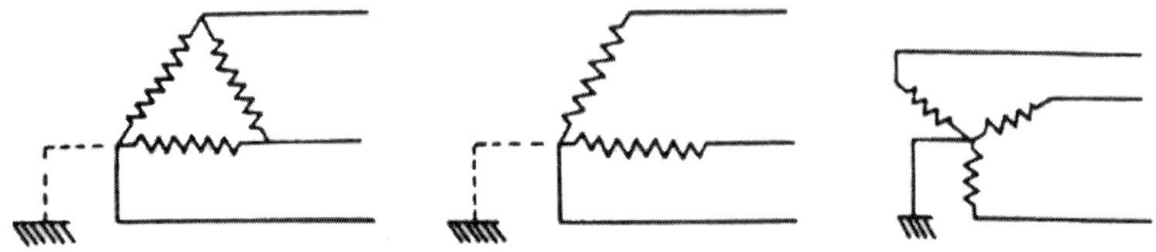

(a) (b) (c)

그림 14-5

그림 14-6과 같이 3상 4선식은 여러 가지 종류가 있다.

그림의 (b)와 (c)는 중성점이 접지된 변압기에 단상 부하를 접속하고 3개의 전압선 사이에 동력 부하를 연결하는 것이며 저압 배전선의 일부에서 사용되고 있다. 그러나 보통의 3상 3선식이라는 것은 그림 (a)와 같이 3상 전원으로부터 전원선 3선 이외에 중성선을 끌어내어 4선으로 하는 방식이다. 이에 전원 변압기의 중성점만을 접지하는 중성선 단일 접지식과 중성선을 여러 곳에서 접지하는 중성선 다중 접지식이 있다.

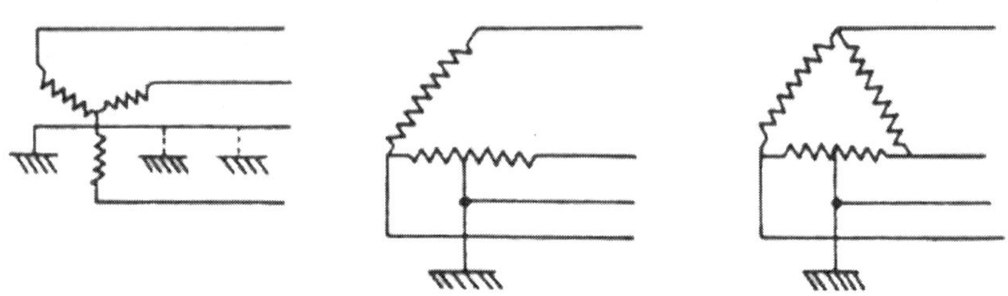

(a) (b) (c)

그림 14-6

14.2.4 저압선의 각종 전기 방식과 전선량

저압선의 전기 방식에서 일반적으로 채용하고 있는 것은 단상 2선식, 단상 3선식(2상 3선식), 3상 3선식, 3상 4선식을 들 수 있다. 이들 각종 방식의 경제성을 비교하는 한 방법으로서 같은 부하 전력에 배전하는데 필요한 전선량을 비교해 보기로 한다. 선로는 어떤 배전 방식으로 해도 좋으나, 단지 같은 전력을 같은 거리에, 같은 전력 손실 하에서 보내는 것이 비교의 조건이다.

이 조건만 만족하면 어떤 배전 방식으로 해도 상관이 없다. 이 때, 전압을 어떤 값으로 하는 가도 정해 놓을 필요가 있다. 그렇지 않으면, 전압을 올리면 올릴수록 전선의 굵기는 가늘어지기 때문이다. 저압 배전선에서는 사용 전압이 낮아서 절연물에도 충분히 여유가 있으므로 절연은 송전선에서와 같이 중요한 문제로는 되지 않는다. 따라서 전선량의 비교는 전압의 실효치가 같다는 조건 하에서 단상 2선식과 단상 3선식 및 3상 4선식의 비교에서 단상 2선식에서는 선간 전압, 단상 3선식 및 3상 4선식에서는 1선과 중성선 사이의 전압의 실효치가 같다고 하여 비교하기로 한다.

또, 단상 3선식 및 3상 4선식의 불균형률은 10~20[%] 이하가 되도록 하기 때문에 중성선의 굵기는 전압선보다 얇은 굵기의 것을 쓰고 있으나, 여기서는 중성선의 굵기를 전압선의 1/2의 굵기로 한 경우와 같은 굵기로 한 경우의 두 가지에 대하여 비교해 보기로 한다.

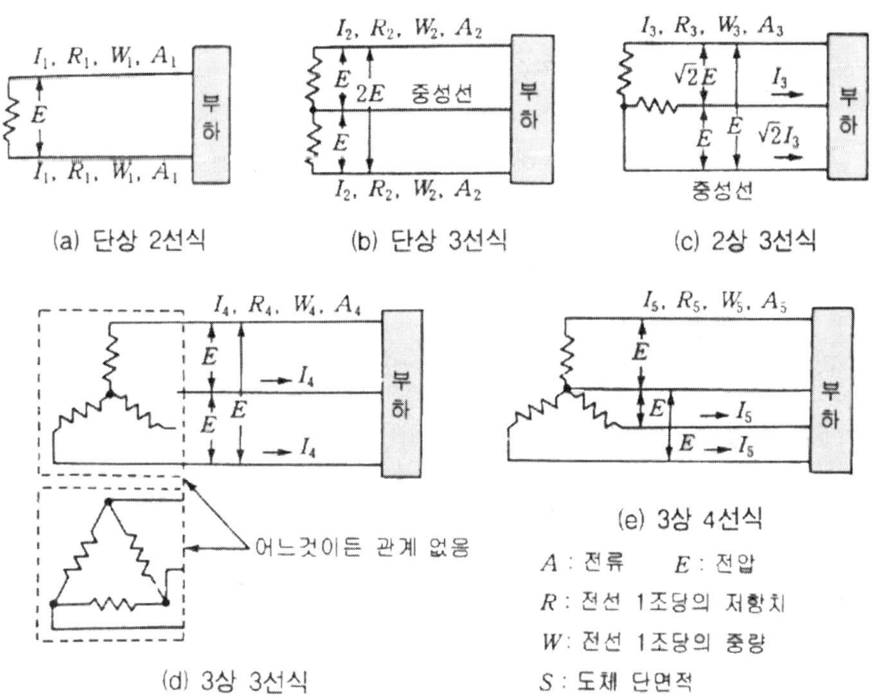

그림 14-7 각종 전기방식의 비교

(1) 단상 2선식과 단상 3선식

그림 14-7의 (a), (b)에서 부하 전력이 같다고 하면

$$EI_1 = 2EI_2 \quad \therefore \frac{I_2}{I_1} = \frac{1}{2}$$

배전 거리, 선로 손실이 같다는 조건에서

$$2I_1^2R_1 = 2I_2^2R_2 \quad \therefore \frac{R_1}{R_2} = \left(\frac{I_2}{I_1}\right)^2 = \frac{1}{4}$$

① 단상 3선식의 중성선의 굵기가 전압선의 굵기의 $\frac{1}{2}$일 때

$$\frac{W_2}{W_1} = \frac{A_2}{A_1}$$

또, $\frac{A_2}{A_1} = \frac{R_1}{R_2}$ 이므로 $\frac{W_2}{W_1} = \frac{R_1}{R_2} = \frac{1}{4}$

$$\therefore \frac{\text{3선식의 전선 총량}}{\text{2선식의 전선 총량}} = \frac{2W_2 + 0.5W_2}{2W_1} = \frac{5}{4} \times \frac{W_2}{W_1} = \frac{5}{16} = 0.3125$$

즉, 같은 부하에 전력을 공급하는데 있어서, 단상 3선식에서는 1/3 정도의 전선량으로도 된다.

② 단상 3선식의 중성선의 굵기가 전압선의 굵기와 같을 때

$$\frac{\text{3선식의 전선 총량}}{\text{2선식의 전선 총량}} = \frac{3W_2}{2W_1} = \frac{3}{8} = 0.375$$

이 경우에도 전선량은 37.5[%]면 된다.

(2) 단상 2선식과 2상 3선식

그림 14-7의 (a), (c)에서 2상 3선식의 중성선 전류는 전압선 전류 I_3의 $\sqrt{2}$배로 되고, 전류 밀도를 같게 하면 굵기는 $\sqrt{2}A_3$로 되므로 저항치는 $R_3/\sqrt{2}$로 된다.

부하 전력이 같다는 조건에서

$$EI_1 = 2EI_3 \quad \therefore \frac{I_3}{I_1} = \frac{1}{2}$$

선로 손실이 같다는 조건에서

$$2I_1^2R_1 = 2I_3^2R_3 + (\sqrt{2}I_3)^2 \times \frac{R_3}{\sqrt{2}} = (2+\sqrt{2})I_3^2R_3$$

$$\therefore \frac{R_1}{R_3} = \frac{2+\sqrt{2}}{2} \times \left(\frac{I_3}{I_1}\right)^2 = \frac{2+\sqrt{2}}{8} = \frac{W_3}{W_1}$$

$$\therefore \frac{\text{2상 3선식의 전선 총량}}{\text{단상 2선식의 전선 총량}} = \frac{2W_3+\sqrt{2}W_3}{2W_1} = \frac{2+\sqrt{2}}{2} \times \frac{W_3}{W_1}$$

$$= \frac{(2+\sqrt{2})^2}{16} = 0.729$$

(3) 단상 2선식과 3상 3선식

그림 14-7 (a), (d)에서 다음과 같이 된다.

부하 조건 $EI_1 = \sqrt{3}EI_4 \quad \therefore \frac{I_4}{I_1} = \frac{1}{\sqrt{3}}$

손실 조건 $2I_1^2R_1 = 3I_4^2R_4 \quad \therefore \frac{R_1}{R_4} = \frac{W_4}{W_1} = \frac{2}{3}\left(\frac{I_4}{I_1}\right)^2 = \frac{1}{2}$

$$\therefore \frac{\text{3상 3선식의 전선 총량}}{\text{단상 2선식의 전선 총량}} = \frac{3W_4}{2W_1} = \frac{3}{4} = 0.75$$

(4) 단상 2선식과 3상 4선식

그림 14-7(a)~(e)에서 3상 4선식 중의 중성선에서는 전류가 흐르지 않는 것으로 하면

부하 조건 $EI_1 = 3EI_5 \qquad \therefore \frac{I_5}{I_1} = \frac{1}{3}$

손실 조건 $2I_1^2R_1 = 3I_5^2R_5 \qquad \therefore \frac{R_1}{R_5} = \frac{W_5}{W_1} = \frac{3}{2} \times \left(\frac{I_5}{I_1}\right)^2 = \frac{1}{6}$

따라서,

$$\frac{\text{3상 4선식의 전선 총량}}{\text{단상 2선식의 전선 총량}} = \frac{3.5W_5}{2W_1} = \frac{3.5}{12} = 0.292$$

(중성선의 굵기를 전압선의 1/2로 했을 때)

$$\frac{\text{3상 4선식의 전선 총량}}{\text{단상 2선식의 전선 총량}} = \frac{4W_5}{2W_1} = \frac{1}{3} = 0.333$$

(중성선의 굵기를 전압선의 굵기와 같게 했을 때)

14.2.5 고압 배전 선로의 전기 방식

우리나라의 고압 배전 선로는 주로 3상 3선식(말단에서는 2선식)으로 하고 변전소 출구의 선간 전압은 3300[V], 수용단의 전압은 3000[V]를 표준으로 하는 것이 종래에 일반적으로 채용되어 왔으나, 최근에는 재료의 효과적 이용, 전력 손실의 경감 등을 위하여 승압하는 경향이 현저해졌다.

3300[V]를 6600[V]로 승압하려면 변압기·개폐기와 그 밖의 기기 재료를 6600[V]용으로 바꾸지 않으면 안 되므로 당면의 대책으로서는 3300[V]의 변압기를 그대로 쓰고 그 1차측을 Y결선으로 하여서 얻을 수 있는 5700[V] 3상 4선식 배전을 사용할 수 있다. 배전 전압을 3300[V]에서 6300[V] 또는 5700[V]로 높이는 것은 다음과 같이 장점이 있다.

① 전선이 같고 배선 손실율도 같다고 하면 수송 전력을 6600[V]로서는 4배, 5700[V]로서는 약 3배로 증가시킬 수 있다.

② 수송 전력이 같다고 하면 전력 손실을 각각 1/4 및 1/3로 줄일 수 있다.

③ 전압 강하를 줄일 수 있다.

④ 수송 전력, 전력 손실 및 전선의 총중량이 같다고 하면 배전 선로의 길이를 전압의 상승률과 거의 비례하여 증가시킬 수 있다.

한편 늘어나는 대수용에 대하여 더욱 승압한 11.4[kV]/6.6[kV] 및 22.9[kV]/13.3[kV] 3상 4선 방식이 증가하는 추세에 있다.

14.2.6 저압 배전 선로의 전기 방식

우리나라에서 전등과 소동력에 대하여는 일반적으로 교류 60[Hz] 300[V] 이하의 저압으로 공급하여 전등선은 100[V] 단상 2선식을 표준으로 하고, 동력선은 200[V] 3상 3선식을 표준으로 하고 있었다.

그러나 110[V], 220[V]가 표준 전압으로되어 220[V]/380[V] 3상 4선식으로 전등선은 220[V], 동력선은 380[V]로 공급하는 3상 4선식이 가장 많이 사용되고 있다.

14.3 배전계통의 구성

일반적으로 배전계통은 그림 14-8과 같이 배전용 변전소와 수용 지점 사이는 고압으로 배전하고, 수용 지점에서 주상 변압기로 저압으로 내려서 수용가에 공급하는 것이 보통이다. 또, 주상 변압기를 경계로 하여 고압 배전 선로(1차 배전 선로)와 저압 배전 선로(2차 배전 선로)로 분류한다.

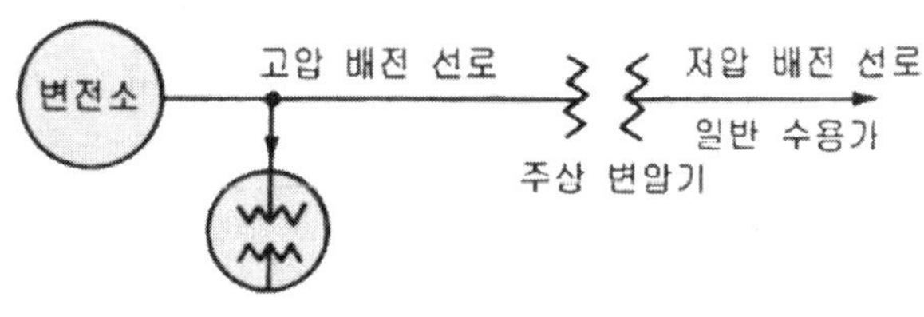

그림 14-8 배전계통

그 밖에, 특히 대용량의 수용가에 대해서만 채용되는 특별 고압 배전 선로가 있는데, 본질적으로 송전 선로와는 다름이 없다. 또, 배선 선로에는 가공 전선로와 지중 전선로가 있는데, 대부분은 가공 전선로이나 배전용 변전소의 인출선, 큰 수용가에의 전용 배전 선로, 도로와 공원 등의 조명용 등에는 지중 배전 선로가 채용된다.

고압 배전선은 그림 14-9와 같이 급전선, 간선 및 분기선으로 구분된다.

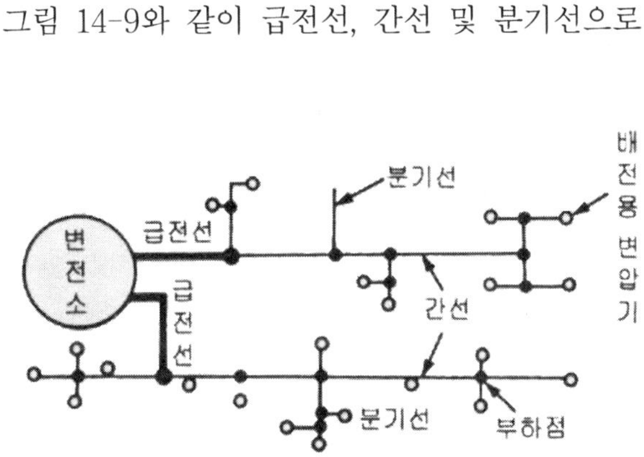

그림 14-9 급전선, 간선 및 분기선

(1) 급전선

급전선은 변전소에서 간선에 이르는 도중에 부하의 접속이 없는 부분으로서 feeder라고도 한다.

급전선은 배선 선로에서 가장 중요한 부분으로서 변전소에서의 가공 인출 회로수가 많으면 같은 지지물에 병가되는 회로수가 많아져서 1회선의 사고가 다른 회선으로 이행할 우려가 있으므로 공급의 신속도를 높이기 위해서 최근에는 지중케이블 · 가공 케이블 · 스페이서(spacer) 전선 등을 사용하는 경향이 있다.

(2) 간 선

간선은 급전선에 접속되고 수요 지점에서 부하의 분포 상태에 따라 배전하거나 또는 분기선을 내서 배전하는 배전 선로 중의 주요한 부분이다. 간선은 분기선과 명확하게 구분하기 어려운 경우도 있고 변전소 송출 전류의 30[%] 이상의 전류가 흐르는 부분을 간선이라고 하는 경우도 있다.

간선 부분에는 많은 분기선 또는 추상 변압기가 접속되나 그 중요도는 급전선보다는 떨어지므로 대부분은 가공선이다.

(3) 분기선

분기선은 간선에서 분기된 배전 선로의 가지의 부분으로서 지선이라고도 한다.

배전 계통의 시설은 전등, 전력의 공급용으로 중대한 사명을 지니고 있으므로, 여러 가지 사항에 대해여 충분히 고려하여야 한다.

14.4 배전선의 형태

14.4.1 수지상 배전선

수요 장소에 배전하는 경우 가장 자연적인 형태로서 우리나라에서도 널리 사용되며 시설비가 가장 저렴하다.

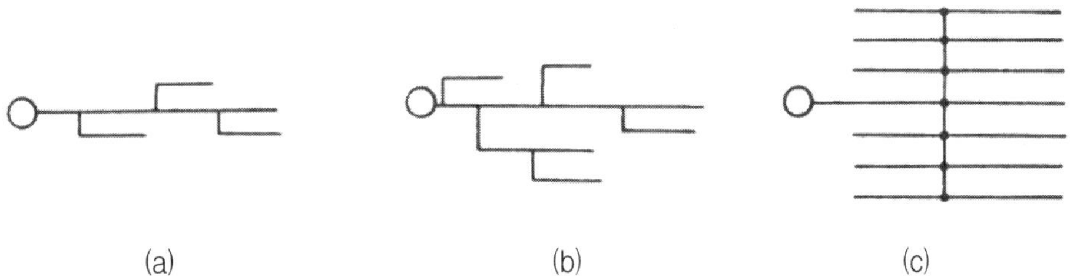

그림 14-10 수지상 배전선의 보기

그림 14-10은 수지상 배전선의 예를 나타낸 것이다. 수지상 방식은 수요 증가에 용이하게 응할 수 있는 장점이 있으나 사고시의 정전 범위가 크고 공급 신뢰도가 낮은 결점이 있다.

14.4.2 환상 배전선

선로의 형태가 전기적으로 환상을 이루고 있는 것으로서 루우프(loop) 방식이라고도 한다.

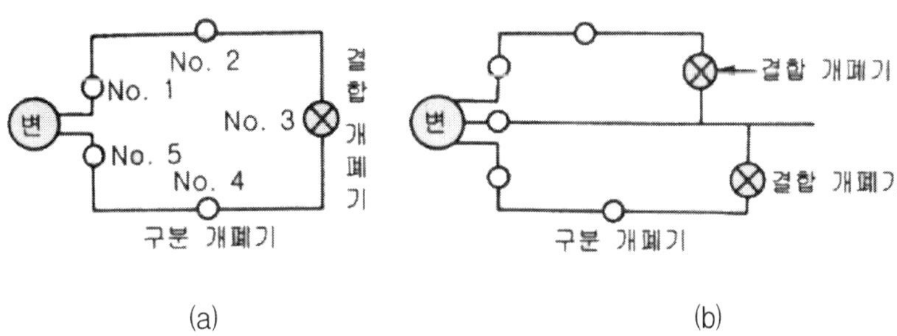

그림 14-11 루우프 배전 방식

그림 14-11은 루우프 배전 방식의 예를 나타낸 것이다. (a)는 1회선 루우프 방식으로서 No.3의 결합 개폐기를 언제나 개로하여 두고 사고시 또는 작업 정전시에 투입해서 역송하는 상시 개로식 루우프 방식과, No.3의 개폐기를 언제나 닫아두는 상시 폐로식 루우프 방식의 두 가지가 있다. 사고 발생시에 공급 지장 구간을 최소한으로 하기 위해서는 루우프 배전용 자동 고장 구간 검출 장치를 사용하는 것이 효과적이다.

(b)는 환상 선로를 여러 개 조합하는 다중 루우프 방식이다.

루우프 방식의 특징은 언제나 두 방향에서 전원을 얻을 수 있으므로 공급 신뢰도가 수지상 방식에 비교하여 높은 것이다. 또 상시 폐로식에서는 전압 강하, 전력 손실이 경감되고, 배전 용량을 증가할 수 있다. 반면 보호 방식·보수 작업이 복잡하게 되고 계통의 단락 용량이 수지상 방식에 비하여 커지는 등의 문제점이 있다.

14.4.3 망상 배전선

이 방식은 네크워크(Network) 방식이라고 하며, 배전 간선을 망상으로 구성하고 그 접속점에 급전선을 접속하여 배전하는 것으로서, 환상식보다 더 높은 무정전 공급의 신뢰도를 얻을 수 있다.

이 방법에는 1차(고압) 네트워크와 2차(저압) 네트워크 방식이 있다.

(1) 고압 네트워크 방식

고압 네트워크 방식은 그림 14-12와 같다. 각 급전선은 수지식 배전 방식의 경우와 같이 부하 중심으로 향하는데 이들은 고압 네트워크의 입구 부분에 차단기를 둔다. 보통 한 단위 변전소에서는 2~3의 고압 급전선이 사용된다. 간선 구분용 차단기와 공급 변전소의 수를 증가하면 공급 신뢰도를 높일 수 있다.

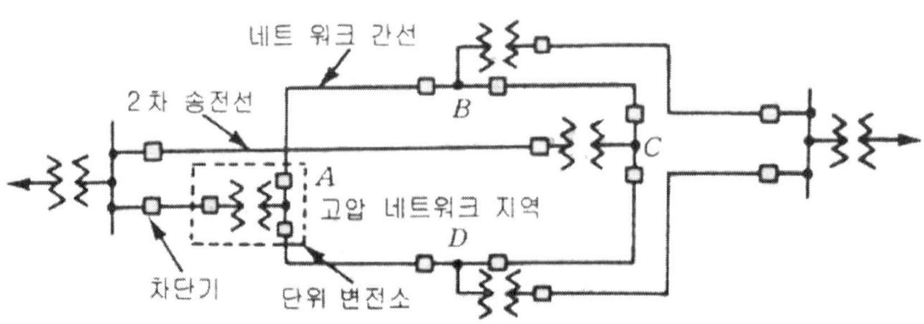

그림 14-12 1차(고압) 네트워크 방식

그림 14-12의 AB간에서 사고가 발생하면 구분용 차단기가 동작해서 그 구간만을 차단하여 타구간에 대한 사고 파급을 방지한다. A와 상위 변전소 간의 사고시에는 A와 변전소에 있는 차단기가 동작해서 사고 급전선을 제거하는데 고압 네트워크는 무정전이고 나머지는 급전선에서 공급된다. 변전소가 사고인 경우에는

건전한 변전소에서 공급하므로 정전은 일어나지 않는다. 대용량 변전소를 부하 중심선에서 벗어나서 시설하는 경우에 나타나는 공급 원가의 상승과 전압 조정의 문제는 소용량의 단위 변전소를 부하 중심점에 설치함으로써 피할 수 있다.

고압 네트워크 계통은 전압 변동이 적고 공급 신뢰도가 높으며 부하 증가에 대한 즉응성도 있으나 시설비 및 운전비는 다른 방식에 비해서 경제적이라고 할 수 없다.

(2) 저압 네트워크 방식

이 방식은 동일 모선에서 나오는 2회선 이상의 급전선으로 공급해서 2차계 수요가에게 무정전 공급할 수 있도록 한 것이다.

그림 14-13은 레귤러 네트워크(regular network) 방식이라고 하는 것으로서 2차계 간선은 격자형으로 접속되고 네트워크 프로텍터(network protector)라고 하는 보호 장치를 통해서 네트워크 변압기(전류 분포를 적절히 하기 위해서 보통의 배전용 변압기보다 임피던스가 높다.)에서 전력을 공급한다.

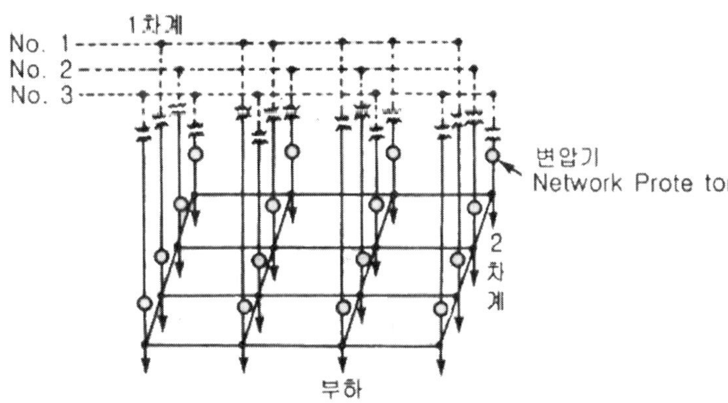

그림 14-13 2차(저압) 네트워크 방식

그림에서 보는 바와 같이 인접되는 변압기는 보통 다른 급전선(feeder)에 접속되어 있고 1차계 급전선의 사고는 변전소 차단기와 프로텍터(proterctor)에서 구분 차단하며, 2차계는 무정전 공급을 계속한다. 2차측의 단락 사고에 대하여는 2차측에 접속된 리미터 또는 케이블의 소단(燒斷)으로서 고장 구분을 제거해서 공급하므로 다른 방식에 비교하여 공급 신뢰도가 퍽 높고 전압 변동이 적은 등 큰 장점을 갖지만, 건설비가 많이 들어 부하 밀도가 상당이 큰 지역이 아니면 경제적으로 실시가 곤란하다.

> 📖 확인
>
> **네트워크 배전 방식의 장점**
>
> ① 배전 신뢰도 향상 ② 기기 이용률 향상
>
> ③ 전압 변동율 감소 ④ 적응성 양호
>
> ⑤ 전력 손실 감소 ⑥ 변전수 갯수 감소

14.4.4 뱅킹 방식

같은 1차 배전선에 접속되고 있는 2대 이상의 변압기의 2차 간선을 접속해서 상호간에 부하의 융통을 도모하기 위해서 2차계에 적용하는 방식이다. 일반적으로는 구간 내의 소용량 변압기를 정리해서 변압기를 대용량화하고 재배치한 후에 그 2차계를 접속한다.

그림 14-14는 2차계 뱅킹(banking) 방식의 대표적인 것이다. (a)의 선상식에서 양단의 2단 선로는 뱅킹 방식의 효과를 크게 기대할 수 없다. (b)는 루우프 식으로 되어 있어서 뱅킹의 효과를 충분히 얻을수 있다. (c)는 2차계를 격자상으로 접속한 것이다.

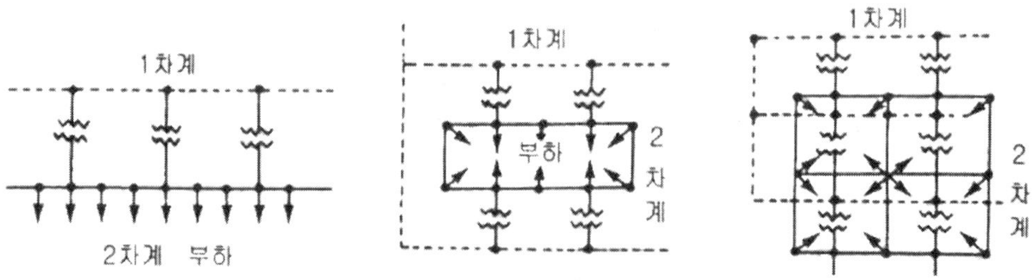

(a) 선상식 (b) 환상식 (c) 격자상

그림 14-14 뱅킹 방식

뱅킹 방식의 장점으로는 ① 전압 동요 플리커의 경감 ② 변압기 용량 및 2차계 동량 절약 ③ 전압 강하 및 전력 손실의 경감 ④ 수요 증가에 대한 융통성 ⑤ 단상 3선식에서는 변압기가 밸런서의 역할을 한다. ⑥ 장주의 간소화로서 사고 방지에 도움이 되는 것 등을 들 수 있다.

한편 고장 보호 대책이 불충분하면 일부의 고장이 전역에 파급되는 케스케이딩(cascading)현상을 일으키게 된다. 이를 방지하기 위해서 그림 14-15와 같이 인접 변압기 회로와의 접속 개소에 퓨우즈를 삽입하거나 변압측 2차측에 구분 차단기를 설치한다. 2차 뱅킹은 전등 동력 공동방식에서 특히 효과가 있는데, 뱅킹하는 변압기수는 6~10뱅크(bank)가 보통이고 수지식 방식에 비하여 보수·점검에 특히 주의가 필요하다.

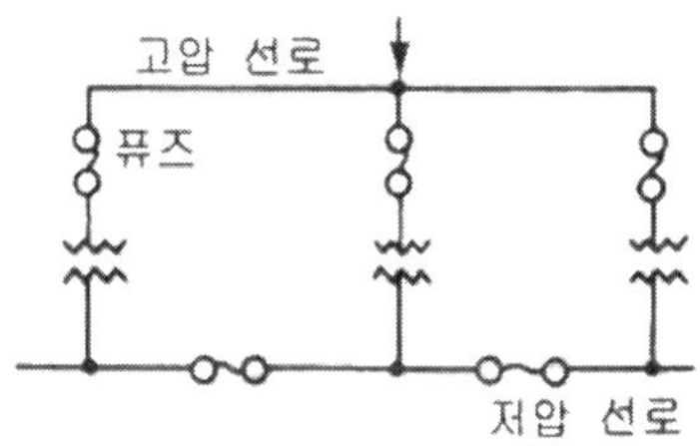

그림 14-15 케스케이딩 방지 장치

예 제 우리나라의 배전 방식 중 가장 많이 사용하고 있는 것은?

해설 3상 4선식(전선량에 따른 경제성이 가장 좋기 때문에)

예 제 저압 뱅킹 배전 방식에서 케스케이딩 현상이란 무엇인가?

해설 저압선의 고장에 의하여 건전한 변압기의 일부 또는 전부가 차단되는 현상

연 습 문 제

1. 간선 일부에 고장이 생겨도 그 고장 구간만 분리시키면 다른 구간에는 배전을 계속할 수 있고 전류 통로에 융통성이 있는 배전 방식은?

① 가지식(tree system)

② 환상식(loop system)

③ 네트워크식(network system)

④ 뱅킹 방식(banking sysetm)

해설 환상식(loop system)은 간선의 일부에 고장이 생긴 경우에 그 고장 구간을 분리하여도 다른 구간에의 배전을 계속할 수 있다. 또 전력 손실, 선로 전압 강하가 작은 잇점도 있으나 시설비가 많이 들므로 주로 부하 밀도가 높은 지역에 쓰인다. **【답】** ②

2. 사고가 났을 때 정전 범위를 가장 좁게 할수 있는 배전 방식은?

① 환상식　　② 네트워크 방식

③ 가지식　　④ 뱅킹 방식

해설 네트워크 배전방식은 전압 강하가 대단히 적으며, 사고 발생시 정전 범위를 가장 좁게할 수 있는 방식이다. **【답】** ②

3. 저압 뱅킹(banking) 배전 방식이 적당한 지역은?

① 바람이 많은 어촌　　② 대용량 화학 공장

③ 부하가 밀집된 시가지　　④ 농어촌

해설 저압 뱅킹 방식은 부하가 밀집된 시가지에서 공급의 신뢰도를 향상시키기 위하여 저압측을 전기적으로 연결하는 방식으로 저압선의 고장으로 인해서 변압기 일부 또는 전부가 차단되는 케스케이팅 현상이 문제가 되므로 구분 개폐기를 설치해야 된다.

【답】 ③

4. 저압 뱅킹 배전 방식에서 케스캐이딩(cascading)현상이란?

① 전압 동요가 적은 현상

② 변압기의 부하 배분이 불균일한 현상

③ 저압선이나 변압기에 고장이 생기면 자동적으로 고장이 제거되는 현상

④ 저압선의 고장에 의하여 건전한 변압기의 일부 또는 전부가 차단되는 현상

해설 변압기나 저압 간선의 고장에 의해 건전한 변압기의 1차측 퓨즈가 녹아 끊어지거나 변압기를 소손시켜 정전구간을 확대시키는 현상을 케스케이딩이라 한다.

【답】 ④

5. 저압 네트워크 배전 방식의 장점이 아닌 것은?

① 무정전 공급이 가능하다.

② 인축의 접지 사고가 작아진다.

③ 전압 변동이 작다.

④ 부하 증가에 적응성이 크다.

해설 저압 네트워크 방식은 전압 강하가 작고, 부하 증가에 대한 융통성은 크지만 시설비가 많이 든다.

[Net Work 방식]

㉠ 무정전 공급이 가능하다.

㉡ 기기의 이용률이 향상된다.

㉢ 전압 변동이 적다.

㉣ 전력 손실이 약간 감소된다.

㉤ 부하 증가에 대한 적응성이 크다.

㉥ 2차 변전소의 수를 감소시킬 수 있다.

【답】 ②

6. 우리나라의 전압 배전 선로 구성 형식은 일반적으로 어떤 방식이 많이 쓰이는가?

① 가지식 ② 환상식

③ 망상식 ④ 브리지식

【답】 ①

7. 다음의 배전 방식 중 공급 신뢰도가 가장 우수한 계통 구성 방식은?

① 수지상 방식 ② 저압 뱅킹 방식

③ 고압 네트워크 방식 ④ 저압 네트워크 방식

해설 저압 네트워크 방식

㉠ 저압 네트워크 방식이란 동일 변전소 모선에서 나오는 2회선 이상의 다른 고압 배전

선에 접속된 변압기의 2차측을 전부 동일 저압선에 연계하여 공급하는 것으로 부하 밀도가 높고 특히 무정전 전력공급이 필요한 경우에 채용되고 있다.

㉡ 급전선 및 변압기에 사고가 발생하면 고장전류가 평상 운전시와는 반대방향으로 흐르는 경우가 있다. 따라서, 각 변압기 마다 차단기와 계전기를 조합한 네트워크 프로텍터(net-work protector)를 설치하여 고장에 의한 역류를 자동적으로 차단하고 고장이 회복되었을 때 자동적으로 복귀되게 하고 있다. **【답】** ④

8. 배전방식에 있어서 저압 방사상 방식에 비교하여 저압 뱅킹 방식이 유리한 점 중에서 틀린 것은?

① 전압 동요가 적다.

② 고장이 광범위하게 파급될 우려가 없다.

③ 단상 3선식에서는 변압기가 서로 전압 평형 작용을 한다.

④ 부하 증가에 대하여 융통성이 좋다.

해설 저압 방사상식(나뭇가지식)에 비하여 저압 뱅킹 방식은 케스케이딩 현상이 발생하므로 고장이 광범위하게 파급될 우려가 있다. **【답】** ②

9. 망상(Network) 배전 방식에 대한 설명으로 옳은 것은?

① 부하증가에 대한 융통성이 적다.

② 전압 변동이 대체로 크다.

③ 인축에 대한 감전사고가 적어서 농촌에 적합하다.

④ 무정전 공급이 가능하다.

해설 망상식은 환상식 보다 더욱 신뢰도가 높고 전압 강하, 전력 손실 등이 작은 이점이 있지만 고도의 기술을 요하고 시설비가 많이 든다. **【답】** ④

10. 다음 중 옳지 않은 것은?

① 저압 뱅킹 방식은 전압 동요를 경감할 수 있다.

② 밸런서는 단상 2선식에 필요하다.

③ 수용률이란 최대 수용 전력을 설비 용량으로 나눈 값을 퍼센트로 나타난다.

④ 배전 선로의 부하율이 F일 때 손실 계수는 F와 F^2의 중간값이다.

해설 밸런서는 단상 3선식에서 필요하다. **【답】** ②

배전선의 전기적 특성 제15장

15.1 배전선의 선로 정수

배전선의 선로 정수는 송전선에서와 마찬가지로 저항 R, 인덕턴스 L, 정전용량 C 및 누설 컨덕턴스 G를 생각할 수 있으나, 일반적으로 배전선은 길이가 짧고 전압도 낮아서 가공 선로의 충전 전류는 부하 전류에 비하여 적기 때문에 정전용량이 누설 컨덕턴스의 영향을 무시하여도 실제로는 지장이 없다.

15.1.1 저 항

전선 1[km]당의 저항을 r[Ω]이라 하면 길이 L[m]의 값 R[Ω]은 다음과 같이 된다.

$$R = \frac{rL}{1000} \tag{15-1}$$

또, 전선의 단면적을 A[mm^2], 고유 저항을 ρ[Ω·mm^2/m], 고유 저항의 역수인 도전률을 σ[℧·m/mm^2]라 하면

$$R = \rho\frac{L}{A} = \frac{L}{\sigma A} \tag{15-2}$$

로 표시된다.

전선의 도전률이 [℧·m/mm^2] 단위일 때, 표준 연동선은 약 58, 경동선은 약 55, 경알루미늄선은 약 35, 강선은 약 7이다.

15.1.2 인덕턴스

그림 15-1 (a)와 같이 전선간 중심 거리 D[cm], 전선의 반경 r[cm]의 단상 2선식의 경우 및 그림 (b)와 같이 3상 3선식의 $D=\sqrt[3]{D_{ab}\cdot D_{bc}\cdot D_{ca}}$[cm]인 경우 1선의 1[km]당의 인덕턴스는 다음 식으로 계산한다.

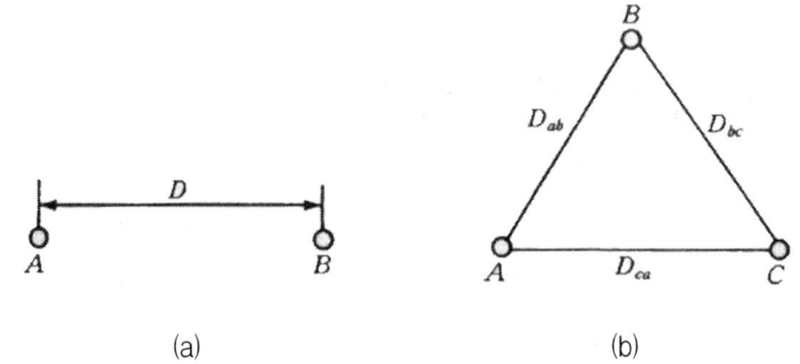

그림 15-1

$$L = 0.4605\log_{10}\frac{D}{r} + 0.05\mu_s[\text{mH/km}] \tag{15-3}$$

단, μ_s는 비투자률, 동, 알루미늄은 $\mu_s=1$

여기서, D는 3상 3선식에서 기하학적 평균 거리이다.

15.2 전압 강하

가공 배전 선로와 같이 거리가 짧고 저압인 것의 송전 용량은 보통 다음과 같은 요소에 의하여 결정된다.

① 전력 손실 ② 전압 강하
③ 전선의 허용 전류 ④ 사고시의 융통 용량

전력 손실은 주로 전선의 저항에 의한 오옴 손이고, 저압 강하는 전선의 저항, 인덕턴스, 전류의 크기와 위상 및 주파수 등에 결정된다. 전류의 크기가 같다 하더라도 역률이 다를 때에는 전압 강하는 대단한 차이가 생긴다. 전선의 허용 전류는 절연의 열화 및 전선의 각 성능의 저하, 즉 최고 허용 온도로서 정하여진다.

사고시의 융통 능력은 지역에 따라서 다르지만, 인접한 배전선에의 역송 능력도 고려해서 대체로 이용률을 60~80[%]로 잡고 있다.

도시의 배전선은 주로 전선의 허용 전류와 사고시의 융통 용량에 의해서, 또는 전압 강하에 의하여 선로 용량이 결정된다.

15.2.1 전압 강하률과 전압 변동률

보통 배전 선로에서 전압 강하란 송전단 전압과 수전단 전압과의 산수차로서 선로의 임피던스 전압 강하는 아니다.

이 전압 강하의 수전단 전압에 대한 백분율을 전압 강하률이라 하는데, 지금 E_s, E_r을 송수 양단의 전압이라 하면

$$\text{전압 강하률} = \frac{E_s - E_r}{E_r} \times 100\,[\%] \tag{15-4}$$

이고, 전압 변동률은

$$\text{전압 변동률} = \frac{E_0 - E_r}{E_r} \times 100\,[\%] \tag{15-5}$$

로 된다. 여기서, E_r은 전부하시의 수전단 전압이고 E_0는 수전단에서 선로를 개방 했을 때의 전압(부부하 전압)이다.

즉, 전압 변동률은 부하가 급변했을 때 그 단자 전압의 변화를 나타내는 기준이다. 이 때 역률은 100[%]를 표준으로 한다.

(1) 직류 배전 선로의 전압 변동률

직류 선로에서는 인덕턱스를 생각할 필요가 없으므로 전압 변동률과 전압 강하률과는 서로 같다. 2선식 직류 선로에 대해서 생각하면, 왕복 전길이의 저항을 R, 전부하 전류를 I라 하면 다음과 같다.

$$\text{전압 변동률} = \frac{E_0 - E_r}{E_r} \times 100 = \frac{E_s - E_r}{E_r} \times 100$$

$$= \frac{IR}{E_r} \times 100 = \frac{I^2 R}{E_r I} \times 100 = \text{전력 손실률} \qquad (15\text{-}6)$$

즉, 전압 변동률과 전력 손실률과는 같기 때문에 10[%]의 전압 강하가 있는 선로이면 선로 손실도 부하의 10[%]라는 것을 알 수 있다.

(2) 교류 배전 선로의 전압 변동률

교류 회로의 전압 강하는 직류 회로의 경우에 비하여 일반적으로 크다. 이것은 선로의 인덕턴스와 부하의 뒤진 역률 때문이다.

그러나, 배전 선로의 경우와 같이 저항이 리액턴스에 비하여 다소 크고, 정전 용량을 무시할 수 있을 때에는 전압 강하를 근사적으로 직류 회로에서와 같이 산술적으로 생각해서

$$e = E_s - E_r \fallingdotseq I(R\cos\theta_r + X\sin\theta_r) \qquad (15\text{-}7)$$

로 취급해도 오차는 그다지 크지 않다. 또, 충전 전류를 무시할 수 있으므로 송전단 전압은 무부하 수전단 전압과 같게 되기 때문에, 전압 변동률은 전압 강하률과 같아서 다음과 같이 된다.

$$\text{전압 변동률} = \frac{I(R\cos\theta_r + X\sin\theta_r)}{E_r} \times 100[\%] \qquad (15\text{-}8)$$

15.2.2 직류 배전 선로의 전압 강하

직류 배전 선로는 현재로서는 유럽의 몇개 도시의 2차 계통에 적용하고 있는 것을 제하고는 거의 사용되고 있지 않지만, 교류 선로 계산에 도움이 되므로 간단히 설명한다.

(1) 직류 2선식 단일 부하

직류 2선식 단일 부하의 회로는 그림 15-2 (a)와 같으며, 왕복 2선의 저항이 같을 때는, 그림 (b)와 같이 나타내는 것이 보통이다.

그림 15-2에서 1선의 저항을 $R[\Omega]$, 선전류를 $I[\mathrm{A}]$라 하면 배전선의 전압 강하 $e[\mathrm{V}]$는

$$e = 2RI[\mathrm{V}] \tag{15-9}$$

로 된다.

전선의 저항 R은 전선의 단면적 $A[\mathrm{mm}^2]$, 길이를 $l[\mathrm{m}]$라 하면 $R = \rho\frac{l}{A}[\Omega]$이다. 그러므로, 전선 1[km]의 저항을 $r[\Omega]$라 하면

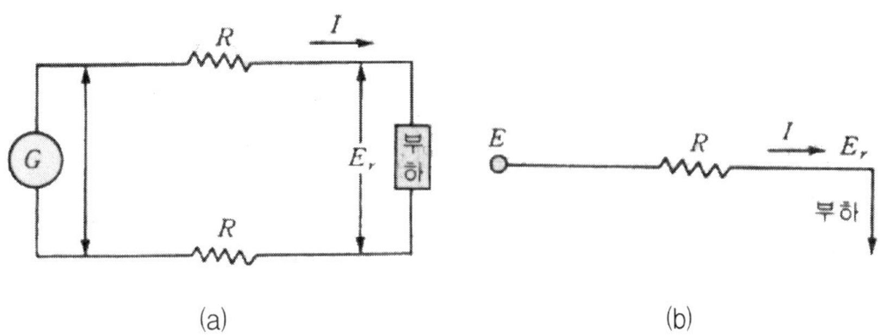

그림 15-2

$$R = \frac{rl}{1000}[\Omega] \tag{15-10}$$

이다. 위의 관계를 전압 강하의 식에 대입하면 다음 식과 같이 된다.

$$e = 2\frac{\rho l}{A}I = 2\frac{rl}{1000}I[\mathrm{V}] \tag{15-11}$$

(2) 직류 2선식 다수 부하

그림 15-3 (a)와 같이 $I = \Sigma i$가 A단에서 유입할 때의 전압 강하는

$$\begin{aligned} e &= (i_1 + i_2 + i_3 + \cdots + i_n)r_1 + (i_2 + i_3 + \cdots + i_n)r_2 + \cdots + i_n r_n \\ &= r_1\sum_1^n i + r_2\sum_2^n i + \cdots + r_n i_n \end{aligned} \tag{15-12}$$

$$= i_1 r_1 + i_2(r_1 + r_2) + \cdots + i_n(r_1 + r_2 + r_3 + \cdots + r_n)$$

$$= i_1 r_1 + i_2 \sum_1^2 r + \cdots + i_n \sum_1^n r \qquad (15\text{-}13)$$

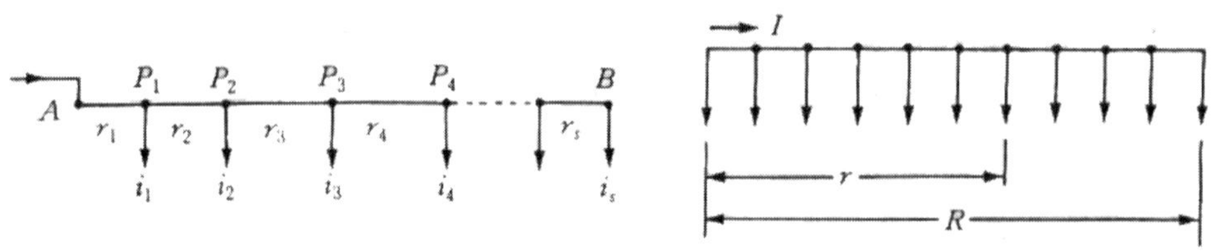

(a) (b)

그림 15-3

즉, 전압 강하 e를 구하는데는 두가지 방법이 있다. 제1의 방법은 식 (15-12)와 같이 각 부하점의 전류 분포에 그 구간의 저항을 곱하여 이것을 순차로 더해 가는 방법이다. 제2의 방법은 식 (15-13)과 같이 각 부하점의 전류에 각기의 급전점에서, 그 부하점까지의 저항을 곱한 것을 차례로 더하여 가는 방법이다.

그림 15-3 (b)와 같이 전 구간에 I[A]의 부하가 고르게 분산해 있을 경우, 전 구간의 저항을 R[Ω], 송전단에서 어떤 지점까지의 저항을 r[Ω]이라 하면, 앞단까지의 전압 강하 e[V]는

$$e = \int_0^R \frac{I(R-r)}{R}\,dr = \frac{IR}{2}\,[\text{V}] \qquad (15\text{-}14)$$

로 구할 수 있다. 즉, 전부하가 말단에 집중해 있을 때의 전압 강하의 반분이다.

(3) 도중의 1개소에서 급전하는 경우

그림 15-4에서와 같이 급전점 A에서 좌우로 나누어져서 흐르는 전류는 서로 아무런 관계도 없이 전혀 별도로 양단의 부하를 분담하는 것이므로 이것은 양쪽을 (2)항의 경우와 똑같은 방법으로 계산할 수 있다.

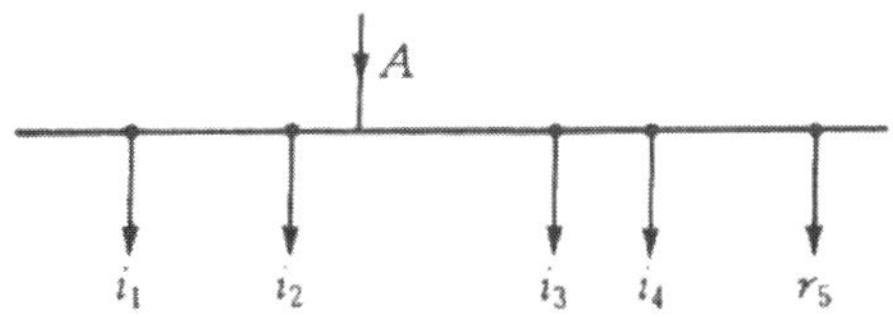

그림 15-4

(4) 양단에서 급전하는 경우

그림 15-5에 있어서 A, B 두 점을 급전점으로 하는 경우에는 먼저 두점간에 전위차가 있는가 어떤가를 생각할 필요가 있다. 간선이 가늘어서 저항이 크고, 급전선이 이것에 비하여 대단히 굵어서 저저항일 때에는, AB간에는 전위차가 없다고 해도 좋으나, 일반적으로는 e인 전위차를 고려해서 계산하지 않으면 안된다. 전류는 A와 B에서 유입하는데 중앙부에 가까운 부하점에 있어서, 간선 내에서 좌우로부터 전류가 흘러 들어 오는 점이 하나가 있는데, 그 점의 전압이 가장 낮은 개소가 된다. 이것을 분할점이라 한다. 그러면 예를 들어 계산해 보기로 하자.

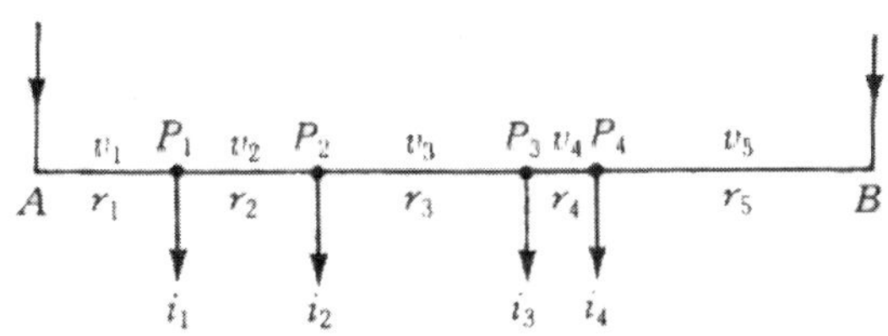

그림 15-5

(5) 환상식 간선의 경우

환상식은 겉보기에는 (4)의 경우와 대단히 달라 보이지만 본질적으로는 같다.

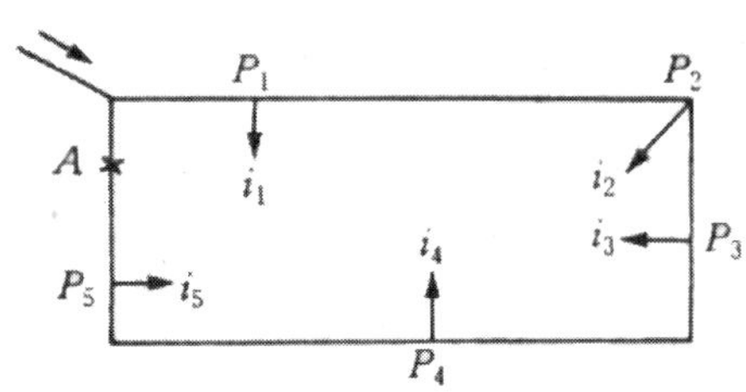

그림 15-6

그림 15-6에 있어서, 급전점 A에서 루우프를 열고, 그 절단점의 양단에 같은 전압을 가하여도 루우프 내부의 전류 분포에 변화가 없는 것은 당연하다. 그러므로, 이것은 (4)의 $E_A = A_B$인 경우와 다름이 없다.

15.2.3 교류 배전 선로의 전압 강하

교류 배전 선로에서는 선로의 저항외에 인덕턴스와 부하의 역률에 의한 영향 때문에 전압 강하는 일반적으로 직류인 경우보다 크다는 것은 앞에서도 설명한바와 같다.

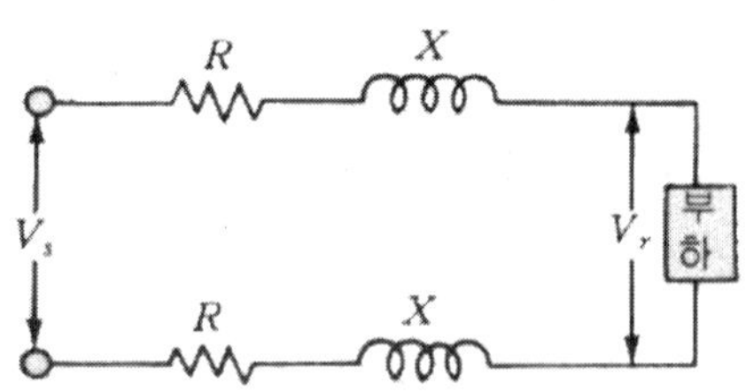

(a) 단상 2선식

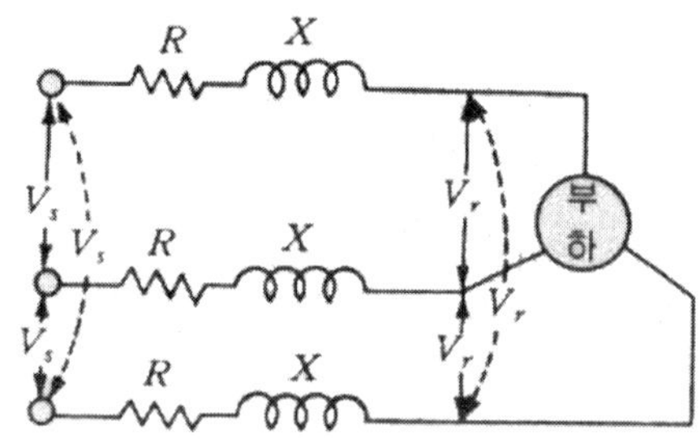

(b) 3상 3선식

그림 15-7

지금, 그림 15-7과 같은 단상 2선식 및 3상 3선식에서 선간 전압은 V, 1상과 중성선 사이의 전압을 E라 하면, 단상 2선식에서는 $V = 2E$, 3상 3선식에서는 $V = \sqrt{3}E$가 되므로 중성선을 가상하면 그림 15-8과 같은 등가 회로를 그릴 수 있다. 따라서, 회로의 계산은 단상 2선식에서나, 3상 3선식에서나 다 같이 1선의 저항 R 및 리액턴스 X인 등가 단상 회로에 대하여 계산하면 된다.

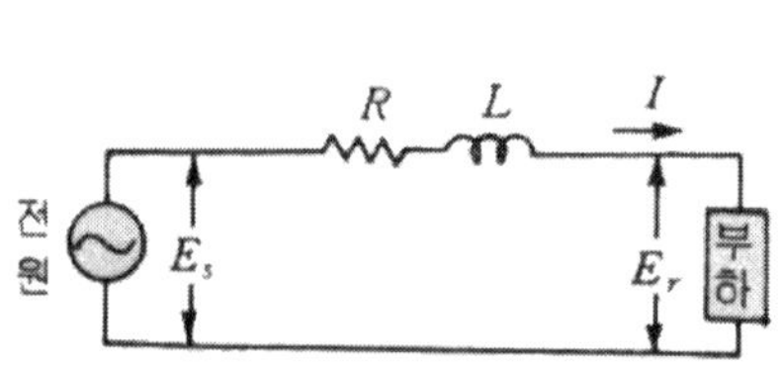

그림 15-8 등가 단상 회로

그림 15-8에 대한 전압 강하 및 전압 강하률을 간단히 요약해 보면 다음과 같

다. 즉, 선전류 $\dot{I}$를 기준 벡터로 하여 벡터 그림을 그리면 그림 15-9와 같이 되는데, 이것에서 E_s를 구할 수 있다.

$$E_s = \sqrt{(E_r\cos\Theta_r + RI)^2 + (E_r\sin\Theta_r + XI)^2}\ [\mathrm{V}] \tag{15-15}$$

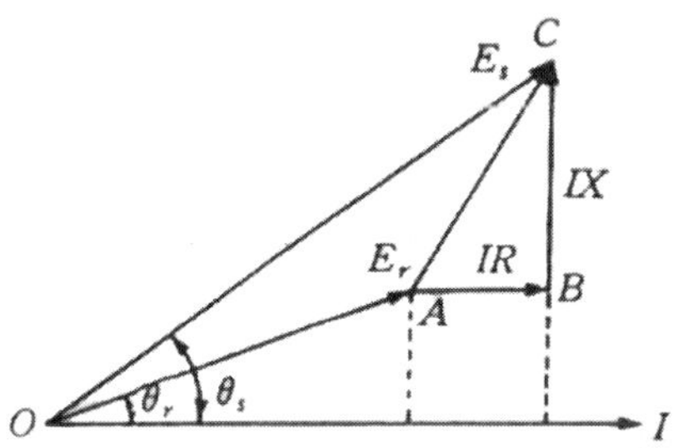

그림 15-9 I기준

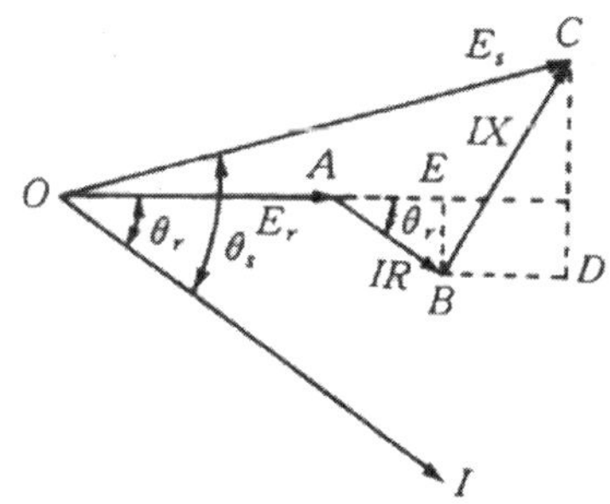

그림 15-10 E_r기준

그리고, 수전단 부하의 단자 전압 $\dot{E}_r$을 기준 벡터로 하여 그림 15-10에서 E_s를 구하면

$$E_s = \sqrt{(E_r + RI\cos\Theta_r + XI\sin\Theta_r)^2 + (XI\cos\Theta_r - RI\sin\Theta_r)^2}$$

로 되는데, 단거리 송전 선로나 배전 선로에서는 $\dot{E}_s$와 $\dot{E}_r$은 거의 겹쳐져서, $\Theta_s \fallingdotseq \Theta_r$로 되므로 실용적으로 윗식의 제2항을 무시하면

$$E_s \fallingdotseq E_r + I(R\cos\Theta_r + X\sin\Theta_s)\ [\mathrm{V}] \tag{15-16}$$

로 된다. 물론 식 (15-15)에서도 근사적으로 식 (15-16)의 관계를 유도할 수 있다.

그러므로 식 (15-16)에서 전압 강하는 간단히 구할 수 있다.

$$\text{전압 강하 } e = E_s - E_r = I(R\cos\Theta_r + X\sin\Theta_r)\ [\mathrm{V}] \tag{15-17}$$

또한, 선간 전압에 대해서는

$$\left.\begin{array}{l} \text{단상 2선식 } v = V_s - V_r = 2I(R\cos\Theta_r + X\sin\Theta_r) \\ \text{3상 3선식 } v = V_s - V_r = \sqrt{3}I(R\cos\Theta_r + X\sin\Theta_r) \end{array}\right\} \tag{15-18}$$

그리고, 전압 강하률은 식 (15-7)을 적용하면 식 (15-8)과 같이 다음의 식으로 계산할 수 있다.

$$\text{전압 강하률} = \frac{I(R\cos\Theta_r + X\sin\Theta_r)}{E_r} \times 100\,[\%] \tag{15-19}$$

또, 전압 강하률은 식 (15-20)과 같이 송전단 전압에 대한 비율로서 나타낼 때가 있다. 특히, 배전 선로의 도중 여러 곳에 부하가 분산하여 접속되어 있는 경우에는 이와 같이 정의한 전압 강하률을 쓰는 것이 편리할 때도 있다. 이 경우에도 E_r에 대한 비율로서 한 것과 똑같이 구할 수 있다.

$$\text{전압 강하률} = \frac{E_s - E_r}{E_s} \times 100$$

$$\fallingdotseq \frac{I(R\cos\Theta_s + X\sin\Theta_s)}{E_s} \times 100\,[\%] \tag{15-20}$$

따라서, 전압 강하의 근사식은 다음과 같이 된다.

$$\text{전압 강하} = I(R\cos\Theta_s + X\sin\Theta_s)\,[\text{V}] \tag{15-21}$$

예 제 단상 2선식의 교류 배전선이 있고 전선 1줄의 저항은 0.15[Ω], 리액턴스는 0.25[Ω]이다. 부하는 무유도성으로 100[V], 3[kW]일 때 급전점의 전압을 구하시오.

해설 $V_s = V_r + 2I(R\cos\Theta + X\sin\Theta)$

여기서, $\cos\Theta = 1$이므로

$V_s = 100 + 2 \times \frac{3000}{100} \times 0.15 = 109[\text{V}]$

예 제 송전단 전압 6600[V], 수전단 전압 6300[V], 부하 역률 0.8(지상), 선로의 1선당 저항이 3[Ω], 리액턴스가 2[Ω]인 3상 3선식 배전 선로의 수전전력을 구하시오.

해설 $V_s - V_r = \sqrt{3}I(R\cos\theta + X\sin\theta)$

$$I = \frac{V_s - V_r}{\sqrt{3}(R\cos\theta + X\sin\theta)} = \frac{6600 - 6300}{\sqrt{3}(3\times0.8 + 2\times0.6)} = \frac{300}{\sqrt{3}\times3.6}$$

수전전력 $P_r = \sqrt{3}\,V_r I\cos\theta = \sqrt{3}\times6300\times\frac{300}{\sqrt{3}\times3.6}\times0.8\times10^{-3} = 420[\text{kW}]$

15.3 전력 손실

배전 선로 중에서 생기는 전력 손실을 분해하면 오옴손과 누설손이 있으며, 이 밖에 배전 변압기의 철손(iron loss)과 동손(copper loss)이 있다.

누설손은 애자 중의 유전손(dielectric loss) 및 애자 표면의 누설 전류에 의한 손실이 있지만, 이 손실은 오옴손에 비해서 지극히 적은 것이므로 보통은 생략해도 무방하다.

15.3.1 오옴손

(1) 말단 집중 부하의 경우

전용선 또는 급전선과 같이 그 말단에 단일 집중 부하가 있어서, 선전류를 I[A]라 할 때의 1선당의 오옴선 p_c[W]는 1선당의 저항을 R[Ω]이라 하면

$$p_c = RI^2[\text{W}] \tag{15-22}$$

이고, 또 T[시간](예를 들면 1일=24시간, 1년=8,760시간) 중의 전력량 손실 w_c[Wh]는 오움손만을 생각할 때는 다음과 같이 된다.

$$w_c = \int_0^T RI^2 dt[\text{Wh}] \tag{15-23}$$

지금 T시간 중의 전류 I의 최대치를 I_m으로 놓아서 I^2의 T시간 중의 평균치와의 비를 H라 하면

$$H = \frac{1}{I_m^2 T} \int_0^T I^2 dt \tag{15-24}$$

와 같이 되므로, 식 (15-23)은

$$w_c = HRI_m^2 T[\text{Wh}] \tag{15-25}$$

로 된다. 그런데 T시간 중의 I의 최대치 I_m은 실용적으로 30분 또는 1시간의 평균치로서의 최대를 취한다.

식 (15-24)의 H를 손실계수(loss fator)라 부르고, w_c는 최대 전류 I_m이 HT시간이 흐른 경우의 손실 전력량과 같다. 따라서 $HT = T_c$[시간]을 등가 시간이라 한다. 이상에서와 같이 H 또는 등가 시간이 알려지면 식 (15-26)에서 손실 전력량을 구할 수 있다.

또, T시간 중의 전류 I의 평균치와 최대치 I_m과의 비를 F(부하률)라 하면,

$$F = \frac{1}{I_m T} \int_0^T I dt \tag{15-26}$$

지금, 전류 I를 단위법으로 나타내어서 (I/I_m)이라 하면, F는 전류 (I/I_m)의 평균치이고, H는 그 제곱 $(I/I_m)^2$의 평균치이므로, F, H, F^2의 관계는

$$1 \geq F \geq H \geq F^2 \geq 0 \tag{15-27}$$

로 되고, 여기서 $1 \geq \alpha \geq 0$라 하면

$$H = \alpha F + (1-\alpha)F^2 \tag{15-28}$$

이다. 즉, 어떤 F에 대해서 H는 $\alpha = 0$일 때 최소치 F^2, $\alpha = 1$에서 최대치 F로 된다. 위 식에 나타낸 α는 0.1~0.4의 사이인데 0.2 내외일 때가 많다.

이와 같이 해서, 부하률 F만 알면 근사적으로 손실 계수 H를 구할 수 있다는 것을 알 수 있다. 그리고, 손실 계수를 근사적으로 구하는 실험식으로는 다음과 같은 Wolf씨의 식도 있다.

$$H = 0.083F + 1.066F^2 - 0.12F^3 \tag{15-29}$$

(2) 분산 부하의 경우

분산 부하의 배전 간선 또는 지선(분기선)에 있어서의 오옴손[W] p는 그 송전단 전류를 I[A], 임의의 점에서의 전선류를 i[A], 송전단에서 그 점까지의 전선 저항을 r[Ω], 그의 전저항을 R[Ω]이라면(그림 15-11 참조),

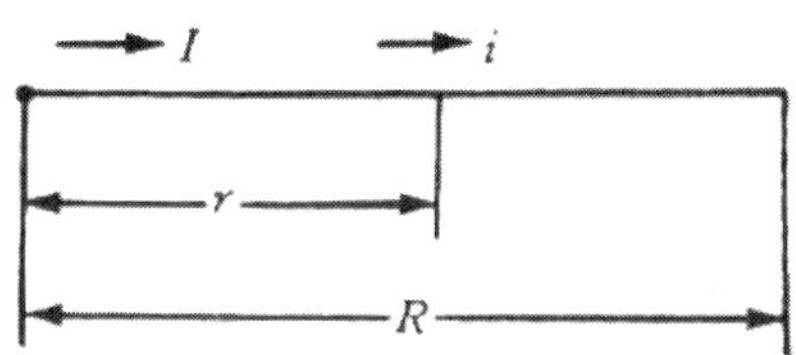

그림 15-11

$$p = \int_0^R i^2 dr \text{ [W/선조]} \tag{15-30}$$

$$h = \frac{1}{I^2 R} \int_0^R i^2 dr \tag{15-31}$$

이다. 즉, 송전단 전류를 1로 하는 단위법으로 나타낸 선전류의 제곱 $(i/I)^2$의 전선 저항에 관한 평균치를 h라 하면 p는 다음과 같이 된다.

$$p = hRI^2 \text{[W]} \tag{15-32}$$

그러므로, h는 같은 선로에서 같은 송전단 전류인 경우의 분산 부하에 의한 손실 p와 식 (15-22)의 말단 단일 집중 부하에 의한 손실 p_c와의 비를 나타낸다. 또, p는 송전단 전류 I(선로 중의 최대 전류)가 $hR = R_e$의 저항을 흐르는 경우, 즉 송전단에서의 저항이 hR인 점에 전류 I를 취하는 단일 집중 부하가 있을 때의 손실 전력과 같다.

이와 같이 h는 손실 계수 H에 대응하는 것으로써, H가 부하의 시간적 변동 상황의 여하에 따라 전력 손실의 비율을 나타내는데 대하여 h는 부하의 분산 상태 여하에 따라 전력 손실의 비율을 나타낸다. 그래서, 손실 계수 H에 대응해서 h를 **분산 손실 계수**(dispersal loss factor)라 하기도 한다. 또, 등가 시간

$HT=T_e$에 대응하는 $hR=R_c$를 전력 손실 등가 저항이라 하고, 다시 같은 전선으로 된 선로에 대하여 그 실제의 길이 L에 대해서 $hL=L_e$를 전력 손실 등가 저항이라 하고, 다시 같은 전선으로 된 선로에 대하여 그 실제의 길이 L에 대해서 $hL=L_e$를 전력 손실 등가 길이라 부를 때도 있다.

다음에 전력량 손실 w는

$$w=\int_0^T\int_0^R i^2 dr\,dt=R\int_0^T hI^2 dt\,[\mathrm{Wh}] \tag{15-33}$$

로 되고, h가 T시간 중 불변인 경우는 다음과 같이 된다.

$$w=HhRI_m^2 T\,[\mathrm{Wh}] \tag{15-34}$$

h가 시간적으로 일정하지 않는 경우에도 그 변화가 심하지 않을 때는 최대 부하시의 h의 값을 취하여 식 (15-34)를 적용해도 그 오차는 실용상 큰 지장이 없을 때가 많다.

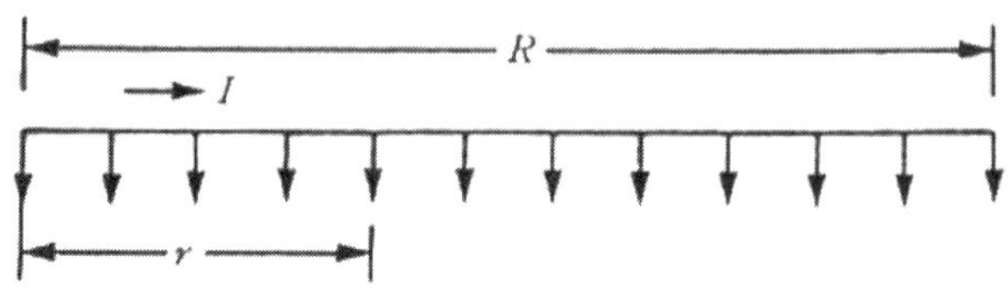

그림 15-12

지금, 가장 간단한 경우로서 전선의 굵기가 균일하고, 또, 부하가 송전단에서 말단까지 균일하게 분포되어 있는, 이른바 평균 분산 부하의 경우에 대한 계산 예를 나타내어 보면, 그림 15-12에 있어서 전선 길이의 저항을 $R[\Omega]$, 임의의 점까지의 저항을 $r[\Omega]$, 그 점까지의 선전류를 $I_r[\mathrm{A}]$, 송전단 전류를 $I[\mathrm{A}]$라 하면

$$I_r=I\left(\frac{R-r}{R}\right)$$

로 된다. 따라서, 이 전선의 전력 손실은 각 점에서의 전력 손실을 전길이에 걸쳐서 적분한 것이므로 다음과 같다.

$$p = \int_0^R \left\{ \frac{I}{R}(R-r) \right\}^2 dr = \left| I^2 r - \frac{I^2 r^2}{R} + \frac{I^2 r^3}{3R^2} \right|_0^R = \frac{I^2 R}{3}$$

즉, 이 평균 분산 부하에 대한 손실은 송전단에서 전장의 1/3의 곳에 전부하가 집중한 경우라 생각해도 좋다. 따라서, 식 (15-32)에서 이 경우의 $h = 1/3$ 이다.

예 제 3300[V] 배전 선로의 전압을 6600[V]로 승압하고 같은 손실률로 송전하는 경우 송전 진력은 몇 배인지 구하시오.

해설 $P \propto \left(\frac{6600}{3300} \right)^2 = 2^2 = 4$배

예 제 전선에 흐르는 전류가 1/2배로 되면 전력 손실은 얼마인가?

해설 $P \propto \left(\frac{1}{2} \right)^2 = \frac{1}{4}$ 배

연 습 문 제

1. 단상 3선식에 대한 설명 중 옳지 않은 것은?

① 불평형 부하시 중성선 단선 사고가 나면 전압 상승이 일어난다.

② 불평형 부하시 중성선에 전류가 흐르므로 중성선에 퓨우즈를 삽입한다.

③ 선간 전압 및 선로 전류가 같을 때 1선당 공급 전력은 단상 2선식의 133[%] 이다.

④ 전력 손실이 동일할 경우 전선 총 중량은 단상 2선식의 37.5[%]이다.

해설 단상 3선식에서 중성선 단선시 전압의 불평형이 생겨 경부하측의 전위 상승이 되므로 중성선에는 절대 퓨우즈를 삽입 하지 말아야 한다. 【답】 ②

2. 교류 단상 3선식 배전방식은 교류 단상 2선식에 비해 어떠한가?

① 전압 강하가 작고, 효율이 높다.

② 전압 강하가 크고, 효율이 높다.

③ 전압 강하가 작고, 효율이 낮다.

④ 전압 강하가 크고, 효율이 낮다.

해설 단상 3선식과 단상 2선식의 비교

㉠ 전압 강하, 전력 손실이 평형 부하의 경우 1/4로 감소한다.

㉡ 소요 전선량이 적어도 된다.

㉢ 100[V] 부하 외에 200[V] 부하의 사용이 가능하다.

㉣ 상시의 부하에 불평형이 있으면 부하 전압은 불평형으로 된다.

㉤ 중성선 단선시 불평형 부하일 경우 부하 전압에 심한 불평형이 발생한다.

㉥ 중성점과 전압선(외선)이 단락하면 단락하지 않은 쪽의 부하 전압이 이상 상승한다.

【답】 ①

3. 단상 3 선식 110/220[V]에 대한 설명으로 옳은 것은?

① 전압 불평형이 우려되므로 밸런서를 설치한다.

② 중성선과 외선 사이에만 부하를 사용하여야 한다.

③ 중성선에는 반드시 퓨즈를 끼워야 한다.

④ 2종의 전압을 얻을 수 있고 전선량이 절약되는 이점이 있다.

해설 단상 3선식의 장점은 다음과 같다.

㉠ 2종의 전원을 얻는다.

㉡ 전압 강하가 적다. $\left(e=\frac{1}{V}=\frac{1}{2}\text{배}\right)$

㉢ 전력 손실이 적어 효율이 좋다. $\left(P_1=\frac{1}{V^2}=\frac{1}{4}\text{배}\right)$

㉣ 공급 전력이 크다. $(P=V^2=4\text{배})$

㉤ 전선의 단면적이 적다. $\left(A=\frac{1}{V^2}=\frac{1}{4}\text{배}\right)$

㉥ 1 선당 공급 전력이 크다.(1.33배)

㉦ 전선의 소요 중량이 적다.(37.5[%]) **【답】** ④

4. 단상 3선식 배전 방식에서 밸런서(balancer)를 설치하는 이유는?

① 2종류의 전압을 얻기 위해 ② 전압의 불평형을 방지

③ 역률을 개선하기 위해 ④ 전압 강하를 감소시키기 위해

해설 단상 3선식에서 각 선의 부하가 불평형으로 되면 부하 전압도 불평형으로 되므로 이것을 방지하기 위하여 부하 단자 또는 선로의 끝단에 밸런서(balancer)를 접속한다.

【답】 ②

5. 분산 부하 배전 선로에서 선로의 전력 손실은?

① 전압 강하에 비례 ② 전압 강하에 반비례

③ 전압 강하의 제곱에 비례 ④ 전압 강하의 제곱에 반비례

해설 전압 강하는 전류에 비례하고 전력 손실은 전류의 제곱에 비례한다. **【답】** ③

6. 직류 2선식 배선에서 전선 한 가닥의 저항이 r인 전선의 전류가 I라 할 때 전압 강하는 얼마인가?

① rI ② $2rI$ ③ $4rI$ ④ $\frac{1}{2}rI$

해설 $e=2rI$[V] **【답】** ②

7. 단상식 배선에서 옥내 배선의 길이 l[m], 부하전류 I[A]일 때 배선의 전압 강하를 V[V]로 하기 위한 전선의 굵기는 다음 중 어느 요소에 비례 하는가?

① $I\sqrt{\frac{V}{I}}$ ② $\sqrt{\frac{IV}{I}}$

③ $\sqrt{IVI}$ ④ $\sqrt{\frac{II}{V}}$

해설 전압 강하 $v = 2IR = 2I \times \rho\frac{l}{A}$[V]

따라서 전선의 굵기 $A = \frac{2I\rho l}{v} = \frac{\pi d^2}{4}$

$\therefore\ d = \sqrt{\frac{8I\rho l}{\pi v}} = K\sqrt{\frac{Il}{v}}$ 【답】 ④

8. 부하단의 선간 전압(단상 3선식의 경우에는 중성선과 기준선 사이의 전압) 및 선로 전류가 같을 경우, 단상 2선식에 단상 3선식의 1선당의 공급 전력의 비는?

① 100:115 ② 100:133

③ 100:75 ④ 100:87

해설 $\frac{\text{단상 3선식}}{\text{단상 2선식}} = \frac{2VI\cos\theta/3}{VI\cos\theta/2} = \frac{4}{3} = 1.33$ 【답】 ②

9. 배전 전압을 $\sqrt{3}$배 하면 같은 전력 손실률로 보낼 수 있는 전력은 몇 배가 되는가?(단, 배전 방식은 3상 3선식이다.)

① $\sqrt{3}$ ② 4 ③ 3 ④ $\frac{1}{4}$

해설 $P \propto V^2$의 관계에서

$\therefore P \propto (\sqrt{3})^2 \propto$ 배 【답】 ③

10. 가정용 전압 배전 전압을 100[V]에서 200[V]로 승압하면 어떤 잇점이 있는가?

① 공사가 간단하다. ② 역률이 좋다.

③ 전력 손실이 적다. ④ 정전이 없다.

해설 전선의 단면적은 전압의 제곱에 반비례 하므로 전압을 2배로 하면 저항 손실은 $\frac{1}{4}$로 되어 송전 전압을 높일수록 전력 손실은 적게 된다. 【답】 ③

부하와 배전 계획

제 16 장

16.1 수용과 부하

전기의 사용은 모든 방면에 있어서 여러 가지의 수용 설비가 있는데 실제의 사용에 있어서는 각 부하의 사용 상태의 변화이며, 각 부하의 사용 상태에는 변화가 있으므로 설비 용량과 같은 배전 용량을 준비할 필요는 없다.

예를 들면 전등 부하는 야간에, 동력 부하는 주간에 주로 사용되며 또 난방용, 냉방용 등은 계절에 따라 수용 상태가 다르다.

또 수용 설비가 언제나 전부 운전될 수 없는 것이어서 그 일부는 예비 또는 휴지 등의 상태에 있어서 같은 수용도 그 사용 시간이 일치하지는 않는다.

또한 수용 설비가 전부하로 사용되는 것은 드물다. 이 수용과 부하와의 관계를 표시하는 것이 수용률, 부등률, 부하율 등이다.

16.1.1 부하 곡선

부하의 시간적 변동 상황을 나타내는 곡선을 **부하 곡선**(load curve)이라 한다. 부하 곡선은 부하의 종류에 따라 모양이 다르며 부하의 특성을 나타내는 기본적인 요소다.

부하 곡선은 기준으로 잡는 기간에 따라 여러 가지를 생각할 수 있으나 1일간의 부하 전력의 변화를 나타내는 일부하 곡선(daily load curve)을 보통 부하 곡선이라 한다. 그림 16-1은 부하 곡선의 예이다.

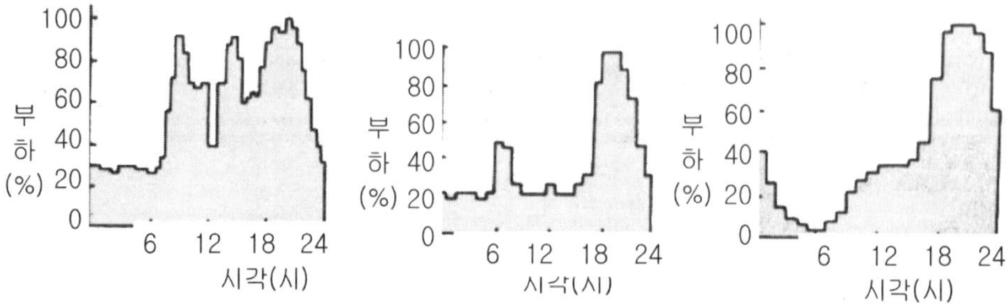

그림 16-1 전등 변압기 부하 곡선의 보기

16.1.2 최대 수용 전력

어떤 기간 내, 즉 1일, 1개월 또는 1년간의 수용 전력의 최대치를 각각 그 기간 내의 **최대 수용 전력**(Maximum demand)이라 한다.

이것은 전선의 굵기나 변압기의 용량 등을 결정하는 자료로 많이 쓰이는데 순간적인 큰 전력이 아니고 보통 15분 내지 1시간 사이의 평균값 중 가장 큰 것을 말한다.

16.1.3 부하율

어떤 기간 중에 있어서 평균 수용 전력과 최대 수용 전력과의 비를 **부하율**(load factor)이라고 하고 보통 [%]로 나타낸다.

$$\text{부하율} = \frac{\text{평균 전력}}{\text{최대 수용 전력}} \times 100[\%] \tag{16-1}$$

부하율은 잡는 기간에 따라 일 부하율(daily load factor), 월 부하율(monthly load factor), 년 부하율(yearly or annual load factor) 등으로 생각할 수 있다.

부하율은 수용의 종별, 계절, 그 밖의 여러 가지 조건에 따라 다르다.

16.1.4 수용률

수용가의 최대 수용 전력과 설비 전력과의 비를 **수용률**(demand factor)이라 하고 보통 [%]로 나타낸다.

$$\text{수용률} = \frac{\text{최대 수용 전력}}{\text{설비 전력}} \times 100[\%] \qquad (16\text{-}2)$$

수용률은 전력 소비 기기가 동시에 사용되는 정도로 나타내는 것이다. 보통은 설치된 기기를 동시에 전부하로는 사용하지 않으므로 수용률은 100[%]보다 적지만 과부하로 사용할 때는 100[%] 이상으로 될 때가 있다.

수용력은 수용의 종별, 요금제 그밖의 조건에 따라 다르다. 표 16-1은 전등 수용가의 수용률의 예를 나타낸 것이다.

표 16-1 전등 수용가의 수용률

종 별		표본의 크기	표본 평균 (%)	평균치 신뢰 구간(%) (신속 계수 95%)	표본 표준 편차(%)
정액전등		191	90.0	–	18.2
종량전등	주 택	283	49.7	47.2~52.2	21.5
	상점일반	124	67.9	64.4~71.4	19.9
	상점특수	113	57.4	53.2~61.6	22.4
	공 장	114	54.4	50.1~58.7	22.7
	사 무 소	100	45.5	41.1~49.9	22.2
전 등		125	52.9	48.5~57.3	25.0

16.1.5 부등률

한 계통 안의 여러 단위 부하 또는 배전용 변압기에 접속되는 여러 수용가의 부하는 저마다의 특성에 따라 변동하므로 최대 수용 전력을 나타내는 시각은 서로 다른 것이 보통이다. 이 다른 정도를 **부등률**(diversity factor)이라 한다.

부등률은 각 부하의 최대 수용 전력의 총합과 그 계통의 합성 최대 수용 전력과의 비를 말하며, 보통 단위법으로 나타낸다.

$$\text{부등률} = \frac{\text{개개의 최대 수용 전력의 합}}{\text{합성 최대 수용 전력}} \qquad (16\text{-}3)$$

부등률은 보통 1보다 큰 값을 갖는데 정확하게는 계통의 규모, 부하의 성질, 계절 등에 따라 다르며, 부등률이 클수록 설비는 이용도가 높아져서 유리하다.

부등률은 수용가 상호간, 배전용 변압기 상호간, 급전선(feeder) 상호간 또는 배전용 변전소 상호간에서 생각할 수 있으며, 또 전수용가와 배전용 변전소 사이에서도 생각할 수 있다.

16.1.6 수용률과 부등률과의 관계

지금 최대 수용 전력을 P_m, 접속 부하를 P_s, 수용률을 F_{de}, 부등률을 F_{di}로 나타내면,

식 (16-2)에서 $P_m = P_s \cdot F_{de}$(수용률) (16-4)

식 (16-3)에서 $F_{di} = \dfrac{\Sigma P_m}{P_{mt}}$ (16-5)

여기서, P_{mt}는 합성 최대 수용 전력이다.

식 (16-4)에서 각 수용가의 수용률이 거의 같다면 $\Sigma P_m = F_{de} \cdot P_s$로 된다. 이 ΣP_m을 식 (16-5)에 대입하면

$$F_{di} = \frac{F_{de} \cdot \Sigma P_s}{P_{mt}}$$

$$\therefore\ P_{mt} = \frac{F_{de}}{F_{di}} \Sigma P_s \tag{16-6}$$

이다. 수용률 및 부등률을 알면 전 설비 전력에 위 식을 이용하여 수용가의 일군에 대한 합성 최대 수용 전력을 알 수 있다. 따라서 수용에 응하는데 필요한 전원 용량은 손실을 적당히 계산함으로써 식 (16-6)에서 결정되는 것이다.

예제 전등 설비 250[W], 전열 설비 800[W], 전동기 설비 200[W], 기타 150[W]인 수용가가 있다. 이 수용가의 최대 수용 전력이 910[W]일 때 수용률을 구하시오.

해설 $\text{수용률} = \dfrac{\text{최대수용전력}}{\text{설비전력}} \times 100[\%]$

$$= \frac{910}{250+800+200+150} \times 100 = \frac{910}{1400} \times 100 = 65[\%]$$

예 제 어떤 수용가의 1년간의 소비 전력량은 100만[kWh]이고 1년 중 최대 전력은 130[kW]일 때 부하율을 구하시오.

해설 $부하율 = \dfrac{평균\ 전력}{최대\ 수용\ 전력} \times 100[\%]$

$= \dfrac{1,000,000\,[kWh]}{365 \times 24 \times 130\,[kWh]} \times 100 = 87.8[\%]$

예 제 수용률 80[%], 부하율 60[%]일 때 설비 용량이 320[kW]인 최대 수용 전력을 구하시오.

해설 $수용률 = \dfrac{최대수용전력}{설비\ 전력} \times 100[\%]$

$최대수용\ 전력 = 수용률 \times 설비\ 전력 = 0.8 \times 320 = 256[kW]$

예 제 어떤 설비 A가 130[kW], B가 250[kW], 수용률이 각각 0.5와 0.8일 때 합성 최대 전력이 235[kW]이면 부등률은 얼마인가?

해설 $부능률 = \dfrac{개개의\ 최대\ 진력의\ 합}{합성\ 최대\ 수용\ 전력} = \dfrac{0.5 \times 130 + 0.8 \times 250}{235} = 1.13$

16.2 배전 계획

16.2.1 부하 밀도의 조사

부하 밀도(load density)는 보통 단위 면적에 대한 최대 수용 전력(단위 : kW/km^2)으로 나타내며 저압선은 전주 1본당의 최대 부하 전류로 나타낸다.

부하 밀도는 배전 시설의 계획에 기초가 되는 것이다. 공급 구역의 부하 분포는 그 지형도에 적당한 간격으로 종횡선을 그어서 바둑판의 눈금 모양으로 블럭(block)으로 나누고 각 블럭에 부하를 적어 넣어서 부하 밀도도로 나타내는 것이 편리하다. 기설 구역의 부하 분포의 조사 방법으로는 배전선의 전압·전류의 분포, 배전용 변압기의 분포 및 수용가 설비 등에서 조사한다.

16.2.2 부하 증가의 상정

배전 계획에 있어서는 현재의 상태만이 아니라 장래의 부하 증가의 상정이 중요하다. 종래의 전력 수용은 여러 가지 변천을 거쳐서 배전선에 있어서는 매년 평균 수[%]의 수용 증가를 보여 주고 있으나, 이것은 여러 가지 사회적 변동에 따른 영향을 받으므로 장래의 예상은 상당히 곤란하다.

장래의 부하 증가를 상정하는 방법으로는 지역 내의 수용의 내용을 분석하고 수용별의 부하 증가의 추세를 과거의 실적과 여러 가지 정세를 검토해서 수용별의 증가 예상을 종합하고 전지역의 종합 부하를 상정한다.

16.2.3 배전 계획의 개요

배전 계획은 이상과 같은 기초 자료를 정리해서 경제적 고찰을 주로 하고 다음에 설명할 배전선의 운용 보호 등을 고려하여 결정한다.

배전선은 보통 널리 분포하고 있어서 전혀 새로운 지역에 배전 계획을 세울 기회는 드물고 변경 · 개선 · 증설이 주로 되는 경우가 많다.

(1) 배전용 변전소의 계획

각 블럭의 부하 밀도의 자료로서 변전소의 배전 구역 · 용량 · 위치 등을 선정한다. 위치에 대하여는 앞에서 설명한 여러 가지 조건 이외에 철도 · 하천 · 대도로 등에 의한 제한을 받는 경우가 있고, 그 밖의 주위의 상황도 고려할 필요가 있다.

(2) 배전 방식 및 배전 전압의 선정

변전소 및 간선의 계획에는 배전 방식의 선정이 중요하다. 배전 방식은 위에서 설명한 바와 같이 여러 가지 요소를 고려하여 결정된다. 종래에는 3상 3선식의 수지식 뿐이었으나, 앞으로는 환상식도 채용할 기회가 있게 될 것이다. 배전 전압은 가장 경제적이 되도록 검토해서 선택해야 되는데, 위에서 설명한 바와 같이 점차 높아지는 경향이 있다.

(3) 급전선 수

급전선 수는 panel류 · 개폐기류 등의 결정에 관계하며 변전소 설계의 기본적 요소가 된다. 앞에서 설명한 경제적 관계 이외에 배전선의 사고시의 파급 구역이 너무 커지지 않도록 고려해야 한다.

급전선 수가 많으면 변전소 인출구가 복잡해지고 여러 가지 애로가 생기므로 케이블로 끌어내는 것이 안전하다. 또 전주의 평가 회로수는 여유가 있는 것이 좋다.

(4) 전선 굵기의 선정

앞에서 설명한 가장 경제적인 전류 밀도의 견지에서 생각하고 이에 대하여 전압 강하・기계적 강도・허용 전류 등에 대하여 지장의 유무를 검토한다. 가장 경제적인 전선의 굵기는 전압 강하를 너무 크지 않게 하기 위하여 다소 불경제라도 굵은 전선을 쓰지 않으면 안 된다. 또 기계적 강도의 견지에서 쓸 수 있는 전선의 굵기에는 최소의 한도가 있고 전기설비기술기준에도 각각의 경우에 대하여 제한이 정해져 있다. 그러나 허용 전류의 견지에서 생각할 때 가공 배전선에서는 손실계수가 매우 작은 예외적인 경우 이외에는 가장 경제적인 경우가 전선의 허용 전류치 보다 크게 되는 일은 거의 없다.

고압선에는 직경 4[mm] 이상의 것이 쓰인다. 허용 전류는 나선에서는 주로 기계적 강도 저하의 견지에서 제한되고 절연 전선에서는 절연물의 열화의 견지에서 제한된다.

앞에서 설명한 가장 경제적인 전류 밀도는 보통 1~2[A/mm^2]인데 허용 전류는 이에 비하면 일반적으로 상당히 크다. 도시의 배전선은 부하 밀도가 높고 선로의 길이가 짧기 때문에 전압 강하에 의하여 제한되는 일은 비교적 적고 경제적인 굵기의 전선을 쓸 수 있다. 그러나 반대로 농촌의 배전선은 부하는 적지만 길이가 보통 길어서 전압 강하에 의하여 굵기의 제한을 받는 경우가 많다. 또 배전선의 말단이나 분기선에서는 주로 기계적 강도에 의하여 정해지는 것이 보통이다.

(5) 배전용 변압기의 배치

도시의 배전선과 같이 부하가 어느 정도 고르게 분포된 경우에는 대체로 앞에서 설명한 경제적 배치의 견지에서 적절히 계획할 수 있다. 그러나 부하 밀도가 적은 농촌 지방에서 변압기를 증설하기 위하여 고압선의 연장이 필요한 경우와 동력 부하와 같이 소수의 부하가 불규칙적으로 분산하고 있는 경우에는 변압기의 간격을 크게 문제삼지 말고 현실에 따라서 계획해야 한다.

(6) 배전용 변압기의 2차측 상호간의 연락

배전용 변전소의 2차측은 원칙적으로 상호간을 연락하고 특히 중요한 부하는 다른 변전소에서도 송전이 가능하도록 하는 것이 보통이다.

연 습 문 제

1. 설비용량이 2.2[kW]인 어떤 수용가에서 최대 사용 전력이 0.8[kW]일 때 수용률은 몇 [%]인가?

① 16 ② 26 ③ 36 ④ 46

해설 $\text{수용률} = \dfrac{\text{최대 수용 전력}}{\text{수용 설비 용량}} \times 100[\%]$ 식에서

$\text{수용률} = \dfrac{0.8}{2.2} \times 100 = 36[\%]$ 【답】 ③

2. 어느 건물의 총 설비 용량이 400[kW], 수용률이 0.5라면 이 건물의 변압기 설비 용량[kVA]은?(단, 부하 역률은 0.8이다.)

① 150 ② 200 ③ 250 ④ 300

해설 최대 수용 전력＝수용 설비 용량×수용률

$= 400 \times 0.5 = 200[\text{kW}]$

$\text{수전 설비 용량} = \dfrac{\text{최대 수용 전력}}{\text{평균 부하 역률}} = \dfrac{200}{0.8} = 250[\text{kVA}]$ 【답】 ③

3. 어떤 공장이 수용 설비 용량이 1000[kW], 수용률이 80[%], 부하 역률이 80[%]이다. 수전 설비용량은 몇 [kVA]인가?

① 600 ② 890 ③ 1000 ④ 1200

해설 최대 수용 전력＝수용 설비 용량×수용률

$= 1000 \times 0.8 = 800[\text{kW}]$

$\text{수전 설비 용량} = \dfrac{\text{최대 수용 전력}}{\text{평균 부하 역률}} = \dfrac{800}{0.8} = 1000[\text{kVA}]$ 【답】 ③

4. 최대 수용 전력이 40[kW]의 수용가에서 1일의 소비 전력이 800[kWh]라면 1일 부하율은 약 몇 [%]인가?

① 62.3 ② 83.3 ③ 87.6 ④ 93.6

해설 $\text{부하율} = \dfrac{\text{평균 수용 전력}[\text{kW}]}{\text{합성 최대 수용 전력}[\text{kW}]} \times 100$

$$= \frac{800}{40 \times 24} = 83.3[\%]$$

【답】 ②

5. 전력 계통에서 "부하율이 크다" 라는 것은 무엇을 뜻하는가?

① 평균 수용 전력이 크다.

② 변압기 용량이 크다.

③ 수용 설비를 유효하게 사용한다.

④ 공급 설비를 유효하게 사용한다.

해설 부하율(load factor)은 공급 설비가 어느 정도 유효하게 사용되었는가를 나타내는 것으로 부하율이 클수록 그에 대한 공급 설비는 유효하게 쓰이고 있음을 나타낸다.

【답】 ④

6. 전등 설비 250[W], 전열 설비 800[W], 전동기 설비 200[W], 기타 150[W]인 수용가가 있다. 이 수용가의 최대 수용 전력이 910[W]이면 수용률은?

① 65[%] ② 70[%] ③ 75[%] ④ 80[%]

해설 $수용률 = \frac{최대\ 전력}{설비\ 용량} \times 100$

$$= \frac{910}{250 + 800 + 200 + 150} \times 100 = 65[\%]$$

【답】 ①

7. 부하율이란?

① $\frac{피상\ 전력}{부하\ 설비\ 용량} \times 100[\%]$ ② $\frac{부하\ 설비\ 용량}{피상\ 전력} \times 100[\%]$

③ $\frac{최대\ 수용\ 전력}{평균\ 수용\ 전력} \times 100[\%]$ ④ $\frac{평균\ 수용\ 전력}{최대\ 수용\ 전력} \times 100[\%]$

【답】 ④

8. 총 설비용량이 80[kW], 수용률이 75[%], 부하율이 80[%]인 수용가의 평균 전력은 몇 [kW]인가?

① 36 ② 42 ③ 48 ④ 54

해설 최대 전력 = 설비 용량×수용률 = 80×0.75 = 60[kW]

평균 전력 = 최대 전력×부하율 = 60×0.8 = 48[kW]

【답】 ③

9. 배전 계통에서 부등률이란?

① $\dfrac{\text{최대 수용 전력}}{\text{설비 용량}}$

② $\dfrac{\text{부하의 평균 전력의 합}}{\text{부하 설비의 최대 전력}}$

③ $\dfrac{\text{각 부하율 최대 수용 전력의 합}}{\text{각 부하율종합했을 때의 최대 수용 전력}}$

④ $\dfrac{\text{최대 부하시의 설비 용량}}{\text{정격 용량}}$

해설 부등률이란 전력 소비 기기를 동시에 사용하는 정도를 나타내는 것이다.

【답】 ③

10. 낮에만 최고 1000[kW]의 전력을 공급받는 A지구와 밤에만 최고 4000[kW]의 전력을 공급받는 B지구 사이의 부등률은?(단, 각 지구의 부하 역률은 모두 같다.)

① 1.0 ② 1.25 ③ 1.5 ④ 4

해설 $\text{부등률} = \dfrac{\text{최대 전력의 합}}{\text{합성 최대 전력}} = \dfrac{1000 + 4000}{4000} = 1.25$ 【답】 ②

배전계통의 운용

제17장

17.1 전압 조정의 필요성

양질의 전력을 공급하기 위해서는 수용 지점의 전압 변동을 될 수 있는데로 작게 할 필요가 있다. 일반적으로 변전소와 수용가 사이에는 고압 배전선 · 주상 · 변압기 · 저압 배전선 및 인입선 등이 있으므로 그 각부에는 전압 강하가 생긴다. 전압 강하는 부하에 따라 변화할 뿐만 아니라, 변전소의 모선 전압 자체도 변화한다. 그런데 부하의 전기기기는 일반적으로 정격 전압으로서 사용할 때 가장 고도의 성능을 발휘하며, 단자 전압이 떨어질수록 나쁜 영향을 받는다. 따라서 수용가의 전압 변동은 작아야 한다. 물론 전선 사제를 굵게 하면 전압 강하를 상당히 작게 할 수 있으나, 경제적 견지에서 제한을 받게 된다.

표 17-1 전압 변동의 한계

표준 전압	유지해야 할 전압
100[V]	101[V]의 상하로 4[V] 이내
200[V]	202[V]의 상하로 8[V] 이내
220[V]	222[V]의 상하로 9[V] 이내
380[V]	385[V]의 상하로 15[V] 이내

전압 변동의 한도는 수용가의 인입구를 공급점으로 하여, 이점의 전압 변동의 한도를 ±4[%]로 규정하고 있는데, 표 17-1과 같다.

따라서 배전 선로를 설계하는데 있어서는 전압 변동을 이 범위내로 유지하는 것은 물론이고, 부하의 급격한 변화로 인하여 전등에 플리커가 생겨서는 안 된다.

그런데 일반적으로 배전 선로의 각 부하점의 전압은 다르며, 또 하루 동안에도 아침·낮·저녁에 따라 부하의 변동이 심하므로 그대로는 공급점의 전압이 항상 변동하여 위에서 말한 전압을 유지할 수 없다. 부하의 변동에도 불구하고 공급 전압을 소정의 변동 한도 내로 유지하기 위해서는 변전소 또는 배전 선로에서 전압을 조정할 필요가 있다.

17.2 전압 조정 방법

수용가의 전압 변동을 좁은 범위로 줄이기 위해서는 다음과 같은 방법으로 전압을 조정하여야 한다.

① 배전선의 송전단 전압을 중부하시에는 높게, 경부하시에는 낮게 조정한다.
② 배전 선로 내의 전압 강하를 어떤 한도 이하로 억제한다.
③ 배전 변압기의 사용 탭을 적정하게 선정한다.
④ 필요에 따라 자동 승압기·개폐기가 붙은 콘덴서 등의 전압 조정기기를 사용한다.

17.2.1 변전소에서의 전압 조정

배전 선로의 부하는 중부하와 경부하로 크게 변하므로 변전소에 전압 조정기를 마련하여 배전선의 송출 전압을 조정할 필요가 있다.

일반적으로 변전소에서의 배전선의 전압 조정 방법을 분류하면 ① 모선 전압 조정 ② 급전선 전압 조정 ③ ①과 ②의 병용 등 3종류가 있다.

같은 모선에 접속된 각 배전 선로의 배전 거리 및 부하 상태가 비슷할 경우에는 모선에 일괄해서 전압 조정 장치를 설치하는 모선 전압 조정이 가장 경제적이나, 특히 배전 거리 또는 부하 상태가 다른 배전 선로에서는 급전선에 전압 조정기를 설치하여 각 급전점마다의 전압 조정을 행할 필요가 있다.

변전소의 전압 조정 방법은 일반적으로 모선 전압 조정 방식이 보급되어 있으나, 근래의 변전소의 대부분은 부하시 탭 바꿈 변압기를 채용하고 있다.

전압 조정 장치 중 유도압 조종기의 조작 방식으로서 수동 조작식·전동기 조작식 및 자동 조작식이 있다. 자동 조작식의 것은 선로 전압 강하 보상기를 갖추고 있어서 배전 선로 내의 어떤 점의 전압을 일정하게 유지하고 중부하시·경부하시에 각각 바람직한 전압치가 되도록 자동적으로 조정된다.

17.2.2 배전 변압기의 탭 조정

고압선 각부의 전압에 응해서 배전 변압기의 탭을 적정하게 이용하는 것은 저압선의 전압을 조정하기 위해서 유효하다. 보통 쓰여지고 있는 배전 변압기에 마련되어 있는 1차 권선의 탭 전압은 3[kV]급에서 3150[V]를 정격으로 하여 3450, 3300, 3150, 3000, 2850[V]의 5탭으로 되어 있고, 6[kV]급은 이것의 배수치로 되어 있다.

주상 변압기의 탭 선정에 다음의 조건을 고려할 필요가 있다.

① 중부하시에 탭 변경점 직전의 저압선 말단 수용가의 전압을 사용 전압 변동의 하한보다 저하시키지 않을 것.
② 중부하시에 탭 변경점 직후의 변압기 직하 수용가의 전압을 허용 전압 변동의 상하보다 초과시키지 않을 것.
③ 경부하시에 변전소의 송출 전압을 저하시켰을 경우, 최초의 탭 변경점 직전의 저압선 말단 수용가의 전압을 허용 전압 변동의 하한보다 저하시키지 않을 것.
④ 경부하시에 탭 변경점 직후의 변압기 직하 수용가의 전압을 허용 전압 변동의 상한보다 초과시키지 않을 것.

17.2.3 선로 전압 조정기

선로 전압을 조정하는데는 물론 앞의 17.2.1절과 17.2.2절에 의해서 행하여 지지만, 다음과 같은 것들도 사용되고 있다.

(1) 승압기

배전선의 길이가 길고, 전압 강하가 심한 경우, 선로의 도중에 승압기를 설치하여 전압 강하를 보상한다. 이것은 자동적으로 전압을 조정할 수 없으므로 경부하시에는 오히려 전압이 너무 높아지는 일이 있으므로 주의를 요한다.

(가) 단상 승압기 : 보통의 주상 변압기를 이용하여 그림 17-1과 같이 접속하여 2차측의 전압을 선로에 직렬로 가하게 하는 것이다.

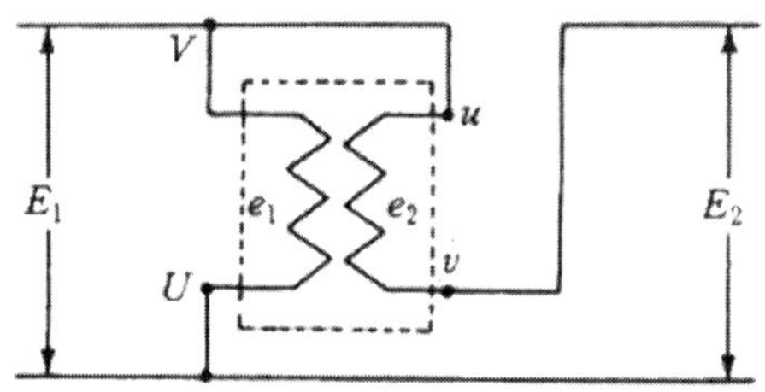

그림 17-1 단상 승압기

그림 17-1에서 E_1을 승압전의 전압[V], E_2을 승압후의 전압[V], e_1을 승압기의 1차 정격 전압[V], e_2을 승압기의 2차 정격 전압[V], i_2을 승압기의 2차 정격 전류[A], n을 e_1/e_2(승압기의 권수비), W을 부하의 용량[kVA], w을 승압기의 용량[kVA]이라 하면

$$E_2 = E_1 + \frac{e_2}{e_1} E_1 = E_1 (1 + \frac{1}{n}) [\mathrm{V}] \tag{17-1}$$

$$W = \frac{E_2 i_2}{1,000} = \frac{E_2}{1,000} \times \frac{1,000 w}{e_2} = w \frac{E_2}{e_2} \tag{17-2}$$

$$\therefore w = \frac{W e_2}{E_2} [\mathrm{kVA}] \tag{17-3}$$

즉, E_1을 E_2로 승압하여 W의 부하에 응하기 위해서는 변압비가 $1/n$, 용량이 W인 승압기를 필요로 한다.

(나) 3상 V결선 승압기 : 그림 17-2 (a)는 단상 변압기 2대를 V결선으로 접속하여 3상의 승압을 하는 경우의 회로이다.

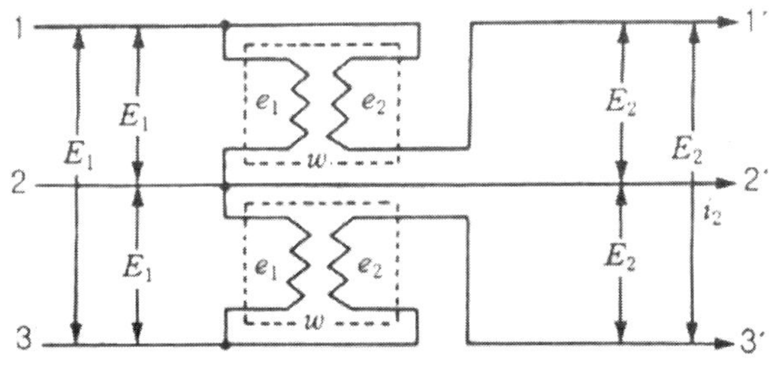

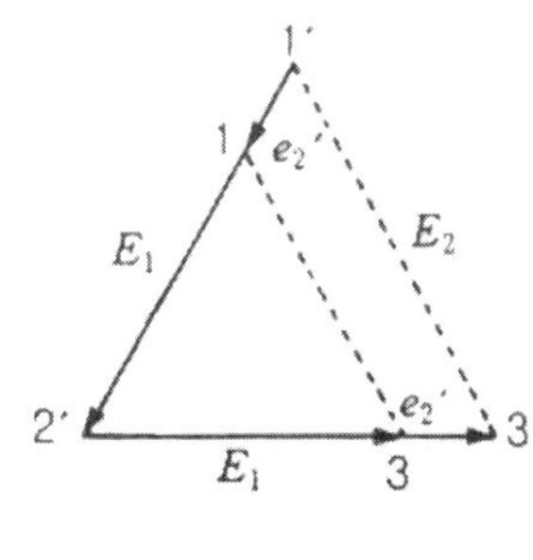

그림 17-2 3상 V결선 승압기

$$E_2 = E_1\left(1 + \frac{1}{n}\right) \tag{17-4}$$

$$W = \frac{\sqrt{3}E_2 i_2}{1,000} = \sqrt{3}\, w\frac{E_2}{e_2} \tag{17-5}$$

$$\therefore\ w = \frac{We_2}{\sqrt{3}E_2} \tag{17-6}$$

단, w는 승압기 1대의 용량[kVA]이다. 따라서 E_1을 E_2로 승압하여 W의 부하에 응하기 위해서는 변압비가 $1/n$, 용량이 w인 단상 승압기 2대를 필요로 한다.

그림 (b)는 이 경우의 벡터 그림인데 다음 식이 성립한다.

$$e_2' = E_1\frac{1}{n} \tag{17-7}$$

(다) 3상 △결선 승압기 : 그림 17-3 (a)는 단상 변압기 3대를 △결선으로 접속하여 3상의 승압을 할 경우의 결선도이며, 그림 (b)는 벡터 그림인데 다음 식이 성립한다.

$$e_2' = E_1\frac{e_2}{e_1} = \frac{E_1}{n} \tag{17-8}$$

$$E_2 = \sqrt{\left(E_1 + e_2' + \frac{1}{2}e_2'\right)^2 + \left(\sqrt{3}/2 \cdot e_2'\right)^2}$$

$$\fallingdotseq E_1 + 1.5e_2' = E_1\left(1 + 1.5\frac{e_2}{e_1}\right) = E_1\left(1 + \frac{1.5}{n}\right) \tag{17-9}$$

$$W = \sqrt{3}E_2 i_2 \times 10^{-3} = \sqrt{3}\,w\frac{E_2}{e_2} \tag{17-10}$$

$$\therefore\ w = \frac{We_2}{\sqrt{3}E_2} \tag{17-11}$$

즉, E_1을 E_2로 승압하여 W의 부하에 응하기 위해서는 변압비가 $1/n$, 용량이 w인 단상 변압기 3대를 필요로 한다.

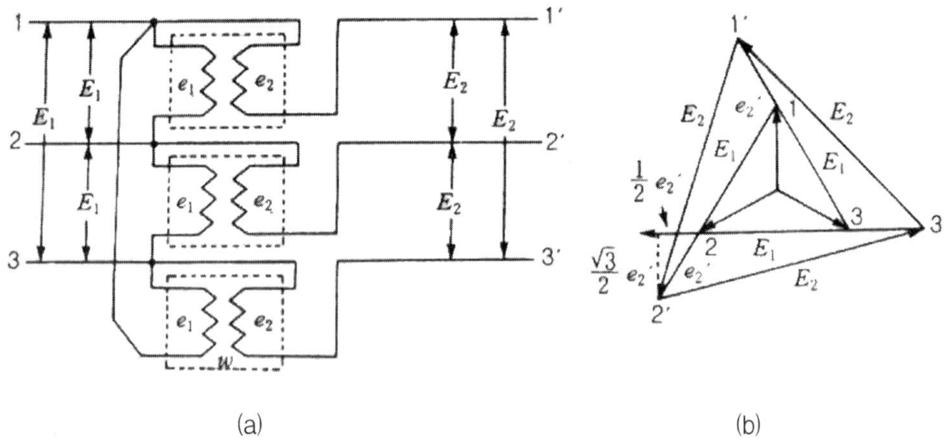

그림 17-3 3상 △결선 승압기

(2) 단권 변압기

단권 변압기는 그림 17-4와 같이 한 개의 권선을 1차와 2차에 다 공용하고, a, b사이에는 1차 및 2차 전류의 차가 흐른다.

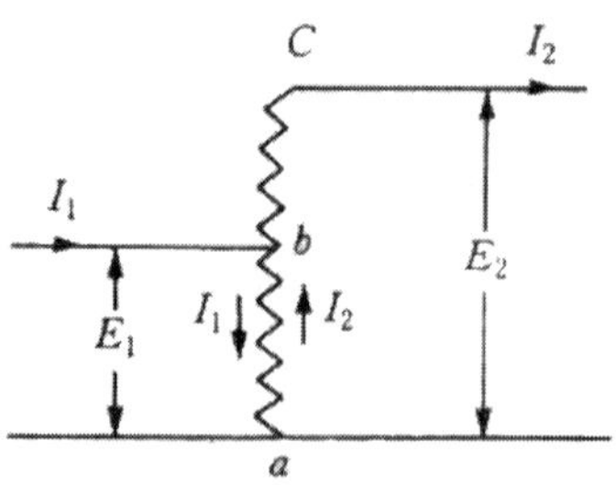

그림 17-4 단권 변압기

변압비는 a, c간의 권선수와 a, b간의 권선수의 비로 되므로 이것을 승압기를 사용할 때에는 b, c사이의 권선수만의 전압이 가감된다. 승압기로서의 출력은 $E_2I_2 \times 10^{-3}$[kVA]이고, 그 용량은 b, c부분의 용량이며 다음과 같이 된다.

$$용량 = I_2(E_2 - E_1) \times 10^{-3}[\text{kVA}] \qquad (17\text{-}12)$$

(3) 유도 전압 조정기

유도 전압 조정기(inducation regulator)는 변전소의 주변압기의 2차측에 설치하여 모선 전압을 일괄 조정하는 모선 전압 조정기와 각 배전선마다 설치하여 급전선 별로 전압을 조정하는 급전선 전압 조정기가 있다.(그림 17-5 (a), (b))

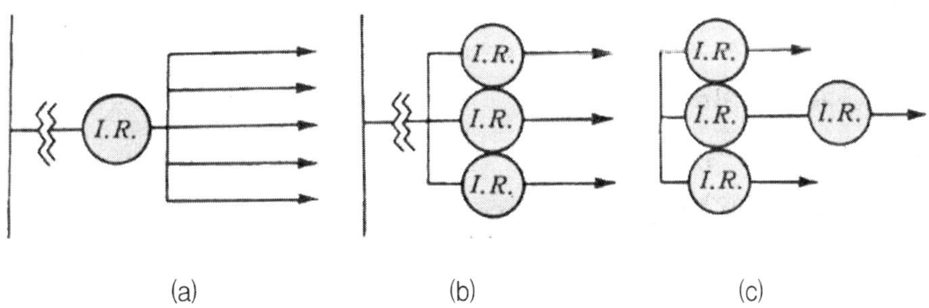

그림 17-5 유도 전압 조정기의 사용 방법

전자는 각 배전선의 길이와 부하 상태가 비슷할 경우 등에 큰 용량의 조정기를 사용하여 모선 전압의 변동을 조정하는 것이며, 후자는 각 배전선에 따라 전압 변동 상태가 커서 일괄 조정으로는 불충분한 경우에 각 선로의 인출구에 작은 용량의 조정기를 설치하여 개별 조정하는 것이다. 또한 선로의 길이가 부하의 크기에 비하여 특히 길 때에는 그림 (c)와 같이 선로의 도중에도 조정기를 설치하여 전압을 2단으로 조절할 때도 있다.

(4) 자동 승압기

보통의 승압기는 경부하시에 전압이 많이 올라갈 수 있으므로 자동적으로 탭을 절환해서 전압을 조정하도록 한 자동 승압기가 최근에 사용되는 일이 있다. 전압계전기로써는 유도형이 많고 승압기의 입력측에 설치되어 출력 전압의 변화에 따라서 조작 회로를 제어하도록 되어 있다.

(5) 전력용 콘덴서

전력용 콘덴서는 서로의 역률 개선용으로 사용되는데, 동시에 전압 조정의 목적에도 이용된다. 사용 방법에는 직렬식과 병렬식이 있다.

선로의 리액턴스를 X_L, 직렬 콘덴서의 용량 리액턴스를 X_c라 하면, 이들을 직렬로 한 실효 리액턴스 X는

$$X = X_L - X_c$$

로 된다. 이 식에 있어서 $X>0$일 때 부족 보상, $X=0$일 때 완전 보상, $X<0$일 때 과보상이라 한다. 송전선에서는 부족 보상으로 하는 경우가 많으나, 배전선에 있어서는 선로의 저항분이 커서 전압 조정의 목적으로 과보상으로 하는 경우가 많다. 직렬 콘덴서는 그 작용이 직접적 자동적으로 이루어지며, 특히 리액턴스가 크고 역률이 나쁜 선로일수록 효가가 있는 것이다. 직렬 콘덴서의 설치에 있어서는 단락 고장시의 과전압에 대한 보호 및 이상 현상 등에 대한 방지 대책을 강구하여야 하는 큰 문제점이 있다.

최근에는 자동 개폐 장치가 붙은 병렬 콘덴서의 사용이 증가하고 있다.

자동 개폐 장치의 조작 방식으로는 time relay식, 전압 relay식, 전류 relay식 등이 있다.

예 제 단상 승압기 1대를 사용하여 승압할 경우 승압전의 전압을 E_1이라 하면 승압후의 전압 E_2는 어떻게 되는가?(단, 승압기의 변압비는 $\frac{e_1}{e_2}$)

해설 $E_2 = e_1 + e_2 = E_1 + \frac{E_1}{n} = E_1\left(1+\frac{n}{1}\right) = E_1\left(1+\frac{e_2}{e_1}\right)$

예 제 정격 전압 1차 6600[V], 2차 210[V]의 단상 변압기 두 대를 승압기로 V결선하여 6300[V]의 3상 전원에 접속할 때 승압된 전압을 구하시오.

해설 $E_2 = E_1\left(1+\frac{1}{n}\right) = 6300\left(1+\frac{210}{6600}\right) = 6500[\text{V}]$

17.3 전력 손실의 경감

배전 선로에 발생하는 전력 손실에는 주상 변압기나 전압 조정기 등의 기기에서의 전력 손실, 선로에서 오옴손에 의한 전력 손실 등이 주가 되는데 오옴손은 선전류의 제곱에 비례하고 또 저항에 비례하므로 전류 밀도를 감소시키는 것이 전력 손실 경감의 근본 대책으로 된다.

배전선의 전력 손실을 경감시키는 방법으로 다음과 같은 방법들이 채용되고 있다.

17.3.1 기기의 효율 상승

방대한 수의 변압기에서의 전력 손실을 경감시키기 위해 권철심 변압기를 표준화해서 무부하손을 적게하며, 전일 효율을 높이도록 설계 제작한다.

17.3.2 전류밀도의 감소와 평형

오옴손을 줄이고 부하가 증가하여 손실이 과대하게 되는 경우는 전선을 대체시키거나 회선을 증가하여 전류 밀도를 줄이고 평형을 유지시킨다.

17.3.3 승 압

이상적인 경우 전력 손실과 전압 강하률은 전압의 제곱에 반비례하여 감소하므로 승압은 손실 경감책으로나 전압 변동의 경감책으로도 극히 효과적인 것이다.

현재 우리 나라에서는 고압선에서 3.3[kV]를 6.6[kV]로, 또는 3.3[kV] 변압기가 그대로 사용되는 5.7[kV]로 승압하고 있고, 이것도 부족하여 6.6[kV] 변압기가 사용되는 11.4[kVY], 또 대부분의 경우 22.9[kVY]로 승압하고 있는 것은 이것 때문이다.

한편 저압선에서도 단상 3선식(2배 승압과 같다)이 추진되고, 또 전등용은 100[V]에서 220[V], 동력용은 200[V]에서 380[V]로 승압하고 있다.

승압의 효과에 대하여 배전 선로를 3.3[kV] 배전 선로를 6.6[kV]로 승압하면 전력 손실률 및 전압 강하률은 다같이 1/4로 감소한다. 또 22.9[kV]로 승압하면 1/48이 된다.(표 17-2 참조)

그러나 실제로 전력 손실 경감책보다도 오히려 긴급한 과대 전압 강하의 감소, 배전 용량의 증가를 주목적으로 계획하는 일도 많다.

표 17-2

전 압	3.3[kV]	11.4[kV]	22.9[kV]
전 압 강 하	1	$1/2\sqrt{3}$	$1/4\sqrt{3}$
전 력 손 실	1	1/12	1/48

17.4 역률 개선

17.4.1 역률 개선의 효과

송전 전압이 같고 또 같은 전력을 송전하는 경우, 다른 조건을 변경하지 않고 역률을 개선하면 다음과 같은 효과가 있다.

① 선로·변압기 등의 저항손은 역률의 제곱에 반비례하여 감소한다.

② 변압기·개폐기 등의 소요 용량은 역률에 반비례하여 감소한다.

③ 선로의 송전 용량이 그 허용 전류에 의하여 제한되는 경우는 선로의 송전 용량도 증가한다.

④ 전압 강하는 $1+X/R\cdot\tan\theta$에 비례하여 감소한다.

등인데, 배전 계통의 역률 개선은 손실 경감의 한 요소로 된다. 배전선의 역률 개선은 주로 전력용 콘덴서를 부하와 병렬로 접속시켜서 한다. 이 방법에는 고압 콘덴서를 고압측에 접속하는 경우와 저압 콘덴서를 저압측에 접속하는 경우가 있다.

17.4.2 부하의 역률

부하의 역률은 그 종류 및 용량에 따라 다르며, 전등·전열기는 거의 100[%]이지만 유도 전동기·용접기 등은 역률이 나쁘며 부하 상태에 따라서도 일정하지 않다.

배전선의 역률을 저하시키는 원인으로서는 유도 전동기 부하의 영향이 크다.(유도 전동기는 역률이 낮은 경부하 상태로 운전되는 시간이 길 때가 많다.) 또 소형 전동기를 사용하는 가정용 전기기기 · 방전등 같은 것도 역률을 저하시키게 되고 또한 주상 변압기의 여자 전류의 영향도 크다. 특히 경부하시에는 보통 선로 전압이 상승하여 여자 전류가 증가하기 때문에 더욱 역률을 저하시킨다.

17.4.3 역률 개선용 콘덴서의 용량 계산

(1) 정전용량 μF와 kVar 용량과의 관계

(가) 단상의 경우 : 콘덴서의 정격 전압을 V[V], 충전 전류를 I_0[A], 정격 주파수를 f[Hz], 정전용량은 C_1[μF], 콘덴서의 단상용량을 Q_1[kVar]라 하면

$$Q_1 = I_0 V \times 10^{-3} = 2\pi f C_1 V^2 \times 10^{-9} [\text{kVar}] \qquad (17\text{-}13)$$

$$\therefore C_1 = \frac{Q_1}{2\pi f V^2} [\mu\text{F}] \qquad (17\text{-}14)$$

(나) 3상의 경우 : 3상의 [kVar]용량을 Q_3, △결선의 전용량을 C_3[μF], Y결선의 전용량을 C_{3Y}[μF]라 하면, $Q_3 = 3Q_1$ 이므로

$$C_{3\Delta} = 3C_2 = 3\frac{Q_1}{2\pi f V^2} \times 10^9 = 3\frac{Q_3/3}{2\pi f V^2} \times 10^9 = \frac{Q_3}{2\pi f V^2} \times 10^9 \qquad (17\text{-}15)$$

또 Y△의 관계에서 $C_{3Y} = 3C_{3\Delta}$ 이다. 즉 Y결선으로 하면, △결선의 3배의 용량을 필요로 하므로 3상 콘덴서는 △결선으로 한다.

(2) 일정 역률 · 일정 전력 부하의 역률을 개선하는 경우

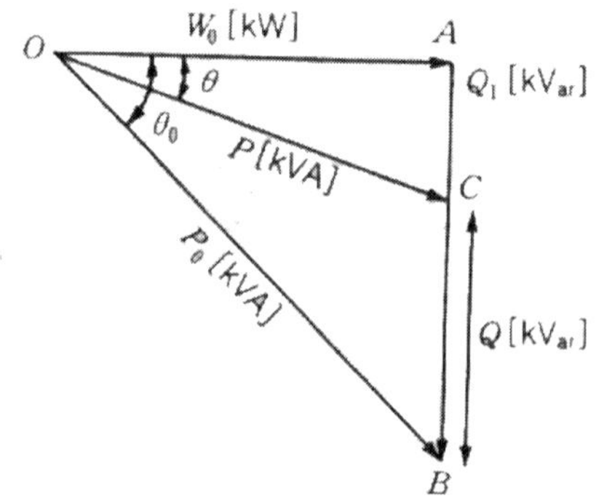

그림 17-6 일정 전력의 역률 개선

그림 17-6에서 역률 $\cos\Theta_0$, 피상 전력 P_0[kVA], 유효 전력 $OA = W_0 = P_0\cos\Theta_0$[kW]의 부하를, 유효 전력 W_0를 일정하다고 하고, 역률을 $\cos\Theta$로 개선하기 위해서는 무효 전력 $AB = Q_0 = W_0\tan\Theta_0$[kVar]를 $AC = Q_1 = W_0\tan\Theta$[kVar]로 감소시키면 된다. 따라서 전력용 콘덴서의 소요[kVA] 용량(앞선 무효 전력) Q는 다음과 같이 된다.

$$Q = Q_0 - Q_1 = W_0(\tan\Theta_0 - \tan\Theta)$$

$$= W_0\left(\frac{\sqrt{1-\cos^2\Theta_0}}{\cos\Theta_0} - \frac{\sqrt{1-\cos^2\Theta}}{\cos\Theta}\right)[\text{kVA}] \qquad (17\text{-}16)$$

$$\therefore \frac{Q}{W_0} = \tan\Theta_0 - \tan\Theta_1 = \sqrt{\frac{1}{\cos^2\Theta_0} - 1} - \sqrt{\frac{1}{\cos^2\Theta} - 1} \qquad (17\text{-}17)$$

(3) 일정 용량의 공급 설비에 대한 공급 전력을 증가시키는 경우

앞서 설명한 바와 같이 콘덴서를 부하와 병렬로 접속시키고 W_0를 일정하다 하여, 역률을 $\cos\Theta_0$에서 $\cos\Theta$로 개선하면 피상 전력 P_0가 P와 같이 작게되어 공급 설비에 여유가 생기게 되므로 같은 설비로 더 많은 부하에서 전력을 공급할 수 있게 된다.

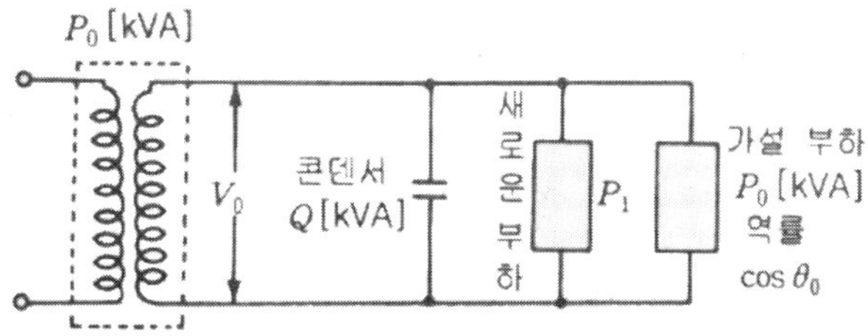

그림 17-7 역률 개선에 의한 출력 증가법

그림 17-7과 같이 정격 용량 P_0[kVA]의 부하에 공급하고 있을 때 이대로는 이 변압기에서 이 이상의 부하에는 공급할 수 없다. 지금 기설 부하와 같은 역률의 피상 전력 P_1[kVA]와 전력용 콘덴서 Q[kVA]를 병렬로 접속시킨 경우 P_0, P_1, Q의 합성치가 P_0와 같은 크기로 되게 하였다고 하면, 이들의 전력의 벡터 관계는 그림 17-8과 같이 된다. 즉 Q[kVA]의 전력용 콘덴서를 접속하면 변압기의 합성 역률은 $\cos\Theta$로 개선되고 이 변압기에서는 새로운 부하 P_1[kVA](역률 $\cos\Theta_0$)의 전력을 더 공급할 수 있게 된다.

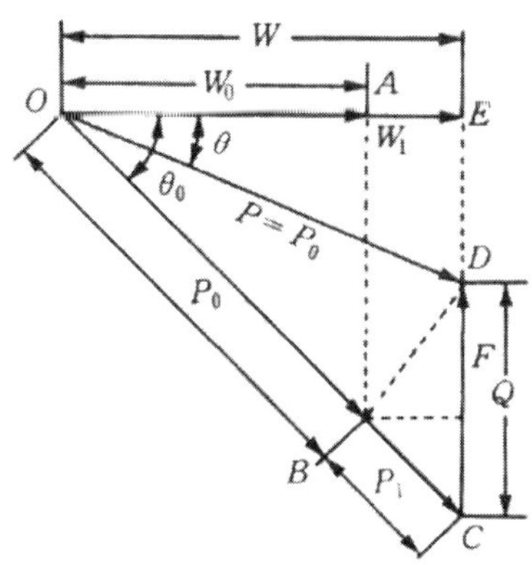

그림 17-8 [KVA] 용량이 일정한 역률 개선

따라서 역률 $\cos\Theta_0$의 새로운 부하 P_1[kVA]에 대응하는 전력용 콘덴서의 용량 Q[kVA]는 그림 17-18로부터

$$Q = CE - DE = W(\tan\theta_0 - \tan\theta)$$

$$= P_0\cos\theta(\tan\theta_0 - \tan\theta)$$

$$= P_0\left(\cos\theta\sqrt{\frac{1}{\cos^2\theta_0} - 1} - \sqrt{\frac{1-\cos^2\theta}{\cos\theta}}\right)[\mathrm{kVA}] \quad (17\text{-}18)$$

$$\therefore \frac{Q}{P_0} = \cos\theta\sqrt{\frac{1}{\cos^2\theta_0} - 1} - \sqrt{1-\cos^2\theta} \quad (17\text{-}19)$$

또 $W_0 = P_0\cos\theta_0$ 이므로

$$\frac{Q}{W_0} = \frac{\cos\theta}{\cos\theta_0}\sqrt{\frac{1}{\cos^2\theta_0} - 1} - 1\frac{\sqrt{1-\cos^2\theta}}{\cos\theta_0} \quad (17\text{-}20)$$

이 경우에 증가할 수 있는 부하 P_1[kVA](역률 $\cos\theta_0$) 및 증가 전력 W_1[kW]는 다음과 같이 된다.

$$P_1 = BC = OC - OB = \frac{W}{\cos\theta_0} - P_0 = P_0\left(\frac{\cos\theta}{\cos\theta_0} - 1\right)[\mathrm{kVA}] \quad (17\text{-}21)$$

$$W_1 = P_1\cos\theta_0 = W - W_0 = P_0(\cos\theta - \cos\theta_0)[\mathrm{kW}] \quad (17\text{-}22)$$

📖 참고

부하 P[kW], 역률 $\cos\theta_1$에서 $\cos\theta_2$로 개선하기 위한 콘덴서 용량[kVA]은?

콘덴서 용량 $Q_c = P(\tan\theta_1 - \tan\theta_2)$

$$= P\left(\frac{\sin\theta_1}{\cos\theta_1} - \frac{\sin\theta_2}{\cos\theta_2}\right)$$

$$= P\left(\frac{\sqrt{1-\cos^2\theta_1}}{\cos\theta_1} - \frac{\sqrt{1-\cos^2\theta_2}}{\cos\theta_2}\right)$$

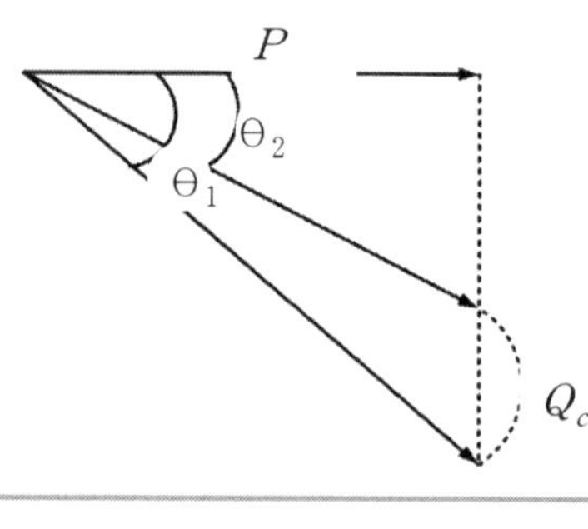

예 제 피상전력 P[kVA], 역률 $\cos\theta$인 부하를 역률 100[%]로 개선하기 위한 전력용 콘덴서 용량을 구하시오.

해설 콘덴서 용량 = 무효전력크기(∵ 역률 100[%])

$$Q_c = P\sin\theta = P\sqrt{1-\cos^2\theta}$$

예 제 3000[kW], 역률 80[%](뒤짐－지상)의 부하에 전력을 공급하고 있는 변전소에 콘덴서를 설치하여 변전소의 역률을 90[%]로 향상시키는데 필요한 콘덴서 용량을 구하시오.

해설 콘덴서 용량 $Q_c = P(\tan\theta_1 - \tan\theta_2)$

$$= 3000\left(\frac{0.6}{0.8} - \frac{\sqrt{1-0.9^2}}{0.9}\right) = 800[\text{kVar}]$$

예 제 역률 0.8인 부하 480[kW]를 공급하는 변전소에 전력용 콘덴서 220[kVA]를 설치하면 역률은 몇 [%]로 개선되는지 구하시오.

해설 부하 역률 $\cos\theta = \dfrac{W}{\sqrt{W^2+Q^2}} \times 100$ (W:유효전력, Q:무효전력)

$$\cos\theta = \frac{480}{\sqrt{480^2+\left(\frac{480}{0.8}\times 0.6 - 220\right)^2}} \times 100 = 96[\%]$$

연 습 문 제

1. 배전 선로의 역률 개선에 따른 효과로 적합하지 않은 것은?

① 전원측 설비의 이용률 향상

② 선로 절연에 요하는 비용 절감

③ 선로의 전압 강하의 감소

④ 선로의 전력 손실 경감

해설 역률 개선의 효과

㉠ 선로의 전력 손실 감소

㉡ 전압 강하의 감소

㉢ 전원측 설비(변압기)의 이용률 향상

㉣ 전기요금 감소

㉤ 같은 변압기인 경우 유효 전력 증대 【답】 ②

2. 배전선의 역률이 저하되는 원인은?

① 전등의 과부하 ② 유도 전동기의 경부하 운전

③ 선로의 충전 전류 ④ 동기 조상기의 중부하 운전

해설 역률 저하는 코일의 회로에서 발생되며 유도전동기의 경우 경부하 운전시 유효전력에 비해 무효전력이 커지므로 역률이 저하된다. 【답】 ②

3. 불평형 부하에서 역률은?

① $\frac{\text{유효 전력}}{\text{각 상의 피상 전력의 산출 합}}$ ② $\frac{\text{유효 전력}}{\text{각 상의 피상 전력의 백터 합}}$

③ $\frac{\text{무효 전력}}{\text{각 상의 피상 전력의 산출 합}}$ ④ $\frac{\text{무효 전력}}{\text{각 상의 피상 전력의 백터 합}}$

【답】 ②

4. 부하 역률이 $\cos\theta$인 배전 선로의 저항 손실은 동일 부하 전력에서 역률 1일 때의 몇 배인가?

① $\cos\theta$　　② $\dfrac{1}{\cos\theta}$　　③ $\cos^2\theta$　　④ $\dfrac{1}{\cos^2\theta}$

해설 $P_1\dfrac{P^2R}{V^2\cos^2\theta}$ 에서 $P_1=\dfrac{1}{\cos^2\theta}$ 【답】 ④

5. 3상 배전선로의 말단에 역률 80[%](늦음) 160[kW]의 평형 3상 부하가 있다. 부하점에 부하와 병렬로 부하용 콘덴서를 접속하여 선로 손실을 최소로 하기 위해 필요한 콘덴서 용량[kVA]은?(단, 여기서 부하단 선압은 변하지 않는 것으로 한다.)

① 100　　② 120　　③ 180　　④ 200

해설 선로 손실이 최소가 되는 조건은 역률이 100[%]일 때이므로 콘덴서 용량 Q는

$$Q=W\tan\theta_1=160\times\frac{0.6}{0.8}=120[\text{kVA}]$$ 【답】 ②

6. 부하 역률이 0.6인 경우 전력용 콘덴서를 병렬로 접속하여 합성 역률을 0.9로 개선하면 전원측 선로의 전력 손실은 처음 것의 약 몇[%]로 감소되는가?

① 67　　② 44　　③ 42　　④ 56

해설 $$P_C\propto\frac{1}{\cos^2\theta}=\frac{1}{\left(\frac{0.9}{0.6}\right)^2}=0.44$$

∴ 손실 감소는 $1-0.44=0.56=56[\%]$ 감소 【답】 ④

7. 동일한 전압에서 동일한 전력을 송전할 때 역률을 0.8에서 0.9로 개선하면 전력 손실은 몇 [%]정도 감소하는가?

① 5　　② 10　　③ 20　　④ 40

해설 전력 손실은 역률의 제곱에 반비례하므로

$$\text{감소율}=\left(1-\frac{0.8^2}{0.9^2}\right)\times100\fallingdotseq20[\%]$$ 【답】 ③

8. 피상 전력 P_a[kVA], 역률 $\cos\theta$인 부하를 100[%]로 개선하기 위한 전력용 콘덴서의 용량은 몇 [kVA]인가?

① $P_a\sqrt{1-\cos^2\theta}$　　② $P_a\tan\theta$

③ $P_a\cos\theta$　　④ $P_a\dfrac{\sqrt{1-\cos^2\theta}}{\cos\theta}$

해설 역률을 100[%]로 개선하려면 무효 전력을 없애야 하므로 지상 무효 전력 만큼 진상 무효 전력(콘덴서의 소요 용량)이 필요하다. 따라서, $P_r = VI\sin\theta$식에서

무효 전력 = 피상 전력 $\times \sin\theta = P_a \times \sin\theta = P_a \times \sqrt{1-\cos^2\theta}$ [kV] 【답】 ①

9. 역률 0.6인 120[kW]의 부하가 있다. 부하와 병렬로 전력용 콘덴서를 설치하여 역률을 0.8로 개선하고자 한다. 전력용 콘덴서의 용량은 몇[KV]인가?

① 50 ② 60 ③ 70 ④ 80

해설 $Q_c = P(\tan\theta_1 - \tan\theta_2) = 120 \times (\frac{0.8}{0.6} - \frac{0.6}{0.8}) = 70$ [kVA] 【답】 ③

10. 지상 역률 80[%], 10.000[kVA]의 부하를 가진 변전소 6000[kVA]의 콘덴서를 설치하여 역률을 개선하면 변압기에 걸리는 부하는 역률 개선 전의 몇 [%]로 되는가?

① 60 ② 75 ③ 80 ④ 85

해설 전력용 콘덴서(SC) 설치전에는 전부하(100%)이고, 6000[kVA]콘덴서를 설치하면 역률이 1로 되어 10000[kW]가 되어 8000[kW]부하이므로 80[%]로 된다. 【답】 ③

배전 선로의 보호 제18장

일반적으로 고압 배전 계통은 보호 계전기에 의하여, 저압 배전 계통은 퓨우즈에 의하여 보호되고 있다. 보호 장치는 회로에 단락 또는 지락 사고가 발생한 경우, 혹은 과부하로 되었을 때 신속히 고장 구간을 제거하여, 기기 및 선로를 보호하는 것이다.

18.1 가공 배전 선로의 사고

배전 선로는 그 대부분이 가공 전선로이기 때문에 낙뢰, 바람, 비, 눈 등의 기상 조건에 의한 사고가 많이 일어난다. 최근에는 교통량의 증가와 함께 차량의 충돌 등에 의한 사고, 건조물의 고층화에 의한 다른 물체와의 접촉에 따른 사고도 해마다 증가하고 있다.

이들 사고에 의한 정전이나 전압 강하는 직접 수용가에 미치는 것으로서, 선로 사고는 도로 위에서 발생하는 경우가 많으므로 사람이나 가축에 피해를 줄 위험이 있으며, 또 이 고전압이 수용가 내에 침입하여 기기나 사람, 가축을 손상하는 수가 있으므로 충분한 보호 대책을 수립해서 사고를 미연에 방지해야 한다.

18.1.1 사고의 종류

고압 배전 선로에서 일어나는 사고는 선로 사고, 기기 사고이다. 그 과반수는 선로 사고이고, 선로 사고 중에서도 1선 지락 사고가 가장 많다. 그러나 기기 사고, 변압기 사고도 경시할 수 없는 것으로서, 최근에는 고압 수용가의 옥내 기기 사고도 적지 않다. 기기 사고는 그 기기의 파손에 의하여 단락 사고로 될 때가 많다.

(1) 선로의 사고

선로 사고의 대부분은 단선, 애자 파손, 수목 접촉, 지지물 사고에 의한 1선 지락 사고인데 변압기 사고도 1선 지락 사고로 되는 경우가 많다.

중성점 접지식 배전선은 그렇지 않지만, 비접지식 3상 배전 선로에서는 1선 지락이 생기면, 전압이 그다지 높지 않을 때는 그대로 송전을 계속 할 수 있으나, 전압이 높고 또 배전 거리가 멀어지면 아크 지락의 상태로 되어 건전선에도 고압이 발생하여 2차 사고를 일으켜 상간 단락으로 옮겨질 때가 많다.

그러나 일반적으로 1선 지락에 의해서 배전선은 사고 즉시 차단되기 때문에 실제로는 2차 지락을 유발하는 일은 드물다. 선로 사고로는 이 밖에 폭풍우, 차량 사고 등에 의한 상간 단락 또는 3상 단락 사고가 있다. 근래에는 병가 회선의 증가로 단락 전류에 의한 전선의 동요 때문에 2차 단락 사고가 많으며 이런 종류의 사고는 전원에 가깝고 회선수가 많은 곳에서 발생한다.

(2) 변압기의 사고

이 사고는 크게 나누어 변압기 자체에 기인한 것과 변압기 이외의 원인에 의한 두 가지가 있다.

변압기 사고의 방지에는 보수·점검이 필요하며, 적정하게 설계되어 있는가의 여부를 검토할 필요가 있다. 변압기 이외의 원인에 의한 사고로는 ① 과부하에 의한 것. ② 뇌해에 의한 것. ③ 저압 배전선, 인입선 등의 혼촉에 의한 것 등이 있다.

(3) 기타 기기의 사고

변압기 이외의 사고로서는 유입 개폐기, 프라이머리 컷아우트 등 개폐기류의 사고, 전력 콘덴서·피뢰기 및 수용가 옥내의 계기용 변성기·인입용 케이블·고압 전동기 등의 사고가 있다. 이들 기기의 사고에 대해서도 변압기의 경우와 같이 기기 자체의 사고와 다른 원인에 의한 사고로 나눌 수 있다. 개폐기의 사고는 이 두 가지 원인이 거의 절반씩이고, 피뢰기에 있어서는 피뢰기 자체의 속류 차단 능력의 열화에 의한 사고가 많고, 그 외는 거의가 기기 자체의 열화에 의한 것으로 되어 있다. 이들 기기의 사고는 단락 사고로 되는 것이 많다.

18.1.2 통신선 유도 장해

배전 선로의 유도 장해도 크게 나누어 전자 유도 장해, 정전 유도 장해 및 고주파 유도 장해의 세 가지로 나누어 진다. 고압 배전 선로는 시가지 또는 도로상에 건설되는 것이 주이므로 통신 선로에 가까이 접근하는 경우가 많아서, 통신선에 대한 유도 장해를 무시할 수 없다.

고압, 특고 배전 선로 정도의 진입에 있어서는 성전 유도에 의한 장해는 그렇게 문제가 되지 않지만 전자 유도는 지락 사고에 따르는 지락 전류에 의한 유도 장해로서 지락 전류가 클수록 큰 것은 물론이다. 비접지 배전 선로에서는 지락 전류는 그다지 크지 않지만 중성점 접지의 3상 4선식 고압 배전 선로에서는 상당히 큰 지락 전류가 흐르므로 중성점에 저항 또는 리액터를 삽입해서 지락 전류를 억제하는 것이 바람직하다. 현재 우리나라에서는 모두 직접 접지 방식으로 하고 있기 때문에 문제가 있다.

전자 유도 장해는 배전선의 지락 사고에만 발생하므로 사고의 조기 차단에 의하여 그 장해를 줄일 수 있지만 고주파 유도 장해는 배전 선로의 사고가 생기지 않아노 발생하는 것으로 근래에는 라디오, 텔레비젼 등 무선 설비의 보급과 네온사인, 형광등 등의 방전 현상을 이용한 조명 장치나 전기 드릴, 전기 믹서, 고주파 미싱 등의 소형 전동기 또는 전자석을 이용한 전기기기의 보급이 해마다 증가하는 경향에 있어서 배전선의 유도 장해로써 이 고주파 유도도 생각할 필요가 있게 되었다. 배전 선로에서의 고주파 유도 장해로서는 염해에 의한 애자, 기타 절연물에서의 누설 전류, 개폐기의 접촉 불량에 의한 것도 있다.

18.2 배전 선로의 보호 장치

배전 선로에 사고가 발생하면 빨리 검출하여 적정한 처치를 해야 하기 때문에 여러 가지의 보호 장치나 보안 장치가 사용되는데 각종 계전기류 외의 것으로서 다음과 같은 것이 있다.

18.2.1 고압 배전 선로의 구분 개폐기

고압 배전 선로에서는 국부적인 선로 작업을 하거나, 화재나 기타 사고가 발생했을 경우에 선로를 부분적으로 정전시키거나, 계통의 절환 등을 하기 위하여 필요한 장소에 구분 개폐기(section switch)를 설치한다. 전기설비기술기준에 의하면 시가지에서는 2[km] 이하마다 이것을 마련하여 선로를 개방할 수 있도록 하고 있는데, 보통은 수동식의 것으로서 정격 전류 75, 100, 150, 200, 300[A]의 5종류가 있다.

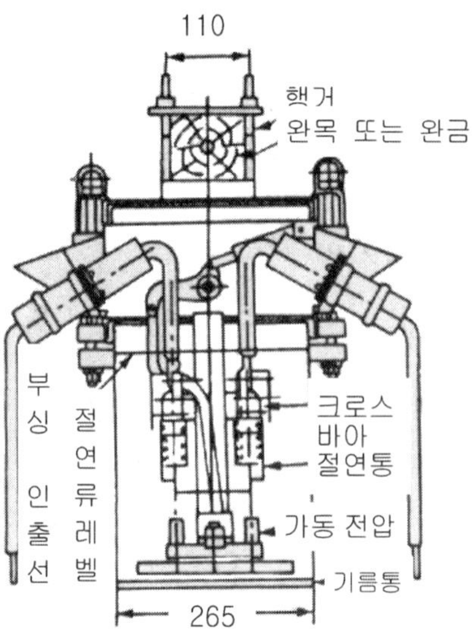

그림 18-1 유입 개폐기의 구조

개폐기는 유입 개폐기, 기중 개폐기, 진공 개폐기 등이 있는데, 자동식의 것으로, 고장구간 검출용의 것과 원방 감시제어용의 것으로 분류된다. 주상 개폐기는 그림 18-1과 같은 유입형의 것이 설비되어 왔지만, 유입형은 기름의 열화, 내부 접촉 기구의 일부 열화 등에 의하여 폭발, 인화의 위험성이 있고 정기적으로 점검할 필요가 있어서 안전성, 무보수, 무점검 등의 견지에서 최근에는 기중 개폐기나 진공 개폐기가 사용되고 있다.

18.2.2 라인 퓨즈(line fuse)

전력 퓨즈를 배전선의 요소에 설치해서 변전소의 과전류 계전기와 협조를 함으로써 사고의 정전 범위를 국한시킬 수 있다. 또 길이가 긴 말단의 단락 고장을 변전소 계전기로써 검출할 수 없을 때는 효과가 있다.

18.2.3 리클로우저 및 섹쇼너라이저(recloser & sectionalizer)

다중 접지 방식의 배전선에 사고가 생기면 그 배전선 전체가 정전이 되지 않도록 선로의 도중이나 분기선에 리클로우저, 섹쇼너라이저 또는 라인 퓨즈 등을 설치한다.

(1) 리클로우저

이것은 선로를 자동 차단하거나 재폐로 할 수 있는 장치를 내장한 것인데, 수시 고장과 영구 고장의 구별을 못하는 퓨즈와 달라서, 이 두 고장을 구별하여 수시 고장을 직접 제거하거나, 관련된 보호 장치가 제거할 수 있도록 반복된 동작을 할 수 있는 기능을 갖고 있다. 물론 고장이 제거되지 않으면 영구 고장으로 판단하고, 로크 아웃 동작을 하도록 하는데 일반적으로 ① 4회의 지연 동작 ② 1회의 순시 동작과 3회의 지연 동작 ③ 2회씩의 순시와 지연 동작 ④ 3회의 순시 동작과 1회의 지연 동작 등의 반복 동작이 되도록 정정하고 있다.

이와 같이 순시 동작과 지연 동작을 조합시키는 것은 순시 동작에 의하여 순간적인 사고를 제거함과 동시에 퓨즈의 용단을 막고 지연 동작으로써 리클로우저의 부하측에 있는 섹쇼너라이저나 라인 퓨즈를 동작시켜서 사고를 분리하기 위함이다.

(2) 섹쇼너라이저

이것은 배전 계통에서 고장 선로를 자동적으로 분리하는 기계적 장치인데 리클로우저처럼 고장 전류는 차단할 수 없지만 정격 부하 전류는 차단할 수 있다.

그러나 리클로우저는 선로의 자동 구분 장치로써 단독으로 쓸 수 있지만, 섹쇼너라이저는 리클로우저와 연동해서 동작하는 것이므로 언제나 리클로우저의 부하측에 설치된다. 그래서 이것의 부하측에 고장이 생겨서 그 전류치가 크면 내장의 계수기가 검출하여 전원측 리클로우저의 동작회수마다 트립의 위치로 1개씩 이동한다. 만일 고장이 복귀되어 있으면 정상의 위치로 되돌아가지만 고장이 계속중이면 연이어 카운트해서 일반적으로 리클로우저에 가장 가까운 것은 3회, 말단의 것은 2회로써 고장 구간을 차단하도록 하고 있다.

18.3 고압 배전선의 보호 방식

대부분 방사상이기 때문에 단락 보호는 과전류 계전 방식을 지락 보호는 비접지식에서는 방향 지락 계전 방식 또는 과전압 계전 방식을, 접지식에서는 과전류 계전 방식을 적용하는 것이 일반적이다.

18.3.1 3상 3선식 배전선의 보호 방식

(1) 과전류 계전 방식

일반적으로 그림 18-2와 같이 직류 트립식이 많은데, 이것은 단락 사고 발생에 의하여 과전류 계전기가 동작했을 때 변전소의 조작 전원인 직류(보통 110[V])를 차단기의 트립 코일에 흘려서, 차단기를 동작시키는 것으로서 확실성의 점에서는 가장 좋은 방법이다.

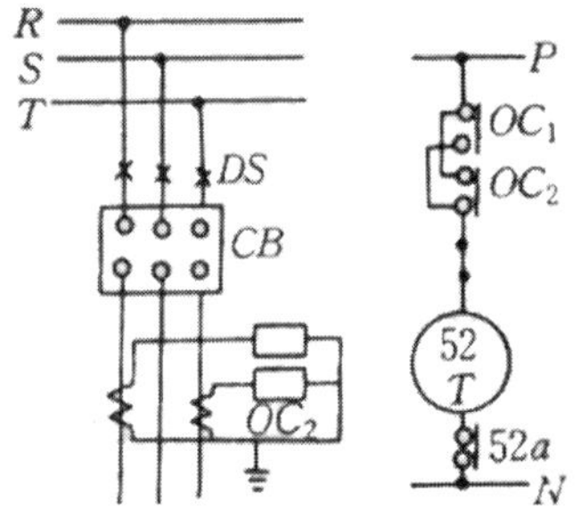

그림 18-2 직류 트립식

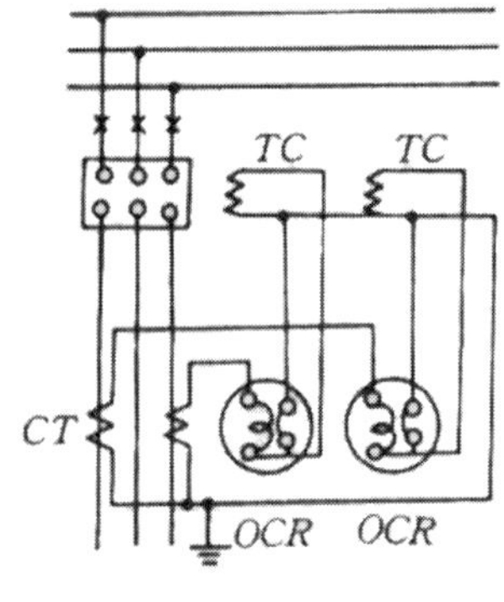

그림 18-3 교류 트립식

그러나, 직류 조작 전원이 없는 변전소에서는 그림 18-3과 같이 계전기 동작시에 변류기의 2차 전류를 트립 코일에 흐르게 해서 과전류가 흐르면 직접 차단을 하는 방법이 있다.

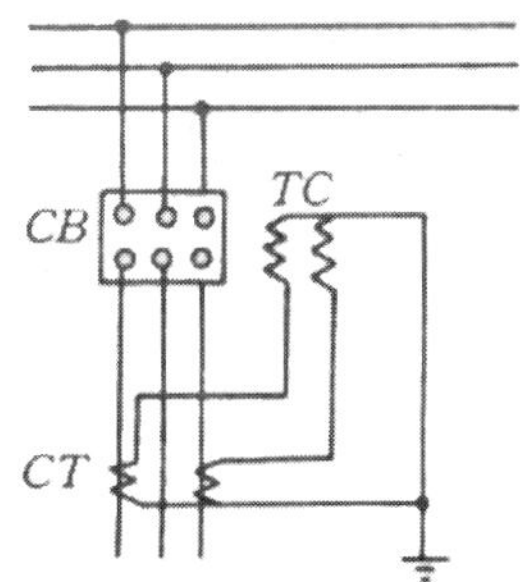

그림 18-4 CT 트립식

또 그림 18-4와 같이 정류기를 통하여 항상 콘덴서(200[μF]정도)에 충전해 두어서 단락 고장이 발생하면 계전기 동작에 의하여 콘덴서를 방전시켜 이 때의 방전 전류로써 차단기를 차단시키는 방법도 있다.

(2) 지락 보호 방식

비접지식에서는 지락 전류가 대단히 적으므로 영상 변류기(ZCT)와 조합한 고감노의 지락 방향 계전기를 쓰는 것이 일반적이지만 지락 사고시에 나타나는 영상 전압으로써 동작하는 지락 과전압 계전기도 다회선 계통에서는 후비 보호용으로, 단회선 계통에서는 주보호로 쓰이는 수도 있다.

비접지식에서는 지락 사고가 발생하면 지락점에 대지 충전 전류가 흐르는데, 각 배전선에 설치된 영상 변류기에 흐르는 영상 전류는 그림 18-5와 같이 건전선과 고장선이 서로 반대로 되기 때문에 영상 전압과 영상 전류의 위상 관계로써 고장 회선을 선택 차단 할 수 있다. 일반적으로 지락 검출 감도, 즉 지락 저항치는 6000[Ω] 정도로 하고 있다.

그러나, 보통의 영상 변류기의 잔류 2차 전류 및 수목 등의 순간 접지에 의한 선로 차단을 피하기 위해서 다시금 영상 전압에 의하여 동작하는 지락 과전압 계전기로써 시한을 취하여, 이 둘의 계전기가 동작했을 때만 차단기를 트립 시킬 수 있도록 그림 18-6과 같은 접속을 하고 있다.

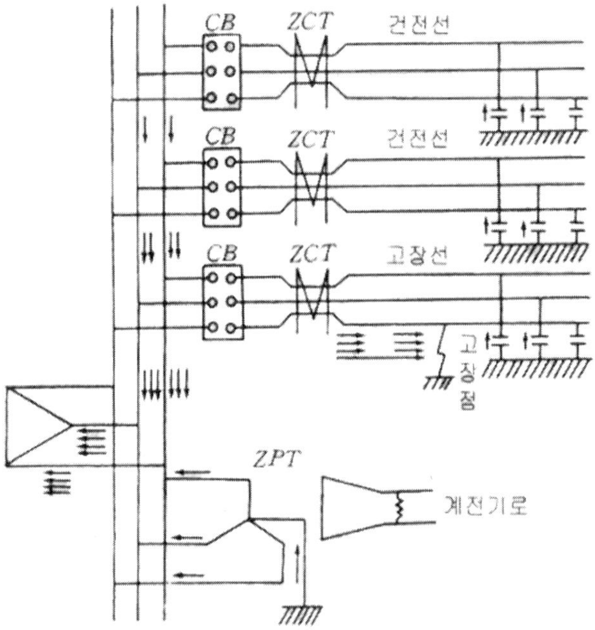

그림 18-5 지락 고장 전류의 분포

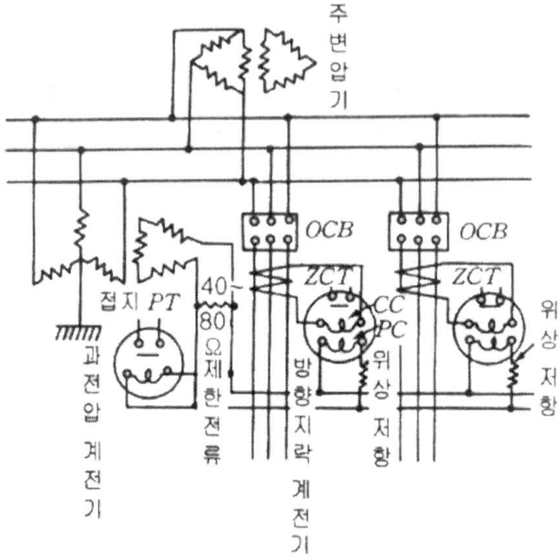

그림 18-6 선택 지락 계전 방식

일반적으로 지락 과전압 계전기의 최소 동작 전압은 최대 영상 전압의 30[%]를 표준으로 하고 있으며, 시간은 0.5초 정도로 정정하고 있다. 접지 변압기의 2차측 개방 단자에는 중성점의 불안정 현상을 억제하고, 지락 분상 전류의 유효 성분을 필요량만큼 흘리기 위하여 한류 저항을 삽입한다. 그런데 6000[Ω] 이상의 고장은 일반적으로 90[%] 이상이 0.5초 이내에 저절로 소호된다.

(3) 분기선 차단기

비접지계의 배전선의 분기선 또는 고압 인입선에 쓰여지는 것으로서, 상규 상태의 부하 전류를 개폐하는 개폐기, 과부하나 단락 고장을 제거하기 위한 라인 퓨우즈, 영상 변류기에 조합시킨 지락과 전류 계전기 등으로 구성되는데 그 한 예를 들면 그림 18-7과 같다. 개폐기는 어느 것이나 하나의 퓨즈가 용단되면 자동적으로 3극이 동시에 열린다.

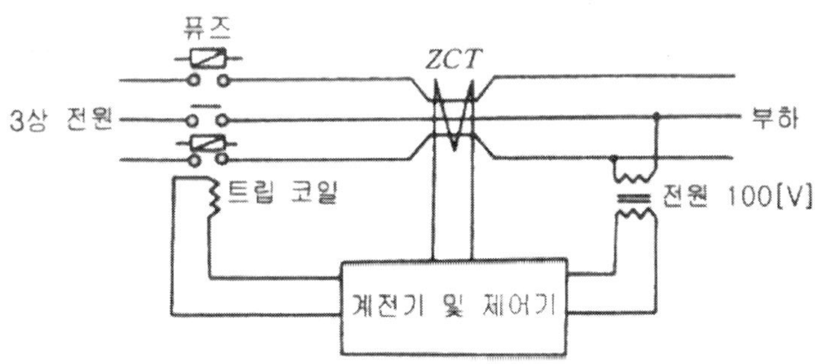

그림 18-7 분기선 차단기

18.3.2 3상 4선식 배전선의 보호 방식

다중 접지 계통은 단락 및 지락 보호에 다같이 과전류 계전 방식을 쓸 수 있지만 1선 지락 고장 전류가 계통 전압에 따라 변동이 심하기 때문에 단일 접지로 한 일부 5.7[kV] 계통은 별도의 계전 방식을 적용한다.

(1) 5.7[kV] 계통

이 계통은 현재 우리 나라에서는 일부는 단일 접지식, 일부는 다중 접지식으로 운전되고 있는데 지락 사고시 지락 저항이 비교적 커서 0.5~100[A] 범위에 있기 때문에 선로 말단 고장의 경우 지락 계전기가 동작하지 못할 때도 있으므로 계통 확장이 지양되고 있다.

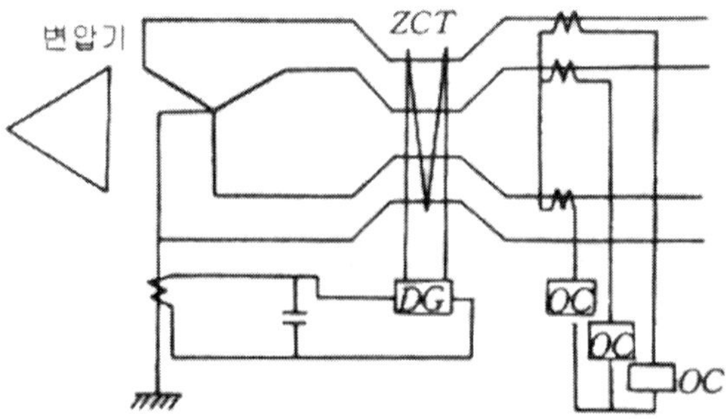

그림 18-8 단일 접지식(다회선의 경우)

단일 접지 방식에서는 단락 보호는 과전류 계전기에 의하여 지락 보호는 고저항 지락시는 방향 지락 계전기(DG)로, 지락 저항이 적은 범위의 고장은 지락과전류 계전기로 보호한다. 방향 지락 계전기의 전압 코일에는 영상 PT에서 영상 전압을 가하지 않고, 중성점 접지선의 변류기 전류를 콘덴서로써 위상 조정하여 가한다(그림 18-8 참조).

다중 접지 방식에서는 단락 보호용으로 과전류 계전기를 지락 보호용으로는 지락 과전류 계전기를 쓰는데 지락 과전류 계전기는 불평형 부하 전류에 오동작하지 않도록 부하 전류의 30[%] 정도로 하는 것이 일반적이다.

그러나 선로 길이가 긴 경우 선로 말단의 고저항 지락 사고에 동작하지 않을 때가 많으므로 이 방식을 적용하려면 부하 불평형률을 줄여서 지락 과전류 계전기의 탭 값을 낮추어 동작 감도를 높이고 지락 전류를 증가시키는 대책을 강구해야 한다.

(2) 22.9[kV](11.4[kV]) 계통

우리 나라의 대표적인 배전 방식으로서 모두 다중 접지 방식으로 되어 있기 때문에 고저압 혼촉시의 전위 상승을 억제할 수 있는 방식이다. 다중 접지계에서는 전원의 중성점 및 주상 변압기의 1차, 2차가 공통의 중성선으로 여러 곳에서 직접 접지되어 있으므로 1선 지락 사고, 고저압 혼촉 사고시에는 단락 전류에 상당하는 큰 전류가 흐른다.

그러나 고장 전류가 각 접지 개소를 분류하므로 고감도 지락 계전 방식의 적용이 어렵기 때문에 고장점 저항이 대단히 높은 단선 접지 사고가 문제로 되지만 일반적으로는 비접지식 및 단일 접지식에 비하여 지락 고장 저항이 상당히 낮게 되는 경향이 있다. 이 때문에 1선 지락 사고도 거의 과전류 사고로써 검출 차단할 수 있고 그림 18-9에 보이는 바와 같이 라인 퓨즈·리클로우저 및 변전소 차단기 상호의 협조를 기함으로써 사고 구간만을 국한하여 제거할 수가 있다. 즉 주상 변압기가 사고이면, 그 1차측 퓨즈의 용단에 의하여 변압기를 선로에서 분리하여 영구 사고로 되는 것을 미연에 막을 수 있다. 또 선로 사고의 경우, 사고의 경우, 사고가 일시적인 것이면 리클로우저의 순시 동작 후의 재투입에 의하여 송전의 계속이 가능하여진다. 그리고 사고가 영구적인 것이면 리클로우저의 순시 동작 후의 지연 동작의 반복에 의하여 고장점에 가장 가까운 라인 퓨즈와 리클로우저의 협조가 어려울 때는 리클로우저의 부하측에 리클로우저의 동작 회수를 적산해서 고장 구간을 제거하는 섹쇼너라이저가 사용되는 경우도 있다.

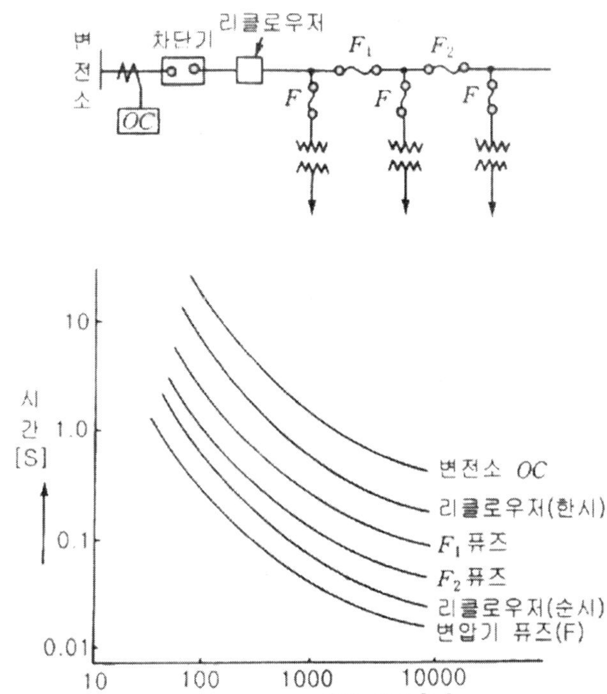

그림 18-9 리클로우저의 퓨즈와의 협조

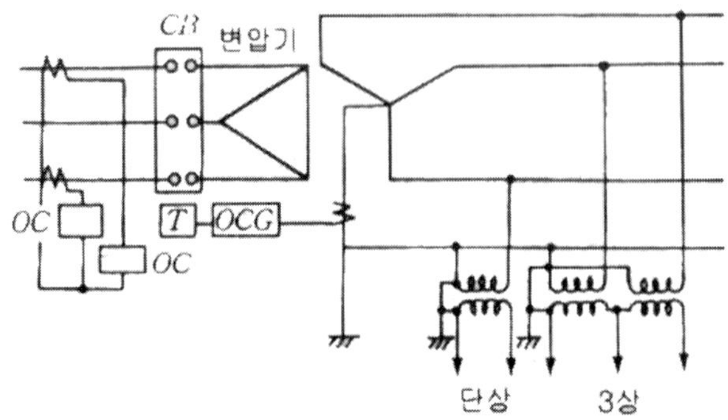

그림 18-10 다중 접지식(단회선의 경우)

배전선 인출구(변전소)의 보호 방식으로는 단회선인 경우는 드물지만 그한 예로서 그림 18-10과 같이 과전류 보호는 변압기의 1차측 과전류 계전기에 의하고 지락 사고에 대해서는 중성점 전류를 지락 과전류 계전기로 검출하여 한시 계전기와 조합해서 보호한다. 한시 계전기는 배전선의 지락 사고에 대하여 리클로우저·섹쇼너라이저·라인 퓨즈 등 선로 보호 장치와 협조를 도모하기 위하여 10초 정도로 정정하는 것이 좋다.

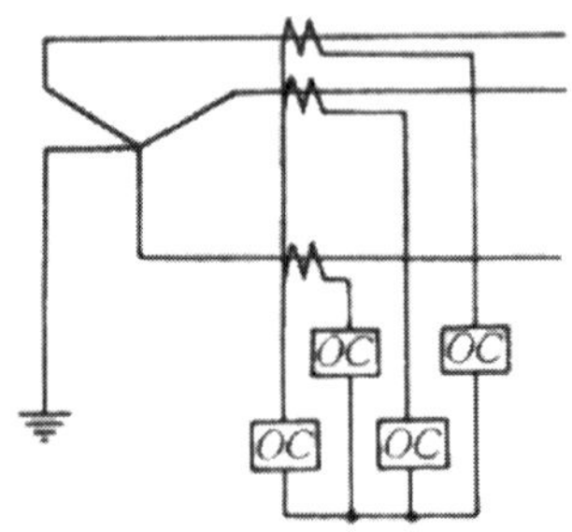

그림 18-11 다중 접지식(다회선의 경우)

이 배전 방식은 다회선으로 공급하는 것이 대부분인데 30/40[MVA] 전력용 변압기에서 공급되는 경우 배전선 회선수는 22.9[kV] 계통에서는 4회선, 11.4[kV] 계통에서는 4~6회선의 방사상으로 하는 것이 일반적이다. 이러한 다회선의 배전선 인출구의 부호는 그림 18-11과 같이 단락·지락 고장의 어느 경우에도 각상의 과전류 요소만으로 보호하기도 하지만 다양한 형태로 발생하는 지락 사고시의 검출 감도를 높이기 위하여 변류기의 3상 잔류 회로에 소세력 지락 과전류 계전기를 접속하여 쓰기도 한다. 지락 과전류 계전기를 사용하면 저항 접지 사고시에 고장 검출을 충분히 할 수 있는 장점이 있는 반면, 평상시 불평형 부하 전류와 사고시 각 접지개소에서 분류하는 전류로 건전 선로가 오작동할 때가 있다. 이 때는 지락 계전기의 한시 레버를 조정하여 보호 협조가 되도록 해야 한다. 또한 배전 선로 사고 및 변압기 사고의 후비 보호를 목적으로 하여, 전력용 변압기의 1차에 과전류 계전기와 변압기의 22.9[kV]측 중성점 변류기에 소세력 지락 과전류 계전기를 접속한다. 이 때에도 선로 보호 장치와 보호 협조가 잘 이루어지도록 해야 한다.

18.4 배전 변압기의 보호

주상 변압기는 과부하가 되거나 저압측 선로에서 단락을 일으키거나 하면 대전류가 흘러서 코일을 과열하여 소손할 우려가 있다. 그리하여 그 보호 방법으로 1차측과 2차측에 각각 적당한 퓨즈를 마련하는 것이 일반적이지만 소손 방지기를 설치하는 경우도 있다.

18.4.1 1차측의 보호

고압 배전선에서 변압기에 분기하는 인하선의 도중에 프라이머리 컷아우트를 설치한다. 이것으로써 과전류에 대한 보호라던가, 변압기의 수리 혹은 대치할 경우, 변압기를 전원측에서 분리할 수 있게 된다.

이 프라이머리 컷아우트에는 퓨즈를 장치하여 스위치와 자동 차단의 성능을 겸용시킨다. 퓨즈의 정격 전류는 변압기의 1차 정격 전류와 같게 하는 것이 원칙이지만, 단시간이면 변압기는 얼마만큼 과부하시켜도 지장없이 전일 효율을 향상시킬 수 있기 때문에 20~30[%]의 과부하 상태로 운전하고 있으므로, 반드시 퓨즈와 변압기의 1차 정격 전류와는 일치시킬 필요는 없다.

18.4.2 2차측의 보호

주상 변압기의 2차측 코일과 저압 배전선을 보호하기 위해서 변압기의 2차측의 인출선과 저압 배전선 사이에 접속기를 겸하여 캐치 호울더(catch-holder)를 설치한다. 그림 18-12에서와 같이 이것에는 퓨즈를 장치하는데 퓨즈의 정격 전류는 20, 30, 75, 150, 200[A]의 5종류가 있다. 그런데 주상 변압기의 2차측에는 그 중성점이나 또는 1단자에는 제2종 접지 공사를 해야 하는데, 접지선이나 접지측의 전선에는 퓨즈 등을 넣어서는 안된다.

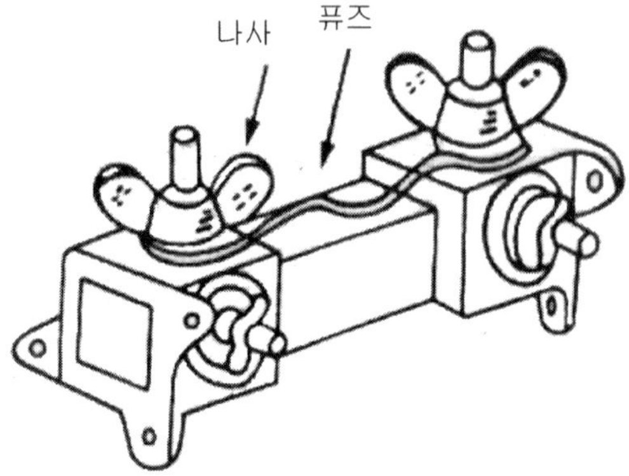

그림 18-12 캐치 호울더

18.4.3 CSP 변압기(completely self protecting transformer)

이 변압기는 완전 보호 장치부의 주상 변압기를 지칭하는데 이 변압기의 특징은 다음과 같다.(그림 18-13 참조)

① 고압측 부싱 가까이에 피뢰기를 마련하여 고압 회로를 보호하고, 저압측에는 방전 갭을 마련한다.

② 변압기의 과부하 보호는 저압측에 있는 저압 차단기에 의한다.

③ 변압기의 내부 고장시에는 고압 권선에 직렬로 삽입한 고압 퓨즈의 용단에 의하여 보호한다.

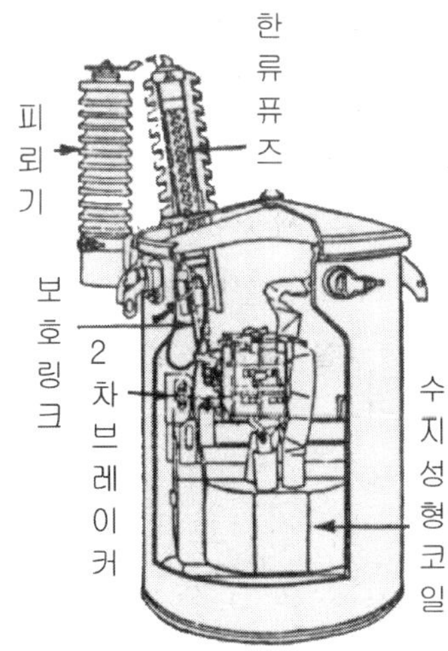

그림 18-13 CSP 변압기

이 CSP 변압기를 저압 뱅킹 방식에 적합하도록 만든 CSPB 변압기라는 것도 있다.

18.5 저압 배전 선로의 보호

배전선만이 아니고 전기 설비의 각 부에서 발생하는 사고는 그 부분에서 개방하여 사고의 영향을 전원측에 미치지 않도록 하는 것이 원칙이기 때문에 각부에 보호용의 차단 장치를 마련하고 있다.

인입선의 보호 장치로는 저압 배전선에서 인입선을 분기하는 장소에 캐치 호울더와 퓨즈를 장치하여 인입선의 단락 사고 및 과부하 전류를 차단해서 인입선을 보호함과 동시에 변압기 및 저압 배전선에 파급되지 못하도록 하고 있다. 그런데, 인입 캐치는 오랫 동안 노출형의 것이 사용되어 왔지만, 천후의 영향을 받기 쉽다. 금속부분의 부식, 진동에 의한 나사의 헐거워짐 등, 장치 자체의 결함에 의한 고장량의 증대 및 충전부 노출에 따르는 작업의 안정성 등의 견지에서, 최근에는 완전 밀봉식의 절연형 캐치 호울더가 사용되어 작업의 능률화나 안전 작업에 기여하고 있다.

또한 전선 보호 퓨즈란 것이 있는데, 이것은 캐치 호울더에 퓨즈를 다는 것과는 그 구조가 다른 것으로서 가용체를 퓨즈에 봉입하고, 퓨즈통은 전선에 붙여서 성형한 구조의 것인데, 외형적으로는 전선의 일부와 같이 되어 있지만, 성능상으로는 단락 특성을 주체로 하여, 인입선이 발연·파열 용단 하기 전에 퓨즈를 용단하도록 한 것이다. 그리고 인입선의 퓨즈의 선정은 물론 인입선의 굵기에 따라 퓨즈 용량을 정하고 있다.

18.6 접지공사

고압선이 저압선에 혼촉되면 저압선이 고전압으로 충전될 위험이 있고, 또 전선로에 이어지는 전기기기·피뢰기 등의 고장에 의한 누전 사고 등에 의하여 사람과 가축에 위해를 주기 때문에 변압기 저압측의 권선·외함·기기의 철대 등에 접지공사를 하여 이들과 대지 사이의 전위차를 감소시키지 않으면 안된다.

18.6.1 접지공사의 종류

접지공사는 전기설비기술기준에서 다음과 같이 정하고 있다.

(가) 제1종 접지공사 : 10[Ω] 이하.

(나) 제2종 접지공사 : 변압기의 고압측 또는 특별 고압측 전로의 1선 지락 전류의 암페어수로 150(단, 혼촉시 1차계를 2초내에 자동 차단되게 하면 300)을 나눈 값과 같은 오옴수 이하.

(다) 제3종 접지공사 : 100[Ω] 이하(접지가 생긴 경우 0.5초 이내에 자동 차단되도록 하면 500[Ω] 이하).

(라) 특별 제3종 접지공사 : 10[Ω] 이하(접지가 생긴 경우 0.5초 이내에 자동 차단되도록 하면 500[Ω] 이하).

18.6.2 주상 변압기의 2차측 접지

변압기 내부에서 고저압선이 혼촉되었을 때의 위험을 방지하기 위하여 변압기 저압측의 중성점 또는 1단자에 제2종 접지공사를, 변압기 외함에는 제1종 접지공사를 해야 하는데, 일반적으로 저압측과 외함을 공통으로 이어서 규정에 합당하도록 해야 한다.

연 습 문 제

1. 배전용 변압기의 과전류에 대한 보호 장치로써 고압측에 설치 하는데 적합하지 않은 것은?

① 고압 컷아웃 스위치　　② 애자형 개폐기
③ CF 차단기　　④ 캐치 홀더

해설 캐치 홀더는 변압기 2차측 비접지측 전선에 설치한다. 【답】 ④

2. 공장이나 빌딩 등에서 400[V] 배전을 하고 있는데 400[V] 배전의 이유가 되지 않는 것은 ?

① 전압 변동률의 경감　　② 전선 등 재료의 절감
③ 배선의 전력 손실 경감　　④ 변압기 용량의 절감

해설 공장, 빌딩 등은 부하 설비가 많으므로 변압기 용량이 커진다. 【답】 ②

3. 가정용 저압 배전 전압을 110[V]에서 220[V]로 승압하는 가장 큰 이유는?

① 공사비를 절감하기 위하여　　② 역률을 좋게 하기 위하여
③ 수용가의 안전을 위하여　　④ 전력 손실을 줄이기 위하여

해설 배전로

㉠ 우리나라에서 이제까지 사용되어 온 고압선은 보통 공칭전압 3,000[V]의 비접지 3상 3선식이며, 말단에서의 저압선은 일반 가정의 전등용으로 100[V]의 단상 2선식, 전동기용으로 200[V]의 3상식이 있다. 최근, 부하증대에 따른 전압 개선 및 전력 손실의 경감을 위해서 고압선은 22.9[kV] 3상 3선식으로, 저압선은 220/380[V] 3상 3선식으로 승압해 나가고 있다.

㉡ 구분 : 일반적으로 배전 선로는 고압선과 저압선으로 구분한다.

ⓐ 저압 : 직류에서는 750[V] 이하, 교류에서는 600[V] 이하.
ⓑ 고압 : 직류에서는 750[V]를, 교류에서는 600[V]를 넘고, 7,000[V] 이하.
ⓒ 특별고압 : 7,000[V]를 초과 【답】 ④

4. 100[V]의 수용가에서 220[V]로 승압했을 때 특별히 교체하지 않아도 되는 것은?

① 백열 전등의 전구　　② 옥내 배선의 전선

③ 콘센트와 플러그　　④ 형광등의 안정기

【답】 ②

5. 옥내 배선 시설 공사에서 과부하 또는 단락 사고로 부터 전선이나 기구를 보호하기 위하여 설치하는 것이 아닌 것은?

① 전류전환 스위치　　② 전자 개폐기

③ 브레이커(breaker)　　④ 퓨즈(fuse)

【답】 ②

6. 배전 선로의 고장 또는 보수 점검시 정전 구간을 축소하기 위하여 사용되는 기기는?

① 단로기　　② 컷아웃 스위치

③ 계자 저항기　　④ 유입 개폐기

【답】 ①

7. 배전 선로의 전력 손실 측정 방법이 아닌 것은?

① 적산 전력계법　　② 전류계법　　③ 전압계법　　④ 역률계법

【답】 ④

8. 22.9[kV-Y] 배전 선로 보호 협조 기기가 아닌 것은?

① 퓨즈 컷아웃 스위치　　② 인터럽터 스위치

③ 리클로저　　④ 섹쇼너라이저

해설 인터럽터 스위치 : 부하 전류 개폐는 가능하나 고장 전류 차단 능력은 없다.

【답】 ④

9. 배전 선로의 고장 또는 보수 점검시 정전구간을 축소하기 위하여 사용되는 기기는?

① 단로기　　② 컷아웃 스위치

③ 계자 저항기　　④ 유입 개폐기

【답】 ④

10. 전력 손실을 감소시키기 위한 직접적인 노력으로 볼 수 없는 것은?

① 승압공사 조기 준공

② 노후 설비 교체

③ 선로 등가 저항 계산

④ 설비 운전 역률 개선

【답】 ③

찾아보기

【3】

3각 배열 45

【4】

4단자 정수 126

【C】

CSP 변압기 350
CV 케이블 77

【H】

H 케이블 75

【O】

OF 케이블 76

【S】

SL 케이블 75
Still의 식 132

【T】

T회로 118

【W】

Wolf씨의 식 300

【ㄱ】

가공 전선 31
가공 전선로 15
가공 지락 232
가공 지선 36
가스 차단기 263
간헐 아크 지락 228
개폐기 256
개폐장치 256
갭 저항형 피뢰기 234
고온계 하중 43
고유부하 133
고저항 접지 방식 158
공기 차단기 262
공창 전압 24
과도 안정 극한 전력 213

과도 안정도 213, 217
과보상상태 161
교류 전선로 20
근접효과 96
기본 선로 정수 126
기준 충격 절연 강도 240

【ㄴ】

내무 애자 54
내연 애자 54
누설 컨덕턴스 106
누설거리 55

【ㄷ】

다도체 106, 35
단권 변압기 324
단금속선 33
단도체 106
단로기 263
단선 32
단위법 195
대칭 좌표법 196
댐퍼 47
도체 73
동적 안정도 213
동태 안정도 216

【ㄹ】

라인 퓨즈 341
리클로우저 341

【ㅁ】

망상 배전선 282
매설 지선 36
머어리 루우프법 86
목주 64
무부하 발전기 200

【ㅂ】

발전설비 15
방사상식 72
배전 전압 26
배전계통 279
배전선 15
백분율법 194
밸브 저항형 피뢰기 235
밸브형 피뢰기 234
뱅킹 방식 284
베이트 댐퍼 48
벨트 절연 74
변전소 16
보호 계전기 245
부등률 309
부족보상상태 161
부하 307

부하 곡선 307
부호홀쯔 계전기 252
분산 손실 계수 301
분할점 295
비저항 94
비접지 방식 156

【ㅅ】

사이도 40
상호 유도계수 97
상호 인덕턴스 97
서어지 임피던스 124
선간 단락 203
선로 정수 93
선로정수 78
섬락 전압 57
섬락거리 55
섹쇼너라이저 341
소도체 35
소호 리액터 접지 방식 159
소호실부 유입 차단기 260
손실계수 300
송배전 선로의 전기방식 18
송전 전력 26
송전 전압 26
송전단 전력 원선도 145
송전방식 19
송전선 15
수송설비 15
수용 307
수용설비 16
수전단 전력 원선도 146
수지상 배전선 280
수직 배열 45
수평 배열 45
수평 이도 40
승압 327
승압기 321
시이드 74
쌍극 중성점 22
쌍금속선 34

【ㅇ】

아머 로드 47
안전 전류 37
안정도 213
애자 49
애자련의 전압분포 56
애자의 기계적 강도 58
애자의 보호 61
애자의 열화 59
애자의 정전용량 55
엘라스턴스 102
역상전류 197
연선 32
연피손(차폐손) 82
영상 회로 207
영상전류 197

오옴법 194
오옴손 299
온도와 이도 41
외장 74
운용설비 15
원선도 정수 144
유도 전압 조정기 325
유도뇌 226
유도장해 181
유도전류 182
유도형 계전기 248
유압 케이블 77
유입 차단기 259
유전체손 81
유충 소호실부 유입 차단기 261
을종 풍입 하중 44
이도 38
이도 계산 39
이상 전압 225
인덕턴스 78
인장 강도 36
인장 하중 36
일부하 곡선 307

【ㅈ】

자기 유도계수 97
자기 인덕턴스 97
자기 차단기 262
자기여자현상 137
자동 승압기 325
작용 인덕턴스 100, 98
장간 애자 53
재기전압 258
저온계 하중 44
저저항 접지 방식 158
저항률 94
저항손 80
전력 방정식 143
전력 손실 등가 저항 302
전력 원선도 141
전력용 콘덴서 326
전선로 15
전선의 배열 45
전선의 진동 46
전송 파라미터 126
전송방식 22
전식 88
전압 강하 114
전자유도 181
전파정수 125
절연 저항 78
절연 협조 239
절연물 73
접지 변압기 163
접지공사 352
정상전류 197
정전용량 101
정전유도 181

정태 안정 극한 전력 213
정태 안정도 214
조상 용량 148
종속 파라미터 126
주수 섬락 거리 56
중공 연선 33
중성점 잔류 전압 163
중성점 접지 방식 155
지선 36
지중 전선로 16, 71
지지물 62
직격 230
직격뇌 226
직류 전선로 21
직용 정전용량 102
진공 차단기 262
질량 저항 94

【ㅊ】

차단기 256
차폐각 232
차폐선 186
차폐증 74
차폐효과 185
채널 포울 64
철근 콘크리트주 65
철주 64
철탑 62
체적 저항률 94
초호각 61
초호환 61
최고 전압 24

【ㅋ】

캐패시턴스 101
코로나 169, 36
코로나 임계전압 170
코로나 잡음 174
코로나 장해 173
코로나의 방지책 176

【ㅌ】

탑각의 접지 238
탠덤식 71
특성 임피던스 124

【ㅍ】

파열 극한 전위 경도 169
파이프형 가스 압력 케이블 77
페란티 현상 135
페테르젠 코일 159
포설방식 83
표준 전압 24
표피효과 95
플런저형 계전기 248
피뢰기 233
핀 애자 50

【ㅎ】

한류 리액터 접지 방식 159
합금선 34
합성 연선 34
합조도 160
허용 온도 37
허용 전류 37
허용전류 82
현수 애자 51
환상 배전선 281
환상식 72
회복전압 258

쉽게 풀이한 전력공학

2026. 2. 10 인쇄
2026. 2. 15 발행

판 권
소 유

저 자 : 김희대 · 이동규 · 황영한 공저

발행자 : 이진권

발행처 : 도서출판 **태영문화사**

주 소 : 서울특별시 강서구 방화2동 589-19

전 화 : 2661-8751

F A X : 2661-8798

등 록 : 1998년 11월 12일 제 2-2682호

정가 24,000원